L'exploitation des ressources génétiques marines hors juridiction nationale

Queen Mary Studies in International Law

Edited by

Malgosia Fitzmaurice
Phoebe Okowa
Sarah Singer

VOLUME 28

The titles published in this series are listed at *brill.com/qmil*

L'exploitation des ressources génétiques marines hors juridiction nationale

Par

Valérie Wyssbrod

BRILL
NIJHOFF

LEIDEN | BOSTON

The Library of Congress Cataloging-in-Publication Data is available online at http://catalog.loc.gov
LC record available at http://lccn.loc.gov/2017036392

Typeface for the Latin, Greek, and Cyrillic scripts: "Brill". See and download: brill.com/brill-typeface.

ISSN 1877-4822
ISBN 978-90-04-35208-7 (hardback)
ISBN 978-90-04-35209-4 (e-book)

This book is printed on acid-free paper and produced in a sustainable manner.

À mes parents, à mon frère
Aux amoureux des océans

« Il y a plus de trente ans, j'ai découvert un nouveau monde. J'ai voulu le conquérir alors qu'en fait il fallait le protéger »

L'ODYSSÉE, *film retraçant la carrière du commandant Cousteau.*

• • •

« Fais de ta vie un rêve et de ton rêve une réalité »

ANTOINE DE SAINT EXUPÉRY

Table des matières

PARTIE 2
Le cadre juridique existant

Avant-propos

Rédiger l'avant-propos de l'ouvrage de Valérie Wyssbrod sur l'exploitation des ressources génétiques marines issues des espaces situés hors des zones de juridiction nationale des États constitue un grand honneur et plaisir pour le soussigné. Cet ouvrage couronne en effet de façon brillante les travaux de recherches qui ont abouti en une thèse de doctorat à la faculté de droit de l'université de Neuchâtel pour laquelle Valérie Wyssbrod a obtenu la plus haute mention de summa cum laude.

La problématique de l'exploitation des ressources génétiques marines issues des espaces situés hors des zones de juridiction nationale des États est loin d'être simple. Traitée sous l'angle des ressources génétiques terrestres situées à l'intérieur des zones de juridiction nationale des États, la solution a déjà été passablement compliquée à mettre en place. Certes, elle l'a été en partie dans le cadre de la Convention sur la diversité biologique de 1992 ; mais elle n'a été réellement concrétisée que quelques 21 années plus tard, dans le Protocole de Nagoya sur la protection des ressources génétiques et l'accès et le partage des bénéfices qui en découlent. Qu'une vingtaine d'années ait été nécessaire pour résoudre la question des ressources génétiques situées sous juridiction étatique montre à quel point il va être difficile de trouver une solution pour les ressources génétiques marines, qui plus est situées en dehors de la juridiction nationale des États. Même si l'Organisation des Nations unies y consacre des efforts non négligeables, la problématique nécessitera encore un certain nombre d'années pour être résolue.

La thèse de Valérie Wyssbrod offre une réflexion académique de très haute qualité qui, nous en sommes convaincus, contribuera très certainement à établir les conditions cadre permettant de continuer à stimuler une innovation très prometteuse fondée sur les ressources génétiques marines, tout en assurant une protection de l'équilibre écologique marin et un partage des bénéfices appropriés, offrant ainsi un équilibre qui profite à la société dans son ensemble.

Madame Wyssbrod traite la problématique de façon exhaustive, en tenant compte de ses aspects sociaux-économiques puis, sur cette base, en proposant son analyse juridique au lecteur. Non seulement fait-elle le tour des propositions conventionnelles formulées à ce jour, mais elle développe des instruments de soft law originaux, de même qu'un écolabel bénéfique tant pour les consommateurs que pour les entreprises et l'environnement. Cette thèse constitue ainsi non seulement l'aboutissement d'un travail de recherche long et sérieux ; elle représente tout autant le point de départ d'une solution pratique et praticable dans un avenir que nous espérons pas trop lointain.

Madame Wyssbrod a fait preuve d'une rigueur scientifique de la plus haute tenue, qui s'est traduite par cet excellent ouvrage. Celui-ci saura être utile aux négociateurs tant des pays industrialisés que des pays en développement, qui sauront y trouver des propositions équilibrées.

Nous tenons ici à féliciter Madame Wyssbrod pour cet accomplissement. Nous saisissons également l'occasion pour la remercier pour son travail fourni dans le cadre de son activité d'assistante de recherche à la chaire de droit de l'innovation de la faculté de droit de l'université de Neuchâtel. Le soussigné a toujours pu compter sur la disponibilité et le sérieux de Madame Wyssbrod, laquelle a grandement contribué à la mise en place des enseignements sur l'environnement juridique des sciences de la vie et à l'étude de problématiques complexes, aux frontières de la propriété intellectuelle et de la santé publique. Sa contribution à la mise en place des journées de l'innovation du Pôle de propriété intellectuelle et de l'innovation [PI]2 a également été déterminante à leur succès.

Nul doute que les connaissances et expériences accumulées également durant ses séjours à Londres (Queen Mary, University of London) et à Vancouver (University of British Columbia) sauront lui être utiles dans ses activités futures que nous lui souhaitons stimulantes, prolifiques et instrumentales pour l'avenir de notre planète.

Professeur Daniel Kraus, LL.M
Titulaire de la Chaire de droit de l'innovation,
Université de Neuchâtel
Directeur du Pôle de propriété intellectuelle et de l'innovation [PI]2
Neuchâtel, le 09 mai 2017

Foreword

The monograph of Dr Wyssbrod on the exportation of genetic resources outside the national jurisdiction of States is a unique study in international law on this subject, analysed at a broader background of patents, law of the sea and environmental protection. This study also takes into consideration extra -legal factors such as socio-economic, scientific and ecological factors. Valérie analyses the legal definition of a genetic resource within the contexts of patents, the law of the sea and biological diversity. Dr Wyssbrod analyses carefully existing legal regimes concerning marine scientific research; exploitation of minerals; biological resources and archaeological objects and ecolabels.

Valérie evaluates possible regimes for the exploitation of such resources; a new regime; the continuation of the existing regime, with the reliance on soft law instruments and the use of ecolabels.

This monograph is not only an in-depth critical examination of the status of the exploitation of genetic resources but is firmly entrenched in international law, such as the analysis of the soft law instruments and the examination of the legal regime of the sea, including common heritage of mankind.

This book is a meticulously researched and very intellectually stimulating study of one of the most intriguing aspects of international law. It is very innovative and presented in such manner that it is of interest for scholars and practitioners.

I am very proud to include this monograph in the present sentries.

Professor Dr. Malgosia Fitzmaurice
Chair of Public International Law at the Department of Law,
School of Law, Queen Mary University of London (QMUL)
London, 19th April 2017

Préface

Ce livre est le résultat d'un travail acharné, une aventure passionnante avec ses hauts et ses bas qui n'aurait jamais été possible sans vous.

Je tiens, en premier lieu, à remercier ma famille et tout particulièrement mes parents, Madeleine Wyssbrod et Jean-Claude Wyssbrod. Ils ont beaucoup investi pour moi, m'ont encouragé à apprendre dans les livres, mais m'ont également offert la possibilité de découvrir et d'expérimenter le monde en pratique. Durant toutes mes études et surtout durant l'écriture de mon doctorat, j'ai pu compter sur mon père pour effectuer les nombreuses relectures nécessaires et pour assurer l'intendance informatique. Ma mère a également toujours été présente dans les périodes de doute pour me donner la force de continuer à me dépasser. Quant à Adrien Wyssbrod, mon frère, il est mon « binôme » et meilleur ami. J'ai la chance de partager avec lui, non seulement la passion de la recherche et du sport, mais également les rires et les joies d'une fratrie soudée.

Je tiens ensuite à signifier toute ma reconnaissance au Professeur Daniel Kraus (Université de Neuchâtel, Suisse), mon « doctor-vater », pour son esprit critique, sa gentillesse et sa disponibilité. Durant mon parcours de thèse, il m'a coaché, conseillé et encouragé pour que ce travail soit à la hauteur de mes ambitions. Il m'a également offert la possibilité de me former et d'apprendre énormément grâce aux tâches d'assistanat qu'il m'a confiées.

Le Professeur Giovanni Distefano (Université de Neuchâtel, Suisse), rapporteur interne de mon jury de thèse, m'a également suivi dès les prémisses de ce travail. Il a toujours été présent pour me conseiller et m'aider dans mes recherches en droit international public. Je l'en remercie infiniment.

Grâce à mon séjour à Londres, j'ai eu la chance de faire la connaissance du Professeure Malgosia Fitzmaurice (Queen Mary University of London, United-Kingdom), qui m'a non seulement accueillie généreusement à la Queen Mary University of London, mais a également eu l'extrême gentillesse d'accepter d'officier comme expert externe dans mon jury de thèse. Elle m'a finalement offert la chance de pouvoir publier celle-ci. Je tiens à la remercier de tout cœur.

Ma gratitude va également au Professeur Benjamin Richardson (University of Tasmania, Australia) qui m'a réservé un accueil chaleureux lors de mon séjour à l'Université de British Columbia à Vancouver au Canada.

Merci au Professeur Olivier Guillod (Université de Neuchâtel, Suisse) qui a eu l'extrême gentillesse de m'intégrer à l'équipe de l'Institut du droit de la santé et de m'inviter aux écoles doctorales qu'il co-organise avec d'autres Universités francophones.

Merci également au Professeur Duncan Matthews (Queen Mary University of London, United-Kingdom) qui a été d'une extrême bienveillance lors de mon séjour à Londres et m'a offert l'accès à la « Intellectual Property Archive houses the Herchel Smith Intellectual Property Law Collection » ainsi qu'à la bibliothèque de l'« Institute of Advanced Legal Studies ».

Je tiens aussi à remercier le Fonds National Suisse de la Recherche Scientifique qui m'a accordé une bourse Docmobility pour aller effectuer mes recherches à Londres et à Vancouver ainsi que le Professeur Blaise Carron (Université de Neuchâtel, Suisse) qui m'a coaché pour l'obtention de cette bourse.

Mon travail contient de nombreuses références à des concepts de biologie et plus particulièrement de génétique. Le Professeur Felix Kessler (Université de Neuchâtel, Suisse) a eu l'extrême gentillesse de me conseiller dans ces domaines. Qu'il soit ici sincèrement remercié.

Je souhaite également souligner que rien n'aurait été possible sans le dévouement de Nathalie Brunner, Dominique Müller, Jean-Francois Waelchli et Laura Amey qui m'ont aidé à améliorer la syntaxe et l'orthographe de ma thèse. Quant à Jean Perrenoud, il m'a initié à la recherche documentaire, ce qui m'a permis d'élargir considérablement le champ des possibles. Que ces personnes qui ont investi leur temps et leur énergie par amitié à mon égard soient très chaleureusement remerciées.

De nombreux amis et collègues se sont également investis de près ou de loin dans le succès de cette thèse. Ils sont trop nombreux pour leur exprimer ici individuellement ma gratitude. Mais je suis sûre qu'ils se reconnaîtront dans ces quelques lignes. Merci à eux pour les discussions enrichissantes, les relectures, les traductions, les conseils, le soutien, les encouragements et aussi juste pour leur amitié qui m'a donné la force d'aller jusqu'au bout.

Valérie Wyssbrod
Docteur en droit
Les Collons, Bienne, avril 2017

Liste des figures

Table des abréviations

§	Paragraphe
Accord ADPIC	Accord sur les aspects des droits de propriété intellectuelle qui touchent au commerce, Annexe 1.C de l'Accord instituant l'Organisation mondiale du commerce conclu à Marrakech le 15 avril 1994 (RS 0.632.20), (anglais : TRIPS)
Accord OMC	Accord instituant l'Organisation mondiale du commerce, conclu à Marrakech le 15 avril 1994 (RS 0.632.20)
Accord OTC	Accord sur les obstacles techniques au commerce (RS 0.632.231.41)
ADN	Acide désoxyribonucléique
al.	Alinéa(s)
AMP	Aire marine protégée
ARN	Acide ribonucléique
Art./art.	Article(s)
ASI	Accreditation Services International
BfN	Bundesamt für Naturschutz (Deutschland)
c.	Contre
C	Celsius
CBE	Convention sur le brevet européen, conclue à Munich le 5 octobre 1973, révisée à Munich le 29 novembre 2000 (CBE) (RS 0.232.142.2)
CCCA	Conditions convenues d'un commun accord (anglais : MAT)
CCAMLR	Commission pour la conservation de la faune et la flore marines de l'Antarctique, convention signée à Canberra du 7–20 mai 1980
CDB	Convention sur la diversité biologique, conclue à Rio de Janeiro le 5 juin 1992 (RS 0.451.43)
CdP	Conférence des Parties (anglais : COP)
Ch.	Chapitre
C.I.J.	Cour internationale de Justice
CITES	Convention sur le commerce international des espèces de faune et de flore sauvages menacées d'extinction, signée à Washington le 3 mars 1973 (RS 0.453)
CNUDM	Convention des Nations Unies sur le droit de la mer, conclue à Montego Bay le 10 décembre 1982 (RS 0.747.305.15) (anglais : UNCLOS)
Convention UPOV	Convention internationale pour la protection des obtentions végétales, conclue à Paris le 2 décembre 1961 (RS 0.232.161)
CPCC	Consentement préalable donné en connaissance de cause (anglais : PIC)

CUP	Convention de Paris pour la protection de la propriété industrielle adoptée en 1883, révisée en dernier lieu par l'acte de Stockholm (1967) (RS 0.232.04)
CVDT	Convention de Vienne sur le droit des traités, conclue à Vienne le 23 mai 1969 (RS 0.111)
Doc.	Document
etc.	Et cetera
FAO	Organisation des Nations Unies pour l'alimentation et l'agriculture
FF	Feuille fédérale
Fig.	Figure
FSC	Forest Stewardship Council
G77	Voir la liste des pays concernés sous : www.g77.org/doc/members .html (consulté le 26.03.2017)
GATT	Accord général sur les tarifs douaniers et le commerce, conclu à Genève le 30 octobre 1947 (RS 632.21)
GB	Grande-Bretagne
IDDRI	Institut du développement durable et des relations internationales
IEEP	Institute for European Environmental Policy
IFREMER	Institut français de recherche pour l'exploitation de la mer
IISD	International Institute for Sustainable Development
ILR	International Law Report
InterRidge	International cooperation in ridge-crest studies
IP	Intellectual Property
ISEAL Alliance	International Social and Environmental Accreditation and Labelling Alliance
ISL	Islande
Km	Kilomètre
Km^2	Kilomètre carré
LBI	Loi fédérale sur les brevets d'invention du 25 juin 1974 (RS 232.14)
let.	Lettre(s)
LPM	Loi fédérale sur la protection des marques et des indications de provenance du 28 août 1992 (RS 232.11)
LPN	Loi fédérale sur la protection de la nature et du paysage du 1er juillet 1966 (RS 451)
MSC	Marine Stewardship Council
no	Numéro
NAFO	Organisation des pêches de l'Atlantique nord-ouest
OCDE	Organisation de coopération et de développement économiques (anglais : OECD)
OEB	Office européen des brevets
OMC	Ogranisation mondiale du commerce

OMPI	Organisation mondiale de la propriété intellectuelle (anglais : WIPO)
ONG	Organisation non gouvernementale
ONU	Organisation des Nations Unies
OSASTT	Organe subsidiaire chargé de fournir des avis scientifiques, techniques et technologiques (anglais : SBSTTA)
PCT	Traité de coopération en matière de brevets, conclu à Washington le 19 juin 1970 (RS 0.232.141.1)
PNAS	Proceedings of the National Academy of Sciences of the United States of America
PNUE	Programme des Nations Unies pour l'environnement (anglais : UNEP)
p.	Page
pp.	Pages
PrepCom	Séance du comité préparatoire pour la mise en place d'un nouveau régime juridique sur la conservation et l'exploitation durable de la biodiversité marine dans les zones situées au-delà des limites de la juridiction nationale
pt	Point
RCADI	Recueil des cours de l'Académie de droit international de La Haye
RES	Résolution
RGM	Ressources génétiques marines
RMG hors zones	Ressources génétiques marines issues d'espaces situés hors des zones de juridiction nationale des États
RS	Recueil systématique
SIDA	Syndrome d'immunodéficience acquise
ss	suivant(s/es)
T.	Tome
TIRPGAA	Traité international sur les ressources phytogénétiques pour l'alimentation et l'agriculture
UE/EU	Union européenne
UICN	Union internationale pour la conservation de la nature (anglais : IUCN)
UNESCO	Organisation des Nations Unies pour l'éducation, la science et la culture
UNICPOLOS	Processus consultatif informel ouvert à tous sur les océans et le droit de la mer
UNU	United Nations University
UNU-IAS	United Nations University Institute for the Advanced Study of Sustainability
UPOV	Union internationale pour la protection des obtentions végétales

URSS	Union des républiques socialistes soviétiques
US/USA	États-Unis d'Amérique
v./vs	Versus
Vol.	Volume
ZEE	Zone économique exclusive

Introduction

1. — Le 7e continent est le nom donné à la masse de déchets plastiques qui flotte dans l'océan Pacifique. La première plaque a été découverte en 1997 dans le Pacifique Nord, mais d'autres amas ont été localisés par la suite dans tous les océans.[1] Ces déchets plastiques sont un danger pour la faune et la flore océaniques qui s'étouffent et s'empoisonnent avec. Ils représentent également une menace pour l'Homme qui se nourrit d'organismes marins.[2]

2. — L'utilisation de polymères[3] biodégradables pour la création d'un plastique « propre » serait-elle une solution pour enrayer ce fléau ? De tels polymères existent dans la nature. Ils sont produits par différents organismes. Il est possible d'en trouver dans les plantes,[4] mais également dans des bactéries marines où ils sont accumulés au sein des cellules sous forme de granules.[5] Les plastiques biodégradables, créés à l'aide de ces polymères, devraient être de plus en plus développés, mais le coût de production est encore trop élevé pour qu'ils soient utilisés à grande échelle. La situation est susceptible de changer dans les prochaines années. La prise de conscience en faveur de l'écologie pourrait également favoriser l'essor des plastiques biodégradables issus de bactéries marines.[6] Le prix des polymères biodégradables ne leur permet pas encore de trouver leur place dans le domaine de la grande distribution. Par contre, ceux-ci représentent aujourd'hui déjà pour le milieu médical « une opportunité de substitution ou de renforcement temporaire au niveau de fractures osseuses, de régénération du cartilage ou encore comme vecteurs d'antibiotiques pour les tissus osseux infectés ».[7]

3. — Le plastique biodégradable n'est qu'un exemple du potentiel des ressources génétiques marines. Depuis le milieu des années 1990, les ressources génétiques de la haute mer et des grands fonds marins sont au centre des préoccupations dans le domaine de l'exploitation des ressources marines. Elles représentent un potentiel énorme pour le développement de nouveaux produits ou procédés en raison des particularités propres aux écosystèmes dont

---

1 Garric, 2012; voir aussi : Cózar/Echevarría/González-Gordillo et al., 2014.

2 Katsnelson, 2015; voir aussi : Doc ONU A/71/74; Doc. ONU A/71/204.

3 Les termes complexes de ce travail sont définis dans l'Annexe 1 : Table des définitions.

4 Cellulose, amidon. Rutot/Dubois, 2004, pp. 70–71.

5 Les bactéries du genre Halomonas sp., Alteromonas sp., Pseudoalteromonas sp., Pyrococcus sp. et Vibrio sp. sont susceptibles de produire les plastiques biodégradables de demain. Guézennec, 2014, pp. 87–88; voir aussi : Guézennec/Moppert/Raguénès, 2011, pp. 3–7.

6 Guézennec, 2014, pp. 92–93; voir aussi : Doc. IISD, 20.06.2016, p. 6.

7 Guézennec, 2014, p. 94.

 | DOI 10.1163/9789004352094_002

elles sont issues. De nombreuses recherches sont en cours dans les domaines de l'industrie pharmaceutique, de l'industrie chimique ou encore de l'industrie cosmétique, afin d'inventer des produits à l'aide de composants issus d'organismes marins. Des médicaments contre les cancers et le syndrome d'immunodéficience acquise (SIDA), des antidouleurs, des anti-inflammatoires, des filtres ultraviolets, des colles résistantes à l'eau ou encore des dépolluants font partie des produits développés. Les ressources génétiques marines, encore peu exploitées aujourd'hui, seront sans aucun doute au cœur d'un futur processus d'innovation et de nouveaux brevets.

4. — Pour les ressources génétiques placées sous la juridiction d'un État,[8] que ce soit sur terre ou dans les espaces marins, la situation est réglementée. Selon la Convention sur la diversité biologique (CDB)[9] et le Protocole de Nagoya sur l'accès aux ressources génétiques et le partage juste et équitable des avantages découlant de leur utilisation relatif à la Convention sur la diversité biologique (Protocole de Nagoya),[10] les États ont un droit de souveraineté sur leurs propres ressources et peuvent en disposer. Un système de partage des avantages et des bénéfices découlant de l'utilisation des ressources génétiques entre le pays fournisseur et l'entreprise qui exploite la ressource est également prévu.

5. — Si le système juridique actuellement en vigueur pour l'exploitation des ressources issues d'espaces placés sous la juridiction d'un État est clairement établi, la situation est plus floue en ce qui concerne l'exploitation des ressources génétiques marines issues d'espaces situés hors des zones de juridiction nationale des États (RGM hors zones).[11] Les enjeux économiques et sociaux étant importants, les débats au sein de la communauté internationale relatifs aux questions du régime juridique applicable sont intenses et complexes. Bien que les pays en développement et les pays industrialisés s'appuient sur la Convention des Nations Unies sur le droit de la mer (CNUDM)[12] pour déterminer le régime juridique applicable à ces ressources, ils n'arrivent pas à la même conclusion.

---

8 Comme les plantes, dont l'amidon et la cellulose sont utilisés pour créer des plastiques. Rutot/Dubois, 2004, pp. 70–71.

9 Convention sur la Diversité Biologique, conclue à Rio de Janeiro le 5 juin 1992 (RS 0.451.43).

10 Protocole de Nagoya sur l'accès aux ressources génétiques et le partage juste et équitable des avantages découlant de leur utilisation relatif à la Convention sur la diversité biologique, conclu à Nagoya le 29 octobre 2010, (RS 0.451.432).

11 Désigne deux zones maritimes relevant de régimes juridiques différents, la haute mer et la Zone. Doc. ONU A/68/399, p. 6.

12 Convention des Nations Unies sur le droit de la mer, conclue à Montego Bay le 10 décembre 1982, (RS 0747.305.15).

6. — Afin de favoriser le développement de produits nouveaux, les pays industrialisés s'investissent pour que les entreprises,[13] qui ont la plupart du temps leur siège sur leur territoire, aient un accès facilité et si possible peu coûteux aux RGM hors zones. Une telle politique permet aux pays industrialisés d'améliorer le niveau de vie de leurs populations et de les faire profiter de produits et de technologies toujours plus performantes. Elle leur donne l'occasion de s'assurer des rentrées économiques importantes grâce aux taxes perçues sur les produits vendus ainsi que par le biais des impôts prélevés auprès des entreprises qu'ils abritent sur leur territoire. Les pays industrialisés prônent ainsi le principe de liberté pour l'exploitation des RGM hors zones. Pourtant, un certain nombre d'entre eux, conscients de l'importance et de la valeur de la biodiversité marine pour le maintien de l'équilibre de la planète, se montrent préoccupés par la protection des environnements marins. À cette fin, ils œuvrent pour une exploitation des ressources conforme aux principes de conservation et d'utilisation durable des écosystèmes.[14]

7. — Pour leur part, les pays en développement ne disposent pas des moyens technologiques nécessaires à l'exploitation des RGM hors zones. Ils n'accueillent pas ou peu d'entreprises capables d'exploiter ce type de ressources sur leurs territoires. Ils n'ont pas toujours les moyens de faire profiter leurs populations des avancées technologiques réalisées grâce à ces ressources. Dans ce contexte, leur intérêt principal est de récupérer une partie des bénéfices réalisés grâce aux ressources, que ce soit sous forme financière ou autre, par exemple à travers le transfert de techniques marines. Ils soutiennent ainsi le principe de « patrimoine commun de l'humanité ». Pour les pays en développement, les questions écologiques ne représentent pas toujours une priorité.[15]

8. — Dans ce contexte, ce travail juridique propose d'analyser trois questions. Il s'agit, premièrement, de déterminer quelle est la situation juridique applicable à l'exploitation des RGM hors zones; deuxièmement, de déterminer les contours et les principaux axes d'un futur régime juridique propre aux ressources génétiques marines; enfin, troisièmement, de considérer les alternatives possibles à ce nouveau régime.

9. — Le sujet est abordé à travers trois parties. La première vise à fixer le cadre socio-économique et permet d'établir le contexte écologique, scientifique (Chapitre 1), social, économique et politique (Chapitre 2).

---

13 La majeure partie des entreprises exploitant les ressources génétiques des océans se trouvent dans ces pays.

14 Voir *infra* § 89 ss.

15 Voir *infra* § 91.

10. — La seconde partie a pour but d'analyser le cadre juridique existant. Elle traite tout d'abord des notions juridiques importantes pour la thématique de la thèse (Chapitre 3), puis cherche à établir la définition juridique de la notion de « ressource génétique » (Chapitre 4). Elle s'intéresse ensuite au droit des brevets (Chapitre 5), aux textes spécifiques à la diversité biologique (Chapitre 6), au droit de la mer (Chapitre 7) et plus particulièrement aux éléments pertinents liés à cette problématique. Elle expose les régimes juridiques actuellement en vigueur dans les domaines de la recherche marine, de l'exploitation des minerais, des ressources biologiques et des objets archéologiques (Chapitre 8). Elle détermine les raisons pour lesquelles le régime de la liberté de la haute mer est applicable à l'exploitation des RGM hors zones (Chapitre 9). Elle analyse pour terminer le système des écolabels (Chapitre 11).

11. — Dans la troisième partie, il est proposé, dans un premier temps, d'établir les contours d'un futur régime propre aux RGM hors zones (Chapitre 11) et, dans un second temps, d'étudier les alternatives à celui-ci, si sa mise en œuvre ne devait pas aboutir. Trois options sont proposées : le remplacement du régime actuel par un autre régime existant (Chapitre 12), le maintien du *statu quo* accompagné de mesures de *soft law* (Chapitre 13) et de la mise en place d'un écolabel (Chapitre 14).

PARTIE 1

Contexte général

Préambule

12. — La première partie a pour but de définir le contexte général, de comprendre les enjeux scientifiques, sociaux, économiques et politiques de l'exploitation des RGM hors zones.

13. — Dans le premier volet, les ressources génétiques sont définies. Il est ensuite nécessaire d'examiner pourquoi les ressources génétiques marines sont particulières et présentent un intérêt spécifique pour le développement de produits ou de procédés biotechnologiques. Les différents milieux susceptibles de fournir des ressources génétiques marines sont ensuite analysés afin de comprendre pourquoi l'écosystème[1] dont elles proviennent exerce une influence prépondérante sur leurs caractéristiques (Chapitre 1).

14. — Le second volet permet d'établir la différence entre l'activité d'exploitation des ressources génétiques marines et la pêche «classique». Il permet ensuite de comprendre ce que sont les biotechnologies et plus particulièrement les biotechnologies bleues.[2] Il étudie, d'une part, les avantages sociaux et économiques qu'elles peuvent représenter pour la société et examine, d'autre part, les enjeux politiques internationaux et suisses relatifs au régime juridique applicable (Chapitre 2).

1 L'écosystème est défini dans la CDB à l'article 2 comme « le complexe dynamique formé de communautés de plantes, d'animaux et de micro-organismes et de leur environnement non vivant qui, par leur interaction, forment une unité fonctionnelle ».; voir aussi : Lévêque/Mounolou, 2008, p. 25; Campbell/Reece/Lachaîne et al., 2007, p. 4.

2 Les biotechnologies bleues sont celles qui touchent le milieu marin. Tambourin, Biotechnologies, Encyclopédie Universalis.

 | DOI 10.1163/9789004352094_003

CHAPITRE 1

Les ressources génétiques d'un point de vue scientifique

I Introduction

15. — Afin de comprendre pourquoi les RGM hors zones sont susceptibles d'être mises à profit pour développer de nouveaux produits, il faut analyser ces ressources sous différents angles. Il s'agit en premier lieu de définir biologiquement les notions de « ressources génétiques » (II) et de « ressources génétiques marines », afin d'appréhender leurs spécificités (III).

16. — Il faut s'intéresser aux écosystèmes dont elles sont issues afin de comprendre dans quelle mesure le milieu d'origine des ressources génétiques a une influence sur leurs propriétés. L'océan est composé de différentes régions possédant chacune des particularités et abritant des ressources génétiques spécifiques potentiellement intéressantes pour les chercheurs. Certains secteurs présentent des dénominateurs communs et abritent des organismes similaires. Il est possible de classer ces écosystèmes en deux grandes catégories : les écosystèmes pélagiques, qui sont composés par les différents étages de la colonne d'eau et les écosystèmes benthiques, qui regroupent les divers secteurs du plancher océanique,[1] en particulier, les monts sous-marins et les nodules polymétalliques qui découlent de la topographie des océans, ainsi que les sources hydrothermales, les suintements froids, les bassins anaérobies et les hydrates de gaz naturels qui sont des habitats réducteurs.[2]

17. — Bien que la diversité des espèces des écosystèmes pélagiques soit faible, cette zone est très riche en microbes.[3] Quant aux écosystèmes benthiques, ils sont non seulement riches par la diversité des espèces animales, mais

1 Doc. ONU A/62/66/Add.2 pp. 55–56; voir aussi le site de l'ifremer pour des informations générales : « wwz.ifremer.fr/grands_fonds/Les-enjeux/Les-decouvertes/Structure-des-fonds » (consulté le 20.03.2017).

2 Des endroits dans l'océan ou dans le sous-sol océanique où le taux d'oxygène est relativement faible et où la concentration de métal et de sulfure d'hydrogène est, en général, élevée. Doc. ONU A/60/63/Add.1, p. 11.

3 Comprend les bactéries, les archées, les champignons, les levures et les virus. Doc. ONU A/62/66/Add.2, p. 56.

 | DOI 10.1163/9789004352094_004

également par la diversité bactérienne.[4] Ces écosysèmes et leurs ressources se trouvent dans la Zone qui pose problème au niveau international quant au régime juridique applicable à l'exploitation des ressources génétiques marines.[5] L'océan Antarctique est, quant à lui, à la fois pélagique et benthique et doit sa particularité à sa situation géographique. Les espèces qui y vivent disposent ainsi de propriétés principalement liées à la caractéristique de la température.

18. — La partie IV permet, finalement, de comprendre pourquoi les espaces pélagiques, benthiques et l'Antarctique abritent des organismes dont les ressources génétiques possèdent des qualités et des spécificités uniques pour le développement d'inventions. Il est toutefois impossible, à part quelques cas exceptionnels, de donner des exemples concrets de produits fondés sur des ressources génétiques issues spécifiquement de ces endroits, car, si les organismes qui donnent lieu à des inventions sont connus, leur origine géographique et l'endroit où ils ont été prélevés ne sont que rarement mentionnés dans la littérature (IV).[6]

II La notion biologique de « ressources génétiques »

19. — La notion de « ressources génétiques » a émergé progressivement au 20e siècle. Elle est née de la conjonction de différents facteurs, en particulier : l'avancée des connaissances en biologie,[7] le développement de la technique, l'établissement de collections ainsi que la définition toujours plus pointue et rigoureuse des objectifs économiques et sociaux de la sélection végétale, animale et microbienne.[8]

20. — Dans les années 1920, Nikolai. I. Vavilov[9] découvre de nouvelles variétés de blé encore inconnues jusqu'alors. Il met à jour l'importance des caractéristiques génétiques et leur potentiel d'utilisation. Cela amènera, dès les années 1930, des généticiens du monde entier à réaliser des collectes de

4 Doc. ONU A/62/66/Add.2 pp. 55–56; voir aussi le site de l'ifremer pour des informations générales : « wwz.ifremer.fr/grands_fonds/Les-enjeux/Les-decouvertes/Structure-des-fonds » (consulté le 20.03.2017).

5 Voir *infra* § 318 ss.

6 Voir *infra* § 60 ss.

7 Spécifiquement les découvertes, dans le domaine de la génétique, réalisées par Gregor Mendel sur les pois dans un monastère augustin de l'Empire austro-hongrois de l'époque. Campbell/Reece/Lachaîne et al., 2007, pp. 271 ss.

8 Fridlansky/Monoulou, 2006, p. 6.

9 Généticien soviétique.

matériel biologique afin de les mettre à disposition des sélectionneurs.[10] Dans les années 1960–70, l'idée de « ressources génétiques » est conceptualisée par Otto Frankel[11] dans le cadre de la révolution verte[12] menée dans le domaine de l'agriculture par l'Organisation des Nations Unies pour l'alimentation et l'agriculture (FAO).

21. — Les propriétés des ressources génétiques et de leurs dérivés,[13] composés biochimiques existant à l'état naturel et issus de l'expression génétique ou du métabolisme de ressources biologiques ou génétiques,[14] sont utilisées depuis très longtemps. Les sélectionneurs, à travers des techniques de biotechnologie traditionnelle telle que l'hybridation, travaillaient à l'aide des ressources génétiques bien avant que le terme en lui-même apparaisse. Mais ce n'est que depuis l'avènement des biotechnologies modernes que ces ressources ont rencontré un regain d'intérêt. Le génie génétique fait partie de ces techniques. Il permet « d'isoler un gène dans un organisme, d'en identifier la fonction, de le reconstruire et éventuellement de le transférer à un autre organisme ».[15] Sans ces technologies, la création de nouvelles espèces, réunissant certaines caractéristiques génétiques spécifiques de plusieurs genres ou espèces préexistantes, n'aurait pas été possible.[16] La ressource génétique a progressivement été envisagée pour elle-même en devenant une sorte de synonyme de « séquence

10 Hawkes, 1990, p. 113; voir aussi : Bonneuil/Fenzi, 2011, p. 209.

11 Généticien australien.

12 La révolution verte est l'arrivée d'un nouveau type d'agriculture pour les cultivateurs des pays en développement, basé sur l'utilisation de variétés végétales améliorées, l'optimisation de l'irrigation des cultures et une meilleure utilisation des pesticides et des engrais. La révolution verte a amélioré les rendements et les revenus de l'agriculture de ces pays. Site de la FAO : « www.fao.org/docrep/003/w2612f/w2612f06.htm#3 » (consulté le 20.03.2017); voir aussi : Chauvet/Olivier, 1993, p. 89.

13 Le matériel génétique est composé à proprement parler d'acide désoxyribonucléique (ADN) et d'acide ribonucléique (ARN). Les dérivés sont : les protéines (enzymes) qui sont synthétisées par l'adn, les glucides (à noter que certains glucides sont aussi à la base de l'adn) et les lipides (graisses et stéroïdes) dont la synthèse est indirectement dépendante de l'adn. Les dérivés (protéines, glucides, lipides) du matériel génétique à proprement dit (ADN, ARN) sont donc indispensables à la reproduction de celui-ci. Leur importance pour la survie et la reproduction de la cellule est donc tout aussi capitale que le rôle joué par l'adn et l'arn. Campbell/Reece/Lachaîne et al., 2007, pp. 71–128, pp. 255–269, pp. 319–336.

14 Art. 2 Protocole de Nagoya. Le Protocole de Nagoya est un traité international qui vise à promouvoir le partage des avantages et des bénéfices réalisés grâce à l'exploitation des ressources génétiques avec le pays dont la ressource est issue. Voir *infra* § 211 ss.

15 Noiville, 1997, p. 3.

16 Noiville, 1997, pp. 2–3.

d'acide désoxyribonucléique » (ADN) ou « gène ».[17] Le spectre qui délimite la notion de « ressources génétiques » englobe les « objets, parties du monde vivant, allant de séquences d'acides nucléiques chimiquement caractérisées à des individus, à des populations, voire à des complexes plurispécifiques d'êtres vivants génétiquement identifiés ».[18] Outre l'utilisation des gènes en tant que tels, c'est-à-dire des séquences d'ADN ou d'acide ribonucléique (ARN) dans les inventions biotechnologiques, ce sont aussi aujourd'hui des éléments associés ou issus des gènes, des macromolécules telles que des protéines, des glucides et des lipides qui constituent des cibles privilégiées pour créer de nouveaux médicaments, cosmétiques ou produits industriels.[19] L'importance de ces éléments associés ou issus des gènes est donc majeure. C'est pour cette raison que, bien que n'étant pas de l'ADN ou de l'ARN au sens strict, ils doivent être pris en compte.

22. — Pour que du matériel génétique puisse être considéré comme une ressource génétique, il faut également que celui-ci ait une valeur[20] économique et/ou sociale.[21] La définition des ressources génétiques devrait englober l'ensemble du patrimoine génétique des plantes, des animaux et des micro-organismes qui ont une valeur, entre autres, médicale, scientifique et culturelle pour les besoins de l'humanité.[22]

23. — Ces différents éléments permettent de dégager la définition biologique de la notion de « ressources génétiques » suivante : les ressources génétiques englobent les éléments du monde vivant, issus des plantes, des animaux et des micro-organismes, allant du gène lui-même aux populations d'êtres vivants génétiquement identifiés, en passant par l'individu, qui ont une valeur économique ou sociale pour l'être humain. De plus, en raison du rôle qu'ils jouent dans les cellules[23] et du fait de leur utilisation, les éléments associés ou issus des gènes[24] seront, eux aussi, couverts par cette terminologie.

---

17 Noiville, 1997, pp. 2–3.

18 Fridlansky/Monoulou, 2006, p. 5.

19 Doc. ONU A/62/66, p. 44; voir aussi : Aubertin/Filoche, 2011, p. 4.

20 On retrouve aussi cette idée de valeur dans la définition du mot « ressources génétiques » proposée par le *Glossary of Environment Statistics*. ONU, 1997, Glossary, p. 36.

21 Tixier-Boichard, 2006, p. 21.

22 Allem, 2000, p. 337.

23 Voir *supra* § 21.

24 Dérivés, composés biochimiques existant à l'état naturel et issus de l'expression génétique ou du métabolisme de ressources biologiques ou génétiques. Art. 2 Protocole de Nagoya.

III La notion biologique de « ressources génétiques marines »

24. — Si les fonds marins étaient autrefois considérés comme des déserts, ils sont aujourd'hui comparés aux forêts tropicales peuplées de nombreux êtres vivants.[25] Les océans couvrent près de 71% de la surface de la Terre et offrent plus de 90% des zones habitables pour les organismes vivants.[26] Comme le formule Bernard Banaigs, « [l]e biotope marin est considéré comme le plus riche des différents habitats du globe, mais également le moins bien connu des scientifiques ».[27] Les endroits inexplorés restent innombrables et les découvertes futures sont prometteuses.[28] La diversité génétique et biochimique des océans est en effet beaucoup plus grande que celle des espaces émergés.[29]

25. — Tous les organismes vivants sont composés d'ADN et renferment des ressources génétiques. Les ressources génétiques marines comprennent un large éventail de macro-[30] et surtout de micro-organismes qui sont particulièrement variés sur le plan génétique.[31] Trois facteurs principaux expliquent en quoi les ressources génétiques marines sont exceptionnelles et uniques pour développer de nouveaux produits qui seront commercialisés.

26. — Premièrement, les organismes des environnements marins disposent d'une plus grande chimiodiversité que les organismes des environnements terrestres. Cette importante chimiodiversité est due à l'ancienneté de la vie en mer, apparue il y a environ 3,8 milliards d'années, alors qu'elle aurait commencé sur terre il y a 400 millions d'années. Seules quelques formes de vie[32] ont ensuite réussi à s'adapter à une évolution terrestre.[33] Certains ordres,[34] tels que

---

25 Deming, 1998, p. 283; voir aussi : Heip, 1998, pp. 14–15.

26 Gjerde, 2006, Ecosystems, p. 10.

27 Banaigs, 2001, p. 424.

28 Gjerde, 2006, Ecosystems, p. 51; voir aussi : Heip, 1998, p. 12; Coutansais, 2011, p. 164.

29 Heip, 1998, p. 12; voir aussi : Le Gal, 2004, p. 2.

30 Par exemple les insectes ou les vers.

31 Bactéries, archées, virus, champignons. Doc. ONU A/62/66, p. 44.

32 Chez les végétaux, seules les algues vertes ont su s'adapter à la terre ferme. Les algues rouges et brunes sont, elles, restées exclusivement aquatiques. Le Gal, 2004, p. 3.

33 Le Gal, 2004, p. 3.

34 En biologie, le règne, l'ordre et l'espèce sont des rangs taxinomiques, c'est-à-dire des niveaux hiérarchiques de la nomenclature biologique. Cette nomenclature est composée de huit rangs principaux. La hiérarchie taxinomique est composée, par ordre décroissant, des rangs suivants : le domaine, le règne, l'embranchement (phylum), la classe, l'ordre, la famille, le genre, l'espèce. Voir Annexe 2 : Schéma taxinomique; Campbell/Reece/Lachaîne et al., 2007, p. 538; voir aussi : Lévêque/Mounolou, 2008, p. 20; voir aussi : Glowka/Burhenne-Guilmin/Synge et al., 1996, p. 21.

les ascidies, les éponges ou les échinodermes n'ont pas de représentants sur la terre ferme.[35] Ainsi, les océans abritent de nombreux organismes vivants, ayant des propriétés très spécifiques, qui n'ont pas de pendants terrestres.[36] De plus, le fait que les océans n'aient été que peu explorés jusqu'à maintenant augmente les possibilités de nouvelles découvertes. La mer contient quantité d'êtres vivants encore inconnus. Les micro-organismes marins en particulier ont reçu beaucoup moins d'attention que leurs équivalents qui vivent sur terre ferme.[37] Les océans ne comptent que 220 espèces animales et végétales décrites sur un total estimé à 1,8 millions.[38] Le potentiel de découverte est donc énorme.

27. — Le deuxième facteur relève des caractéristiques propres aux différentes parties du milieu océanique. Les espaces très contrastés et tridimensionnels[39] de l'environnement marin expliquent la grande variété, du point de vue génomique, des organismes vivant dans les océans.[40] La composition chimique de l'eau peut influer sur les organismes marins, en particulier la salinité.[41] L'absence permanente de lumière à partir d'une centaine de mètres de profondeur influence la physiologie des organismes marins. Alors qu'il était admis jusqu'il y a peu que la photosynthèse était indispensable à la vie, des scientifiques ont pu démontrer qu'il existe des organismes vivants, hors d'atteinte des rayons du soleil, qui se nourrissent par chimiosynthèse. La chimiosynthèse comme source de nutriment pour des organismes vivants a augmenté les possibilités de vie dans les océans. Ce mode de fonctionnement concerne, entre autres, les organismes évoluant près des évents hydrothermaux,[42] mais aussi ceux qui se nourrissent des gaz issus de la dégradation de la matière organique, notamment les suintements froids.[43] Ainsi, certaines « bactéries peuvent vivre à des centaines de mètres de profondeur sous la surface des sédiments marins,

---

35 Le Gal, 2004, pp. 2–3; voir aussi : Banaigs/Kornprobst, 2007, p. 2; Kornprobst, 2005, p. 61; Doc. OECD, 2013, p. 14.

36 Heip, 1998, p. 14; voir aussi : Banaigs, 2001, p. 424.

37 Heip, 1998, pp. 12–16; voir aussi : Base de données Antarctique, 2009, p. 13; Le Gal, 2004, p. 2; Doc. ONU A/59/122, pp. 22–23; Gjerde, 2006, Ecosystems, p. 51, de la Calle, 2009, p. 210.

38 Coutansais, 2011, p. 164.

39 Sur la terre ferme, la vie se développe essentiellement en deux dimensions. Seule la forêt tropicale possède une réelle troisième dimension. Le Gal, 2004, pp. 4–5.

40 Coutansais, 2011, p. 164; voir aussi : Le Gal, 2004, pp. 4–5.

41 Thomas/Le Gal, 2009, p. 26; voir aussi : Guézennec, 2014, p. 13.

42 Voir *infra* § 40 ss.

43 Endoits sur les fonds marins d'où s'échappent des fluides froids. Pour plus de détails, voir *infra* § 44 ss.

sans doute en utilisant directement la matière organique produite *in situ* ».[44] La source de nutriment pour ces organismes chimiosyntétiques se compose de minéraux issus des évents hydrothermaux et du méthane provenant de la matière organique en décomposition piégée dans les sédiments.[45] Les organismes qui vivent aux abords des sources hydrothermales et des suintements froids ont, outre la capacité de fabriquer leur nourriture à l'aide de la chimiosynthèse, d'autres particularités : ils peuvent notamment supporter de fortes toxicités de l'eau. L'environnement dans lequel ils vivent, chargé en métaux lourds et en gaz divers, serait en effet hostile pour la grande majorité des êtres vivants. Cette particularité laisse entrevoir de nouvelles perspectives biotechnologiques en ce qui concerne la dépollution des environnements souillés.[46] La pression est aussi une particularité des profondeurs de la mer. Les organismes qui y vivent doivent pouvoir y résister.[47] La température de l'eau est une autre variable qui amène les organismes vivants à développer des capacités singulières. Certains d'entre eux sont capables de survivre dans les eaux glaciales des pôles, d'autres dans des eaux en ébullition autour des sources hydrothermales. Ils ont donc développé des propriétés pour lutter contre le gel ou supporter de très grandes chaleurs.[48] Les organismes qui survivent dans ces environnements particuliers, sont appelés extrémophiles et présentent des caractéristiques très prometteuses pour la réalisation d'inventions biotechnologiques.[49] Les dynamiques présentes dans les océans jouent aussi un rôle important pour leur biodiversité. Les courants océaniques tels que le *Gulf Stream*, ainsi que les remontées d'eau profonde, ont un impact non négligeable sur la diversité biologique des organismes marins et sur leur *pool* génétique.[50]

28. — Le troisième facteur est le mode d'existence des organismes marins. Contrairement à la terre ferme, la densité et la chimie de l'eau en font un bien meilleur vecteur de nourriture que l'air. N'étant pas confrontés à la nécessité de se déplacer pour s'alimenter, les animaux marins sont très nombreux à être sessiles ou ne se déplacent que très lentement. Si certains sont dotés de moyens de défense mécaniques, munis de protections physiques ou de caractéristiques morphologiques,[51] nombre d'entre eux sont dépourvus de tels dispositifs. C'est

---

44 Heip, 1998, p. 16.

45 Revéret/Dancette, 2010, pp. 76–77; voir aussi : Heip, 1998, p. 16; UNEP Report, 2006, p. 51.

46 Korn/Friediedrich/Feit, 2003, p. 17; Deming, 1998, pp. 283–284; Guillot, 2010, p. 1.

47 Deming, 1998, p. 283; voir aussi; Leary/Vierros/Hamon et al., 2009, p. 187.

48 Deming, 1998, p. 283; voir aussi : Base de données Antarctique, 2009, pp. 10–13; Leary/Vierros/Hamon et al., 2009, p. 187.

49 Guillot, 2010, p. 1; voir aussi : *infra* § 42, 69, 72 et 76.

50 Heip, 1998, p. 14, voir aussi : Thomas/Le Gal, 2009, p. 26.

51 Coquillages, épines, etc.

tout particulièrement vrai pour beaucoup d'invertébrés marins tels que les coraux, les éponges et les mollusques. Afin de lutter efficacement contre les prédateurs, repousser les compétiteurs, se prémunir de l'installation d'organismes pathogènes et se protéger des rayons ultraviolets, ou encore terrasser leurs proies, ces organismes ont développé des armes chimiques puissantes. Outre pour leur fonction défensive, les substances chimiques sont aussi parfois utilisées par les animaux marins comme moyen de communication.[52] Quelles que soient leurs fonctions, elles sont composées de molécules qui représentent, notamment, des agents thérapeutiques susceptibles de déboucher sur des inventions biotechnologiques telles que des antibiotiques, des antitumoraux, des pesticides.[53]

29. — C'est donc principalement grâce à ces trois qualités — la grande chimiodiversité des organismes, les caractéristiques propres aux différentes parties du milieu océanique et le mode d'existence des organismes — que les ressources génétiques marines et leurs dérivés sont très recherchés et prometteurs dans les domaines des inventions biotechnologiques.

IV Les différents écosystèmes contenant des ressources génétiques marines

30. — Il est important de faire la distinction entre les écosystèmes pélagiques et benthiques, car ceux-ci, selon une partie de la doctrine et des États, ne sont pas soumis au même régime juridique.[54]

A *Les écosystèmes pélagiques*

31. — La colonne d'eau peut être divisée verticalement en trois tranches distinctes en fonction de la profondeur.[55]

32. — La zone épipélagique ou zone éclairée s'étend de 0 à 150–200 mètres. Elle bénéficie de la lumière du soleil. C'est dans cette zone que la photosynthèse est encore possible.[56]

---

52 Dans la mesure où certains ne possèdent pas d'organe de vision, la communication chimique représente le meilleur moyen d'interagir. Banaigs, 2001, p. 426.

53 Banaigs, 2001, pp. 426–438; voir aussi : Kornprobst, 2005, p. 61; Banaigs/Kornprobst, 2007, p. 2; Brookes, 2007, p. 22; Doc. UNU, 2007, point 2.1, Guézennec, 2014, pp. 14–15.

54 Voir *infra* § 317 ss.

55 Les profondeurs indiquées ici le sont à titre indicatif. Les limites entre ces différentes zones ne sont pas partout identiques, elles dépendent de la région où elles se trouvent ainsi que de la faune et de la flore qui la peuplent. Doc. ONU A/60/63/Add.1, pp. 6–7.

56 Doc. ONU A/60/63/Add.1, p. 6.

33. — La zone mésopélagique se situe entre 200 et 1000 mètres de profondeur. Elle est également appelée zone de pénombre. Cet espace est habité par des communautés animales qui migrent vers la surface la nuit afin de se nourrir. Durant la journée, elles restent en profondeur afin d'éviter les prédateurs. Ces animaux migrateurs ont un rôle important à jouer dans le transport vers les profondeurs du carbone se trouvant en surface.[57]

34. — La zone bathypélagique, enfin, espace sombre et froid, s'étend de mille mètres au-dessous de la surface de la mer jusqu'au fond de l'océan. C'est autour de mille mètres que se trouve la plus grande diversité d'espèces de la zone, probablement en raison de la frontière entre les milieux mésopélagiques et bathypélagiques qui permet des mélanges. Au-delà de cette profondeur, la densité de la vie diminue très fortement. Les organismes qui vivent à ces profondeurs sont très différents de ceux peuplant les régions supérieures, car plus aucune lumière n'y passe.[58] Plus la profondeur augmente, plus les écosystèmes sont méconnus, de fait, l'étude de ces environnements représente des défis technologiques et financiers majeurs.[59]

B *Les écosystèmes benthiques*

1 Les monts sous-marins

35. — Les monts sous-marins sont des montagnes dont le sommet se situe au-dessous de la surface de l'eau.[60] Il existerait entre 30 000 et 100 000 monts sous-marins dans le monde, dont 14 000 à 30 000 atteignant 1000 mètres ou plus d'altitude. Bien que présents dans tous les océans, la majeure partie des monts répertoriés se trouve dans l'océan Pacifique. Selon les estimations, la moitié des monts sous-marins seraient localisés au-delà des zones de juridiction nationale.[61]

36. — D'un point de vue biologique, ces zones sont considérées comme des «points chauds», car elles sont l'objet d'une grande diversité biologique. Les coraux et les crustacés sont très nombreux, mais d'autres animaux, tels que mollusques, oursins, étoiles de mer, vers, éponges et poissons peuplent aussi ces endroits. Cette vaste faune benthique attire de nombreux grands prédateurs.[62] Les rares études réalisées sur les monts sous-marins ont mis à jour de

57 Doc. ONU A/60/63/Add.1, pp. 6–7.
58 Doc. ONU A/60/63/Add.1, pp. 6–7.
59 Doc. ONU A/60/63/Add.1, pp. 6–7.
60 Arico/Salpin, 2005, p. 11.
61 Doc. ONU A/62/66/Add.2, p. 57; voir aussi : Doc. ONU A/60/63/Add.1, pp. 8–9.
62 Les requins, les thons, les tortues et certains mammifères marins.

nombreuses nouvelles espèces. Le taux d'endémisme,[63] bien que n'atteignant pas celui des sources hydrothermales, est ici très élevé.[64]

2 Les nodules polymétalliques

37. — Les nodules polymétalliques se trouvent à des profondeurs comprises entre 4000 et 6000 mètres. Ils mesurent de 1 à 25 centimètres de diamètre et leur taux de croissance est très lent, 1 mm par million d'années. Ils sont composés de différents métaux comme le fer, le manganèse, le nickel, le cuivre ou le cobalt. Ils contiennent parfois aussi d'autres métaux, tels que de l'or, de l'argent, du platine ou du titane. Les champs les plus prometteurs d'un point de vue commercial se trouvent dans l'océan Pacifique et dans l'océan Indien.[65]

38. — Les nodules polymétalliques offrent un espace de vie à de multiples espèces qui ne se trouvent dans aucun autre écosystème.[66] La faune recensée à ces endroits est extrêmement riche :[67] coraux mous, anémones, éponges, mais aussi des foraminifères ainsi que de nombreuses espèces de petits vers marins. La grande majorité des espèces découvertes n'ont jamais été décrites par les scientifiques et elles pourraient représenter une source intéressante de ressources génétiques marines.[68]

39. — Mais une menace plane depuis plusieurs années déjà sur les nodules polymétalliques. Étant donné la grande valeur économique de certains champs, ceux-ci font l'objet d'une volonté d'exploitation minière. Une telle entreprise pourrait avoir des conséquences désastreuses sur l'écosystème fragile

---

63 Le taux d'endémisme s'étend de 30 à 50% selon les endroits. Arico/Salpin, 2005, p. 12.
Cela implique que ces espaces doivent particulièrement être protégés, car les organismes qu'ils abritent et leurs particularités génétiques ne se trouvent nulle part ailleurs.

64 Doc. ONU A/60/63/Add.1, pp. 8–9; voir aussi : Doc. ONU A/59/62, p. 66; Doc. OSASTT UNEP/CBD/SBSTTA/8/INF/3/Rev.1, p. 35; Rothwell/Stephens, 2016, p. 131.

65 Baker/Bett/Billett et al., 2001, pp. 39–40; voir aussi : Proutière-Maulion/Beurier, 2007, p. 21; Laperche, 2012.
Doc. OSASTT UNEP/CBD/SBSTTA/8/INF/3/Rev.1, p. 36; Lévy, 1985, pp. 515–517.

66 Campagne océanographique nodinaut menée en 2004 par l'Institut Français de Recherche pour l'Exploitation de la Mer (Ifremer) ainsi que la campagne franco-allemande bionod de 2012 qui ont eu lieu dans le Pacifique nord-est. « www.marine-oceans.com/economie-maritime/2407-lifremer-etudie-les-champs-de-nodules-polymetalliques » (consulté le 20.03.2017); voir aussi le site de l'Ifremer.

67 Plus de 1000 espèces de petits invertébrés ont été dénombrées sur une surface équivalente à une feuille A4.

68 Laperche, 2012; voir aussi : « www.marine-oceans.com/economie-maritime/2407-lifremer-etudie-les-champs-de-nodules-polymetalliques » (consulté le 20.03.2017).

qui entoure ces nodules, en particulier si la technique utilisée est un dragage de fond massif justifié par la rentabilité de l'exploitation.[69]

3 Les sources hydrothermales

40. — Les sources hydrothermales[70] sont le résultat de l'activité tectonique de l'écorce terrestre.[71] À certains endroits au fond des océans, l'eau pénètre dans la croûte terrestre par des failles. Elle s'enfonce sur plusieurs kilomètres vers le centre de la Terre. Au contact du magma, l'eau se réchauffe et, en devenant plus légère, remonte à la surface de la croûte océanique, chargée de substances accumulées. Cette eau très acide, enrichie en métaux lourds, en méthane, en sulfure d'hydrogène et en dioxyde de carbone est rejetée des cheminées hydrothermales dans les eaux froides et oxygénées des profondeurs de l'océan à une température pouvant atteindre jusqu'à 400 ° Celsius (C). Suite au refroidissement brutal des eaux sortant des fumeurs noirs, les particules contenues dans celles-ci se déposent sur le sol et contribuent à la formation des cheminées pouvant atteindre des hauteurs de 10 à 15 mètres, bien que grandissant[72] très lentement.[73] La première source hydrothermale a été découverte par des scientifiques en 1977 aux Galápagos à une profondeur de 2500 mètres.[74] Depuis, de nombreux autres évents hydrothermaux ont été découverts à travers le monde, en particulier dans l'océan Atlantique et l'océan Pacifique à des profondeurs allant de 800 à 4000 mètres sous la surface de la mer. Environ un tiers des évents hydrothermaux connus se situent hors des zones de juridiction nationale.[75]

41. — De nombreux organismes survivent autour de ces évents hydrothermaux. Contrairement à ce que l'on peut observer ailleurs, « les bactéries qui assument le rôle de producteurs primaires de matière organique ne tirent pas leur énergie du soleil, mais de l'oxydation du soufre, parfois du méthane. Comme les végétaux, ces bactéries élaborent leurs molécules carbonées à partir du dioxyde de carbone (CO_2) ».[76] Ces organismes sont donc chimiosynthétiques et non photosynthétiques. Grâce à la présence de ces organismes chimiosynthétiques, les sources hydrothermales sont des oasis de vie. La faune

---

69 Doc. ONU A/59/62, p. 68; voir aussi : Baker/Bett/Billett et al., 2001, p. 39; Rothwell/Stephens, 2016, p. 130.

70 Aussi appelés évents hydrothermaux, cheminées hydrothermales ou fumeurs noirs.

71 Prieur, 1998, pp. 25ss; voir aussi : Baker/Bett/Billett et al., 2001, pp. 15 ss.

72 À peine quelques centimètres par an. Doc. ONU A/59/122, p. 19.

73 Prieur, 1998, pp. 25ss; voir aussi : Baker/Bett/Billett et al., 2001, pp. 15ss; Leary, 2007, pp. 10–13; Korn/Friedrich/Feit, 2003, pp. 11–12; Armas-Pfirter, 2006, p. 14.

74 Baker/Bett/Billett et al., 2001, p. 15.

75 Doc. ONU A/62/66/Add.2, p. 57; voir aussi : Guézennec, 2014, pp. 42–43.

76 Prieur, 1998, pp. 25–26; Imhoff/Hügler, 2009, p. 203.

qui s'y développe est beaucoup plus dense et très différente de ce qu'il est possible de trouver dans les environs, sur la plaine abyssale. Ces organismes présentent des caractéristiques très singulières, telles qu'une résistance à de hautes températures et à de fortes pressions, des capacités de survie dans un environnement très toxique ainsi qu'un fort taux d'hémoglobine permettant de faciliter l'absorption de l'oxygène. Les surfaces recouvertes par les fumeurs noirs ne dépassent pas quelques centaines de mètres carrés. Mais il existe en plus de celles-ci des zones plus larges, dans lesquelles l'eau a une température de 10 ° à 30 ° C et abrite d'autres communautés d'organismes. Les populations qui occupent les zones des évents hydrothermaux sont pour la plupart endémiques[77] au milieu. La biomasse et la diversité[78] des organismes vivants trouvés à ces endroits sont très élevées. Selon les régions, les organismes rencontrés sont majoritairement des mollusques, des arthropodes et des vers. Parmi eux, il est possible de trouver des vers tubulaires géants[79] vivant dans une enveloppe faite de kératine, des palourdes, des crevettes, des crabes, des moules, mais aussi des animaux appartenant à d'autres embranchements tels que des poulpes, des poissons, des éponges, des anémones, des coraux et des méduses ainsi que quantité de microbes.[80]

42. — Ces écosystèmes laissent présager un fort potentiel d'utilisation par les chercheurs, car ils abritent de nombreux organismes disposant de particularités physiologiques.[81] Des traitements osseux,[82] du sang artificiel,[83] des produits cosmétiques,[84] des bioplastiques[85] à base de ressources génétiques

77 Environ 90% d'entre elles.

78 Bien que le nombre d'espèces soit, lui, relativement limité.

79 (*Riftia pachyptila*) Ces vers de 4 à 5 centimètres de diamètre peuvent atteindre la taille d'un être humain.

80 Prieur, 1998, pp. 25ss; voir aussi: Baker/Bett/Billett et al., 2001, pp. 15ss; Leary, 2007, pp. 13–17; Imhoff/Hügler, 2009, p. 203; Doc. ONU A/60/63Add.1, p. 12; Doc. ONU A/59/122 pp. 19–20; Doc. ONU A/59/62, p. 67; Doc. OSASTT UNEP/CBD/SBSTTA/8/INF/3/Rev.1, p. 34.

81 Les qualités des espèces vivant autour des évents hydrothermaux (en particulier résistance à des chaleurs et à des pressions extrêmes) font de leurs ressources génériques des biens précieux utilisables dans la fabrication de cosmétiques, de médicaments, de produits agroalimentaires. Doc. ONU A/59/62, p. 69; voir aussi : Armas-Pfirter, 2006, pp. 17–18; Arico/Salpin, 2005, pp. 20–21, Doc. UNU, 2007, pt. 2.1.

82 Voir *infra* § 69.

83 Voir *infra* § 71.

84 Voir *infra* § 72.

85 Voir *infra* § 74.

prélevées sur des organismes des ressources hydrothermales sont actuellement en phase de développement.

43. — Les évents hydrothermaux sont toutefois des environnements très fragiles, dont la durée de vie est limitée. Leur protection est donc nécessaire, car ces zones sont menacées par différentes activités humaines. Certaines techniques d'exploitation minière, comme le dragage de fond ainsi que certaines techniques de pêche tel le chalutage de fond, ont pour conséquence d'abimer ces environnements fragiles.[86] Mais il ne s'agit pas là du seul danger : la recherche scientifique[87] ainsi que le développement d'un tourisme des grands fonds[88] sont des menaces réelles pour toutes les formes de vie de ces espaces. Le seul prélèvement d'échantillons, ou de simples visites répétées de ces endroits, affectent de façon négative la survie d'organismes qui croissent et se reproduisent très lentement.

4 Les suintements froids et les *pockmarks*

44. — Les suintements froids et les *pockmarks* sont des sites où des fluides froids, composés d'un très faible niveau d'oxygène, mais parfois riches en sulfure d'hydrogène ou en méthane, montent par les fissures du plancher océanique et s'échappent du fond marin pour se retrouver dans la mer. Les fluides en question peuvent être de différentes natures, en particulier d'hydrocarbure, d'émanations d'origine hydrothermale ou volcanique ou encore de flux d'eau souterraine. Les sources froides sont localisées le long des marges continentales de tous les océans à des profondeurs situées entre 400 et 6000 mètres.[89]

45. — La diversité biologique découverte à ces endroits est relativement faible. Les organismes trouvés à proximité des suintements froids vivent de la chimiosynthèse. Il s'agit principalement de microbes dans les sédiments abyssaux, de vers, de mollusques, en particulier de grands bivalves et de moules, d'escargots, de crabes et de poissons. Mais l'endémicité est très forte. Certaines espèces sont parfois propres à un suintement froid d'une région en particulier. Seules quelques espèces sont communes aux suintements froids et aux sources hydrothermales.[90]

86 Proutière-Maulion/Beurier, 2007, p. 20.

87 Doc. ONU A/59/122, pp. 19–20; voir aussi : Baker/Bett/Billett et al., 2001, pp. 18–19.

88 Baker/Bett/Billett et al., 2001, pp. 18–19, voir aussi Revéret/Dancette, 2010, pp. 76–77.

89 Doc. ONU A/59/62, p. 68; voir aussi : Doc. ONU A/60/63/Add.1, p. 13; Baker/Bett/ Billett et al., 2001, pp. 45–46; Doc. OSASTT UNEP/CDB/SBSTTA/8/INF/3/Rev.1, p. 37.

90 Doc. ONU A/59/62, p. 68; voir aussi : Doc. ONU A/60/63/Add.1, p. 13; Baker/Bett/ Billett et al., 2001, pp. 45–46.

46. — La plupart des suintements froids se trouvant sur des zones d'exploitation minière actuelles ou potentielles, la faune, qui pourrait être utile dans le domaine de la bioremédiation, est menacée par ces activités ainsi que par les travaux scientifiques qui y sont liés.[91]

5 Les bassins anaérobies ou zones minimum d'oxygène

47. — Les bassins anaérobies se forment lorsque de très forts courants marins remontent des profondeurs et entrainent une productivité importante en surface. Celle-ci coule ensuite et se décompose à mi-profondeur, consommant l'oxygène dissous. Ce phénomène, associé au ralentissement de la circulation d'eau, provoque la formation de zones minimum d'oxygène.[92] De telles zones sont présentes dans les océans Pacifique, Atlantique et Indien. Les frontières de ces zones se déplacent avec les courants ce qui entraine parfois des conséquences pour l'industrie de la pêche.[93]

48. — En raison de la productivité planctonique élevée en surface, les abords des zones minimum d'oxygène sont souvent riches en poissons et en coquillages. Les zones elles-mêmes renferment généralement une forte densité de bactéries. Celles qui se développent dans ces endroits sont moins variées que celles abritées par les autres écosystèmes d'eau profonde. Ces bactéries présentent des caractéristiques particulières, telles qu'une petite taille, une structure respiratoire spécifique, un fort taux d'hémoglobine ainsi que d'autres adaptations biochimiques. Ces caractéristiques leur permettent de survivre dans des environnements pauvres en oxygène. Mais la diversité des espèces peuplant les bassins anaérobies, même si elle semble très prometteuse, reste mal connue.[94]

6 Les hydrates de gaz naturel

49. — Les hydrates de gaz naturel sont principalement composés de méthane, à une densité très élevée, prisonnier dans des structures cristallines qui font office de cages. Ces structures se trouvent dans les couches superficielles de la croûte terrestre, principalement dans les régions polaires ainsi que dans les sous-sols marins des océans Pacifique et Atlantique.[95]

---

91 Baker/Bett/Billett et al., 2001, p. 47.

92 Doc. ONU A/60/63/Add.1, p. 11.

93 Doc. ONU A/60/63/Add.1, p. 11.

94 Doc. ONU A/60/63/Add.1, p. 11.

95 Baker/Bett/Billett et al., 2001, pp. 49–51; voir aussi : Doc. OSASTT UNEP/CBD/ SBSTTA/8/ INF/3/Rev.1, pp. 36–37.

50. — La faune qui peuple cet environnement est très mal connue des scientifiques, car ces endroits n'ont été que peu étudiés jusqu'à aujourd'hui. Des recherches récentes dans cet écosystème ont démontré la présence de bactéries vivant à une profondeur de 800 mètres dans le sous-sol de l'océan Pacifique. Il a d'ailleurs été estimé qu'environ 60% des bactéries peuplant la Terre se situent dans les sédiments des sous-sols marins. Autres organismes vivants dans cet environnement, des vers polychètes[96] ont été découverts dans des hydrates de gaz exploités dans le golfe du Mexique.[97]

C *L'océan Austral ou Antarctique*

51. — L'océan Austral est l'un des cinq océans qui couvrent le globe. Il entoure le continent Antarctique. Délimité par des frontières arbitraires, il s'étend entre le sud du 60e degré de latitude sud jusqu'au continent Antarctique.[98] L'Antarctique est un continent terrestre de 15 millions de km^2 recouvert de glace qui déborde presque partout des limites terrestres et délimite le contour maritime réel. Ce continent n'est pas peuplé par des populations humaines autochtones ni par des mammifères terrestres. Seules quelques stations scientifiques sont habitées en hiver; des oiseaux ainsi que des mammifères marins peuplent les côtes.[99] Le relief sous-marin de l'océan Antarctique est très varié. Il comprend un plateau continental, des plaines abyssales, une fosse abyssale[100] et des dorsales océaniques. La profondeur des plaines abyssales se situe autour de 5000 mètres. La température et la salinité de l'océan Austral évoluent avec les saisons. Les températures s'échelonnent entre 10 ° et -2 ° C.[101]

52. — La faune et la flore sont très importantes dans l'océan Austral, leur biomasse est l'une des plus denses qui soient.[102] Les organismes qui peuplent cet environnement vont des bactéries aux grands cétacés en passant par le krill, des invertébrés comme les éponges ou les tuniciers et les poissons. En

96 Appelé aussi *Iceworm.*

97 Baker/Bett/Billett et al., 2001, pp. 49–51; voir aussi : Guézennec, 2014, p. 45.

98 Cette limite du sud du 60e degré sud de latitude coïncide en réalité avec la limite de la portée du Traité sur l'Antarctique du 1er décembre 1959. Voir à ce propos l'article VI du Traité sur l'Antarctique.

99 van der Essen, 1985, pp. 464–465.

100 Les fosses océaniques sont des fissures profondes de 6000 à 11 000 mètres dans la plaine abyssale. Il y a 37 fosses océaniques recensées à ce jour. La plupart ne mesurent que quelques dizaines de kilomètres de large pour une longueur de 100 à 3000 kilomètres. Baker/Bett/Billett et al., 2001, pp. 28–30.

101 Pinot, Océan Austral, Encyclopédie Universalis.

102 Pinot, Océan Austral, Encyclopédie Universalis; voir aussi : Lucchini/Voelckel, 1990, p. 456.

raison de leurs particularités physiologiques propres, induites par le milieu dans lequel ils vivent, nombre d'organismes de l'océan Antarctique présentent un fort potentiel pour des applications biotechnologiques.[103] Les propriétés antigels[104] et antisolaires[105] de certains organismes vivant dans l'Antarctique sont utilisées à des fins chirurgicales, agroalimentaires et cosmétiques. La deuxième partie de ce travail présentera le régime juridique applicable à ces ressources.

V Conclusion

53. — L'océan n'est pas une grande surface homogène qui abrite la même faune de sa surface à son sous-sol, de l'équateur aux pôles. La pluralité des écosystèmes marins a des conséquences sur les utilisations potentielles des organismes qui s'y trouvent. Elle favorise le développement de nouveaux produits. Bien que le nombre d'espèces océaniques soit inférieur aux espèces continentales, les milieux océaniques fournissent une variété d'organismes endémiques, qui présentent des caractéristiques spécifiques et uniques, ce qui les rend intéressants pour l'industrie biotechnologique. Il est ainsi important d'avoir une connaissance précise des écosystèmes pélagiques et benthiques pour mieux comprendre pourquoi les ressources génétiques provenant des organismes qui y vivent présentent un tel potentiel.

---

103 Base de données Antarctique, 2009, pp. 6–7; voir aussi : Jabour-Green/Nicol, 2003, p. 83; Arico/Salpin, 2005, pp. 28–29.

104 Voir *infra* § 70 et 75.

105 Voir *infra* § 72.

CHAPITRE 2

Les enjeux découlant de l'exploitation des ressources génétiques marines

I Introduction

54. — Nombreux sont les défis sociaux, économiques et politiques liés à l'exploitation des ressources génétiques marines si l'on considère le développement de produits ou de procédés biotechnologiques. En premier lieu, il faut déterminer ce qui distingue l'exploitation des ressources génétiques marines de la pêche « classique » (II), puis comprendre ce que sont les biotechnologies et quel est leur rapport avec les ressources génétiques marines (III). Les aspects relatifs à l'utilisation des ressources génétiques marines sont également très importants. Il est possible de concevoir l'utilisation des ressources génétiques marines de différents points de vue. Tout d'abord selon un angle social, en explorant les différentes applications pratiques réalisables à l'aide de ressources génétiques marines; puis, selon les intérêts économiques relatifs aux inventions biotechnologiques, en traitant les questions de valeur financière des biotechnologies marines et en s'intéressant aux entreprises qui les ont intégrées dans leurs activités commerciales (IV). Au vu des bénéfices sociaux et économiques en jeu, l'exploitation des ressources génétiques marines est un défi de taille. Vu les profits potentiels, elle représente un enjeu politique important pour les pays en développement et les pays industrialisés quant à la réglementation de l'exploitation des RGM hors zones. L'enjeu se situe non seulement à un niveau international, mais également au niveau suisse (V).

II L'exploitation des ressources génétiques marines et la pêche classique

55. — Les activités de pêche classique ainsi que l'exploitation des ressources génétiques marines consistent toutes deux en l'extraction de ressources biologiques marines des océans.[1] Mais les finalités visées par ces deux pratiques sont différentes. Les fruits de la pêche sont principalement destinés à être consommés comme nourriture, alors que les ressources génétiques marines

1 Scovazzi, 2006, Bioprospecting, p. 84.

 DOI 10.1163/9789004352094_005

sont exploitées pour l'information qu'elles contiennent.[2] Ainsi, lors de campagnes de pêche classique, de grandes quantités d'organismes sont extraites des océans. *A contrario*, pour développer des inventions, seules de petites quantités sont prélevées, dans la mesure où c'est l'information que l'organisme renferme qui intéresse les chercheurs et non l'organisme lui-même.[3] Les techniques, les équipements et la nature de l'exploitation sont également souvent différents.[4] De plus, contrairement à la pêche classique, l'exploitation des ressources génétiques marines ne garantit pas au prospecteur des rentrées économiques issues de sa collecte. Cette variable dépend de la possibilité ou non de développer des produits commercialisables à l'aide du matériel récolté.[5]

III Les ressources génétiques et les biotechnologies

56. — La biotechnologie est un concept qui s'est considérablement développé ces trente dernières années. Il y a plus de 10'000 ans, l'Homme a opéré les premières sélections d'espèces, modifiant ainsi son environnement. Il a découvert, puis progressivement utilisé les propriétés de certains organismes.[6] La transmission de ces savoirs a permis l'émergence des pharmacopées traditionnelles ainsi que certains produits qui, tous domaines confondus, sont encore utilisés à l'heure actuelle telles que certaines levures ou bactéries utilisées pour transformer le sucre en alcool, le lait en yaourt, fermenter et faire lever la pâte du pain,[7] soigner la toux.[8]

57. — Aujourd'hui, selon la CDB, le terme biotechnologie couvre « toute application technologique qui utilise des systèmes biologiques, des organismes vivants ou des dérivés de ceux-ci, pour réaliser ou modifier des produits ou des procédés à usage spécifique ».[9] En d'autres termes, il s'agit de « l'ensemble

2 Doc. ONU A/62/66/Add.2, p. 55; voir aussi : Salpin, 2013, pp. 154–155; Kirchner, 2010, p. 125; Proelss, 2008, p. 439.

3 Scovazzi, 2006, Bioprospecting, p. 84; voir aussi : Jorem/Tvedt, 2014, p. 326; Broggiato, 2011, p. 35.

4 Glowka, 1996, p. 168; voir aussi : Korn/Friedrich/Feit, 2003, p. 43.

5 Glowka, 1996, p. 169; voir aussi : Korn/Friedrich/Feit, 2003, p. 43.

6 En particulier des bactéries, des champignons (entre autres les levures) ou des plantes. Tambourin, Biotechnologies, Encyclopédie Universalis.

7 Tambourin, Biotechnologies, Encyclopédie Universalis; voir aussi : Banaigs/Korn-probst, 2007, p. 1; Glowka/Burhenne-Guilmin/Synge et al., 1996, p. 24; Campbell/Reece/Lachaîne et al., 2007, p. 419.

8 *Affaire Pelargonium*, Office Européen des Brevets, décision du 20 avril 2010.

9 Art. 2 CDB.

des méthodes et des techniques utilisant des composants du vivant[10] pour rechercher, modifier ou produire des substances chimiques ou des éléments d'origine végétale, animale ou microbienne ».[11] Il est question d'un domaine de recherche extrêmement dynamique, présentant des perspectives d'expansion importantes. Les applications possibles des inventions biotechnologiques sont infiniment nombreuses et seront appelées à se développer très fortement dans tous les secteurs, mais plus particulièrement dans le domaine des biotechnologies dites bleues, spécifiques aux ressources marines.[12]

58. — Les biotechnologies bleues[13] prennent de plus en plus d'importance et représentent l'un des secteurs les plus prometteurs du domaine. Ce sont les particularités océaniques,[14] qui font des ressources génétiques marines d'excellentes candidates au développement de nouvelles biotechnologies. La chimiodiversité, les caractéristiques spécifiques aux différentes parties des océans,[15] entre autres salinité, pression, présence ou absence de lumière, et les caractéristiques propres aux organismes eux-mêmes telles que la capacité réduite de se mouvoir ou la cécité font partie de ces particularités.[16]

59. — Trois facteurs intrinsèquement liés permettent d'expliquer pourquoi les ressources génétiques marines ont peu fait l'objet de recherches et ont

---

10 Molécules, organites, cellules, organismes.

11 Tambourin, Biotechnologies, Encyclopédie Universalis.

12 Tambourin, Biotechnologies, Encyclopédie Universalis; voir aussi : Doc. ONU A/60/63/Add.1, p. 23.

13 En plus des biotechnologies bleues, il est possible de distinguer quatre autres secteurs de développement des biotechnologies.
- Les biotechnologies rouges couvrent le domaine médical ou de la santé, allant du médicament au développement de procédés génétiques ou moléculaires ayant une finalité thérapeutique en passant par l'ingénierie tissulaire.
- Les biotechnologies vertes concernent le milieu de l'agriculture, de l'élevage ainsi que de l'agroalimentaire. Elles comprennent des techniques anciennes comme la fermentation ou l'hybridation, mais aussi des technologies modernes comme le génie génétique.
- Les biotechnologies blanches regroupent les différents domaines de la chimie et des processus industriels tels que la fabrication de produits ou la mise au point de procédés ainsi que la production industrielle de bioénergie comme des textiles, des carburants ou des dissolvants.
- Les biotechnologies jaunes ou grises comprennent ce qui a trait aux méthodes permettant de protéger l'environnement ou à des techniques permettant de procéder à des bioremédiations ou biorestaurations d'espaces souillés par des pollutions. Escher/Oreste/Sacra, 2007, p. 7.

14 Voir *supra* § 25 ss.

15 En particulier les différents milieux pélagiques et benthiques.

16 Voir *supra* § 25 ss.

rarement mené à la commercialisation de produits spécifiques, ceci malgré les avantages substantiels qui les caractérisent. Premièrement, contrairement aux ressources génétiques terrestres, les utilisations traditionnelles de ressources génétiques marines ont toujours été rares, car il n'existe pour ainsi dire aucune tradition orale de la pharmacopée issue du milieu marin.[17] Deuxièmement, les ressources génétiques marines ne sont exploitables qu'à des endroits difficilement accessibles nécessitant l'utilisation de moyens techniques perfectionnés. Or ces techniques d'exploration et d'exploitation sous-marines ne se sont développées significativement qu'à partir du milieu du XXe siècle. Le développement des biotechnologies bleues est donc récent.[18] Troisièmement, bien que l'accès au milieu océanique soit aujourd'hui nettement plus facile, l'aspect financier reste un frein majeur au développement des biotechnologies marines. Seuls les entreprises et les pays qui en ont les moyens techniques et financiers peuvent s'offrir des campagnes de recherches océanographiques. Les frais de fonctionnement d'une journée pour un navire et son équipement sont estimés à plusieurs dizaines de milliers de dollars.[19]

IV L'utilisation des ressources génétiques marines

A *Les bénéfices des ressources génétiques marines pour la société*

60. — De nombreux organismes vivants fournissent des substances utiles au développement de produits ou de procédés biotechnologiques. Qu'il s'agisse de plantes, de champignons ou d'animaux, chacun renferme quantité de matériel potentiellement intéressant.[20] Mais très souvent, ce sont les bactéries et les microbes qui vivent en symbiose avec les organismes cités ci-dessus qui sont à l'origine des produits permettant de développer des inventions biotechnologiques.[21] Les micro-organismes sont en effet souvent la source de nouvelles molécules bioactives[22] qui présentent des caractéristiques spécifiques intéressantes pour les chercheurs. Il s'agit très souvent d'enzymes, de toxines, d'acides

17 Banaigs/Kornprobst, 2007, p. 1; voir aussi : Kornprobst, 2005, p. 61.

18 Gravalos, 2009, p. 1; voir aussi : Banaigs/Kornprobst, 2007, p. 2.

19 Doc. ONU A/60/63/Add.1, p. 28; voir aussi : Guilloux/Zakovska, 2004, p. 1.

20 Doc. ONU A/62/66, pp. 57–59.

21 Arrieta/Arnaud-Haond/Duarte, 2010, p. 18319; voir aussi : Guézennec, 2014, p. 34; Leary, 2007, pp. 16–17; Prieur, 1998, pp. 26–27; Hill/murphy, 1998, p. 36; Brookes, 2007, pp. 23–24.

22 Par exemple, la bryostatine (anticancéreux) extraite d'une bactérie vivant à l'intérieur d'un *bryozoaire Bugula neritina* (animal marin). Guézennec, 2014, pp. 28–45; voir aussi : Guézennec/Moppert/Raguénès et al., 2011, p. 4; Lévêque/Mounolou, 2008, pp. 174–175; Doc. OECD, 2013, pp. 14–15 et 32.

gras essentiels, de polysaccharides ou d'autres métabolites secondaires qui disposent de propriétés singulières.[23] Leur utilisation rend possible le développement de produits biotechnologiques utiles dans les secteurs médical, cosmétique, chimique, de même que dans les domaines de l'agroalimentaire et de l'environnement.

1 Le secteur médical

a *Le secteur pharmaceutique*

61. — Les recherches sur le développement de médicaments à base de ressources génétiques marines se concentrent sur certains domaines très spécifiques (Figure 1). Au début des années 1950 déjà, Werner Bergman découvre dans une éponge des Caraïbes l'*arabinoside*, une molécule permettant de lutter contre certaines formes de cancer et certains virus. Cette molécule, encore utilisée dans la pharmacopée actuelle, a servi à fabriquer des médicaments[24] contre la leucémie et l'herpès.[25] Depuis, d'autres molécules issues d'organismes marins ont été découvertes, susceptibles de créer de nouveaux médicaments.[26]

62. — La lutte contre le cancer constitue un important domaine de recherche.[27] Des substances actives permettant de lutter contre différentes sortes de cancers ont été découvertes dans les tuniciers, les éponges et les requins.[28] Des molécules issues de tuniciers ont notamment permis de développer le *Yondelis* et l'*Aplidin*, deux anticancéreux disponibles sur le marché.[29] La squalamine du requin aiguillat est, elle, efficace pour combattre différentes formes de cancers.[30] L'aracytine, issu d'éponges, permet de lutter contre certaines formes de leucémies.[31] D'autres molécules possédant des propriétés anticancéreuses ont été découvertes dans des micro-organismes, entre autres

23 Banaigs, 2001, pp. 439–440; voir aussi : Brookes, 2007, p. 22; Hill/Murphy, 1998, p. 34; Doc. ONU A/62/66, p. 58; Guézennec/Moppert/Raguénès et al., 2011, p. 4; Kornprobst, 2005, p. 61 et pp. 584–585; Doc. UNU, 2007, pt 2.1.

24 *Cytarbel* et *Aracytine*.

25 Banaigs/Kornprobst, 2007, p. 2; voir aussi : Doc. UNU, 2007, pt 2.1; Guyot, 2000, p. 420.

26 Guézennec, 2014, p. 22.

27 Guézennec, 2014, pp. 19–20; voir aussi : Banaigs, 2001, p. 444.

28 Kornprobst, 2005, p. 62; voir aussi : Base de données Antarctique, 2009, pp. 9–11; Doc. UNU, 2007, pt 2.1.

29 Bourguet-Kandracki/Banaigs, 2009, p. 36; voir aussi : Brookes, 2007, p. 24; Gravalos, 2009, p. 1; de la Calle, 2009, p. 213; Guézennec, 2014, p. 19.

30 Kornprobst, 2005, p. 77; voir aussi : Doc. ONU A/62/66 p. 59.

31 Verbist, 1998, p. 38.

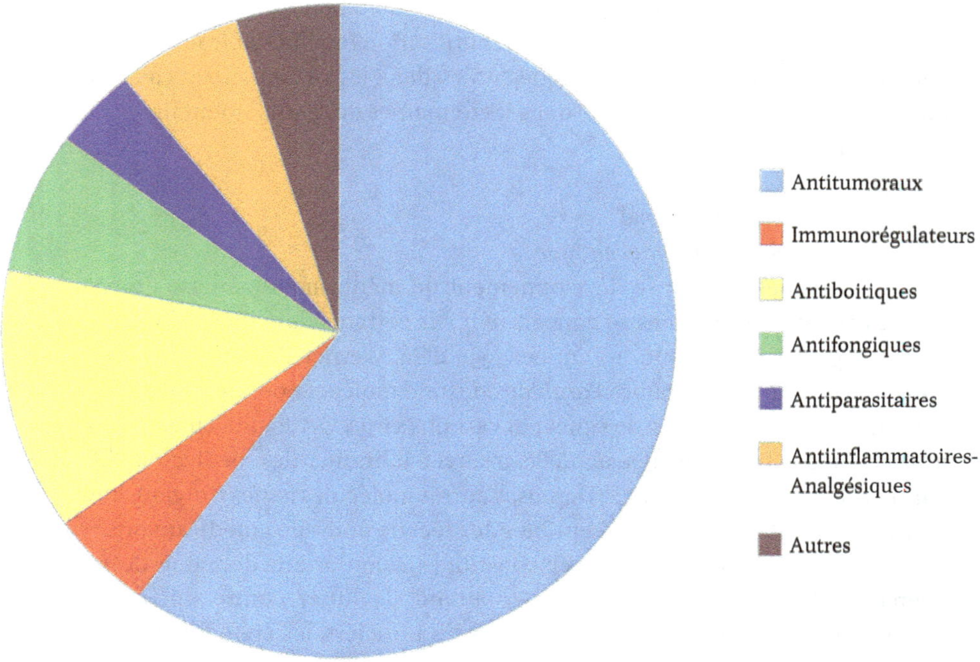

FIGURE 1 *Répartition des brevets pour les médicaments par domaines thérapeutiques.*
GUEZENNEC, 2014, P. 25

des bactéries et des champignons.[32] De nombreux produits issus de différentes substances sont en cours de test dans ce domaine.[33]

63. — Les antidouleurs, analgésiques, antalgiques sont un autre domaine dans lequel des ressources génétiques marines donnent de bons résultats. Le *Conus magus*, un escargot tropical qui possède un venin extrêmement puissant pour tuer ses proies, le ziconotide,[34] s'est révélé être un antidouleur mille fois plus puissant que la morphine. Ce venin a été utilisé pour développer le *Prialt,* qui soulage les douleurs chroniques.[35]

64. — Certaines bactéries marines, comme les cyanobactéries, présentent des propriétés anti-inflammatoires.[36] Certaines gorgones des Caraïbes et les

32 Brookes, 2007, p. 23; voir aussi : Guézennec/Moppert/Raguénès et al., 2011, p. 4, Doc. ONU A/62/66 pp. 54–57.

33 Doc. ONU A/62/66 p. 59; voir aussi : Doc. UNU, 2007, pt 2.1.

34 Aujourd'hui obtenu par synthèse. Kornprobst, 2005, p. 74.

35 Kornprobst, 2005, p. 74; voir aussi : Doc. ONU A/62/66 p. 59; Bourguet-Kandracki/ Banaigs, 2009, p. 36; Brookes, 2007, p. 24; Doc. UNU, 2007, pt 4.2, Guézennec, 2014, p. 19.

36 Doc. ONU A/62/66, p. 55; voir aussi : Brookes, 2007, p. 24.

algues qui vivent en symbiose avec elles présentent également un intérêt pour l'élaboration d'anti-inflammatoires.[37]

65. — Les recherches sont également importantes dans le domaine du SIDA. Des études sont en cours sur les cyanobactéries marines et les protéines qu'elles produisent et qui agissent comme des barrages à l'entrée de certains virus pathogènes, entre autres le virus de l'immunodéficience humaine (VIH).[38]

66. — Les ressources génétiques marines sont également utilisées pour créer des antibiotiques, des antiviraux, des antifongiques, des traitements contre les problèmes cognitifs, la schizophrénie, les troubles cutanés (psoriasis, cicatrisation), les maladies cardiovasculaires, les troubles rénaux, la maladie d'Alzheimer et certains problèmes de développement cérébral chez les enfants.[39]

67. — Un grand nombre de substances issues de ressources génétiques marines sont en phase de test. La mise sur le marché d'un médicament prend du temps, coûte cher et n'est jamais assurée. Parfois, la molécule active n'est pas disponible en assez grande quantité, n'est ni synthétisable ni cultivable, pas suffisamment efficace sur l'être humain, entraine trop d'effets secondaires ou des effets secondaires trop importants. Ces raisons expliquent le faible nombre de médicaments à base de substances marines actuellement sur le marché.[40] Mais la situation pourrait rapidement changer, car le nombre de produits en développement augmente rapidement. Entre 1998 et 2006, 592 substances issues d'organismes marins ont été étudiées pour lutter contre les cancers et 666 pour diverses activités pharmacologiques. En 2010, plus de 36 médicaments utilisant des dérivés de ressources génétiques marines étaient en phase de développement clinique, dont 15 permettant de lutter contre des cancers.[41]

b *Les procédés thérapeutiques et le matériel médical*

68. — Les ressources génétiques marines ne sont pas uniquement utilisées en pharmaceutique. Elles sont également employées dans certains traitements médicaux. Les protéines fluorescentes vertes, issues d'une méduse[42] bioluminescente, servent ainsi à mettre en lumière le développement de tumeurs cancéreuses, l'évolution de la maladie d'Alzheimer dans le cerveau et permettent

37 Doc. ONU A/62/66, p. 58; voir aussi : Hill/Murphy, 1998, p. 34; Doc. UNU, 2007, pt 2.1.

38 Doc. ONU A/62/66, pp. 54–55; voir aussi : Doc. UNU, 2007, pt 2.1 et 4.2; Leary/Vierros/Hamon et al., 2009, p. 186.

39 Doc. ONU A/62/66, pp. 54–59; voir aussi : Doc. UNU, 2007, pt 2.1; Kornprobst, 2005, pp. 584–585; Schoenberg, 2009, p. 4; Hill/Murphy, 1998, p. 34.

40 Brookes, 2007, pp. 23–24; voir aussi : Doc. ONU A/62/66/Add.2, p. 63; Verbist, 1998, pp. 38–39; Kornprobst, 2005, pp. 70–71; Banaigs/Kornprobst, 2007, p. 2.

41 Doc. OECD, 2013, p. 32.

42 *Aequorea victoria.*

d'observer et de comprendre comment le virus du SIDA se déplace d'une cellule infectée à une cellule saine.[43]

69. — Les ressources génétiques marines permettent également de développer des traitements osseux. Les recherches ont démontré que la cathepsine, une enzyme tirée de la langoustine, pouvait servir à soigner l'ostéoporose.[44] D'autres substances issues de ressources génétiques marines participent à la régénération des os. C'est le cas d'exopolysaccharides issus de bactéries vivant aux abords des sources hydrothermales. Leur utilisation sert à accélérer la cicatrisation des os, ainsi qu'à des reconstructions osseuses.[45] À l'aide de cnidaires, de mollusques ou d'échinodermes, les chercheurs travaillent aussi à la réalisation de structures microporeuses utilisables pour la création de prothèses, comme des os ou des vaisseaux sanguins.[46]

70. — Les propriétés antigels de la glycoprotéine, contenue dans certains poissons et bactéries antarctiques, sont étudiées pour l'optimisation des techniques chirurgicales associées au gel de tissus, entre autres la cryochirurgie, ainsi que pour améliorer la conservation et le stockage des organes et tissus destinés à être greffés.[47]

71. — Mais les inventions à base de ressources génétiques marines ne se limitent pas à ces quelques exemples. La recherche s'oriente également vers la création de sang humain artificiel à base de substances sécrétées par des micro-organismes des évents hydrothermaux,[48] l'utilisation de gènes et leurs protéines associées fluorescentes dans la recherche biomédicale,[49] ou encore dans la création de matériel orthopédique.[50]

2 Le secteur cosmétique

72. — L'utilisation des ressources génétiques marines joue également un rôle majeur dans l'industrie cosmétique. La recherche se concentre principalement sur les soins pour la peau.[51] Les aminoacides, agents antisolaires présents dans de nombreux organismes marins de l'Antarctique, servent à l'élaboration

---

43 Heafey, 2014, p. 495.

44 Fouchereau-Peron, 1998, pp. 47–48.

45 Colliec-Jouault/Zanchetta/Helley et al., 2004; pp. 2–3; voir aussi : Guézennec, 2014, pp. 106–107; Zanchetta/Lagarde/Guézennec, 2003, p. 74; Doc. UNU, 2007, pt 2.1; Leary, 2007, p. 163.

46 Kornprobst, 2005, p. 587.

47 Brookes, 2007, p. 22; voir aussi : Doc. ONU A/60/63/Add.1, p. 37.

48 Doc. ONU A/59/122, pp. 19–20; voir aussi : Leary, 2007, p. 163.

49 Doc. ONU A/59/122, pp. 22–23; voir aussi : Arrieta/Arnaud-Haond/Duarte, 2010, p. 18320.

50 Banaigs, 2001, p. 442.

51 Guézennec/Moppert/Raguénès et al., 2011, p. 4.

de crèmes solaires.[52] Une crème antiride à base de pseudoptérosine C,[53] a également été développée comme soin anti-âge.[54] D'autres crèmes protectrices, réparatrices et apaisantes sont réalisées à l'aide de substances[55] issues de bactéries provenant d'espaces situés près d'évents hydrothermaux.[56] Le krill, des bactéries ou encore certaines micro-algues produisent des enzymes et des polysaccharides utilisés pour leurs propriétés épaississantes, adoucissantes, hydratantes, cicatrisantes, antioxydantes. Ils servent autant pour les soins de la peau que pour ceux des cheveux et des ongles.[57]

3 Le secteur de l'industrie chimique

73. — De nombreux insecticides, herbicides, détergents, textiles, peintures, poudres à lessive, sont élaborés sur la base d'éléments issus de ressources génétiques marines.[58] Présentant des propriétés adhésives, les protéines tirées de substances produites par des mollusques et des crustacés sont utilisées dans la fabrication de colles insolubles, efficaces tant sur des surfaces sèches que mouillées. Une colle réalisée à l'aide de ces protéines est commercialisée depuis les années 1990 sous le nom de *Cell-Tek*.[59]

74. — Des chercheurs étudient la création de plastiques biodégradables à base de biopolymères produits par des bactéries vivant en particulier dans les sédiments près des sources hydrothermales. Ces bioplastiques représentent une alternative durable et écologique aux plastiques fabriqués avec du pétrole.[60] Le *biofouling*[61] et le développement de biocarburants[62] constituent également des domaines de recherche dans l'industrie chimique.

---

52 Base de données Antarctique, 2009, pp. 9–11; voir aussi : Matsunaga/Takeyama, 1998, p. 42.

53 Hill/Murphy, 1998, p. 34; voir aussi : Doc. UNU, 2007, pt 4.4.

54 Leary, 2007, p. 163.

55 *Abyssine, Hyalurift, Lanacityn.*

56 Guézennec, 2014, p. 105.

57 Cadoret, 2009, p. 42; voir aussi : Base de données Antarctique, 2009, pp. 9–11; Kornprobst/Lahaie, 1998, p. 53; Lohan/Johnston, 2003, p. 7; Kornprobst, 2005, p. 66; Schoenberg, 2009, p. 4.

58 Guézennec/Moppert/Raguénès et al., 2011, p. 4; voir aussi : Kornprobst, 2005, p. 66; Doc. UNU, 2007, pt 2.1; Brookes, 2007, p. 22.

59 Kornprobst, 2005, p. 589; voir aussi : Yamamoto, 1998, p. 51.

60 Guézennec, 2014, p. 95; voir aussi : Guézennec/Moppert/Raguénès et al., 2011, pp. 5–6; Brookes, 2007, p. 22; Unu, 2007, pt 2.1.

61 En particulier des peintures, à base de ressources issues d'organismes marins invertébrés qui demeurent vierges de pollution organique, permettant de protéger les coques des navires, les installations aquacoles et les canalisations sous-marines. Kornprobst, 2005, p. 588.

62 Des recherches pour développer de telles énergies à l'aide d'algues sont en cours et sont prometteuses. Brookes, 2007, p. 23.

4 Le secteur agroalimentaire

75. — Les gènes antigels contenus dans de nombreux organismes marins de l'Antarctique sont testés dans l'agroalimentaire. Des techniques de génie génétique ont été testées, permettant d'implanter un gène antigel dans des plantes afin de les rendre plus résistantes au gel. Les protéines antigels, issues de ces gènes, pourraient être utilisées sous forme de simple additif afin de faciliter le transport et le stockage des denrées alimentaires et pour prolonger la durée de conservation des surgelés.[63]

76. — Certaines substances issues de micro-algues marines sont employées dans les produits de boulangerie, dans les glaces et les produits laitiers, comme épaississants ou gélifiants.[64] Les enzymes issues de bactéries et de champignons sont également utilisées dans l'agroalimentaire pour la transformation de l'amidon. Mais ces molécules sont sensibles à différents facteurs comme la chaleur, la salinité ou la pression. Les enzymes tirées des organismes extrémophiles pourraient être une solution à ce problème.[65] D'autres enzymes particulièrement intéressantes sont contenues dans certaines ressources génétiques marines. Les amino-peptides de thon ont, par exemple, la propriété de réduire l'aigreur de certains aliments alors que les protéases de divers poissons permettent de supprimer les pellicules des seiches ou des calamars ainsi que les membranes des œufs de poisson comme le caviar, ceci pour faciliter leur consommation. Des produits contenant des acides gras, ainsi que certaines protéines de poissons, pourraient permettre de réduire les risques liés à plusieurs maladies chroniques.[66]

5 Le secteur de l'environnement et les *cleantech*

77. — Les ressources génétiques jouent un rôle fondamental également dans le domaine de la lutte contre la pollution. Dans les années 1980, une bactérie génétiquement modifiée, qui peut être utilisée pour lutter contre les marées noires, a fait l'objet d'un brevet. Elle a donné lieu au fameux cas *Diamond v. Chakrabarty*.[67] L'idée de la bioremédiation[68] et de la biorestauration consiste à utiliser des organismes vivants, très souvent des micro-organismes, pour

63 Doc. ONU A/60/63/Add.1, p. 37; voir aussi : Sönnichsen, 1998, p. 52; Doc. ONU A/59/122, pp. 22–23; Brookes, 2007, p. 22.

64 Doc. ONU A/62/66, p. 56; voir aussi : Matsunaga/Takeyama, 1998, p. 42.

65 Danson/Hough, 1998, p. 43; voir aussi : Doc. ONU A/62/66 p. 57.

66 Brookes, 2007, p. 23.

67 *Diamond v. Chakrabarty*, Cour Supême des États-Unis, 447 U.S. 303 (1980); voir aussi : *infra* § 164.

68 Guézennec, 2014, p. 140.

traiter des déchets dangereux, tels les métaux lourds ou pour lutter contre des pollutions environnementales, comme dans le cas des marées noires. Les cyanobactéries marines ont notamment déjà servi à des fins de biorestauration d'eaux usées.[69]

B *Les perspectives économiques de l'exploitation des ressources génétiques marines*

1 Un marché prometteur

78. — Les inventions biotechnologiques présentent non seulement un important intérêt social, mais également économique. Si le régime juridique applicable à l'exploitation des RGM hors zones est un enjeu majeur, c'est principalement parce que les retombées économiques sont potentiellement considérables. La bioéconomie est actuellement en pleine expansion. Le marché européen est estimé à 2 billions[70] d'euros de chiffre d'affaires annuel et représenterait 22 millions d'emplois.[71] Aux États-Unis, il est reconnu que la bioéconomie permettra à la population de vivre plus longtemps et en meilleure santé, de réduire les dépenses nationales en énergie fossile, de transformer certains processus industriels et d'augmenter la productivité du secteur agraire grâce à la création de nouveaux emplois et de nouvelles entreprises.[72] La plupart de ces stratégies bioéconomiques couvrent le secteur des biotechnologies marines. Ces dernières peuvent représenter une contribution importante à la bioéconomie grâce à l'élaboration de produits et de procédés innovants, mais aussi à travers le développement d'emplois et la création ou l'écologisation d'entreprises et de secteurs industriels.[73] Mais le marché des inventions biotechnologiques réalisées à l'aide de ressources génétiques marines reste difficile à évaluer, même si les entreprises qui se spécialisent dans ce domaine sont nombreuses.[74]

2 Un marché difficile à évaluer

79. — Il est très difficile de calculer la valeur économique totale du marché des ressources génétiques marines, compte tenu des nombreux domaines dans lesquels elles sont utilisables. De plus, il n'est pas simple d'évaluer et de tracer

69 Doc. ONU A/62/66, p. 57; voir aussi : Doc. ONU A/60/63/Add.1, p. 37; Kornprobst, 2005, p. 588; Doc. UNU, 2007, pt 2.1; Leary, 2007, p. 164; Guézennec, 2014, pp. 136–141.

70 Anglais : trillon : 10^{12}.

71 Doc. OECD, 2013, p. 54.

72 Doc. OECD, 2013, p. 54.

73 Doc. OECD, 2013, p. 54.

74 Voir *infra* § 79 ss.

les différents marchés.[75] Néanmoins, il semblerait que la valeur du marché ait déjà atteint plusieurs milliards de dollars[76] avant 2010.[77] En 2010, le Global Industry Analysts, Inc.[78] estimait le marché global à 2,8 milliards d'euros pour les biotechnologies marines.[79] Selon certaines estimations, l'augmentation du nombre de produits développés à partir de ressources génétiques marines serait de 4% à 5,9% par année[80] et générerait 200 000 emplois.[81] Les estimations sont plus difficiles à faire lorsqu'il est question de RGM hors zones.[82] Au surplus, le nombre de brevets obtenus pour des inventions biotechnologiques à base de ressources génétiques marines n'est pas clairement chiffrable, puisqu'il n'existe pas de base de données les répertoriant de manière systématique.[83] Néanmoins, les recherches concernant le nombre de brevets existants sur des inventions réalisées à l'aide de RGM hors zones montrent qu'aujourd'hui, seuls quelques rares brevets, principalement basés sur des ressources de la haute mer, comme des micro-organismes, des algues, du poisson ou du krill, ont été déposés.[84]

80. — Une chose est claire cependant : la recherche marine est très coûteuse, en particulier lorsqu'elle vise des ressources provenant d'environnements extrêmes. Une journée de recherche coûte entre 50 000 et 100 000 dollars.[85] Le développement de produits à base de ressources génétiques marines est un processus long, onéreux et risqué, car le succès du projet est très souvent incertain (Figure 2).[86] Bien que le potentiel commercial des ressources génétiques marines soit élevé, les investissements consentis sont immenses, de centaines de millions de dollars à un milliard de dollars.[87] Dans le domaine

75 Doc. ONU A/62/66/Add.2, p. 62; voir aussi : Doc. OECD, 2013, p. 55; Doc. ONU A/64/66/Add.2, p. 32; De la Fayette, 2009, pp. 231–232.

76 Le terme dollar est à comprendre comme dollar américain pour ce travail.

77 Broggiato/Arnaud-Haond/Chiarolla et al., 2014, p. 177.

78 « www.strategyr.com » (consulté le 20.03.2017).

79 Doc. OECD, 2013, p. 55; voir aussi : A/70/74, p. 21.

80 Damanaki, 2013; voir aussi : Rademaekers/Widerberg/Svatikova et al., 2015, p. 32; Doc. ONU A/70/74, p. 21; Doc. OECD, 2013, p. 55.

81 Rademaekers/Widerberg/Svatikova et al., 2015, p. 32.

82 Doc. ONU A/62/66/Add.2, p. 62; voir aussi : Doc. ONU A/64/66/Add.2, p. 32; De la Fayette, 2009, pp. 231–232.

83 Doc. ONU A/62/66/Add.2, p. 65.

84 Salpin, 2013, p. 174; voir aussi : Doc. ONU A/66/70, p. 23.

85 Rademaekers/Widerberg/Svatikova et al., 2015, p. 32.

86 Doc. ONU A/62/66 p. 43; voir aussi : Lohan/Johnston, 2003, p. 9; de la Calle, 2009, p. 212; Doc. ONU A/62/169, p. 11; Broggiato/Arnaud-Haond/Chiarolla et al., 2014, pp. 177–178.

87 Rademaekers/Widerberg/Svatikova et al., 2015, p. 43.

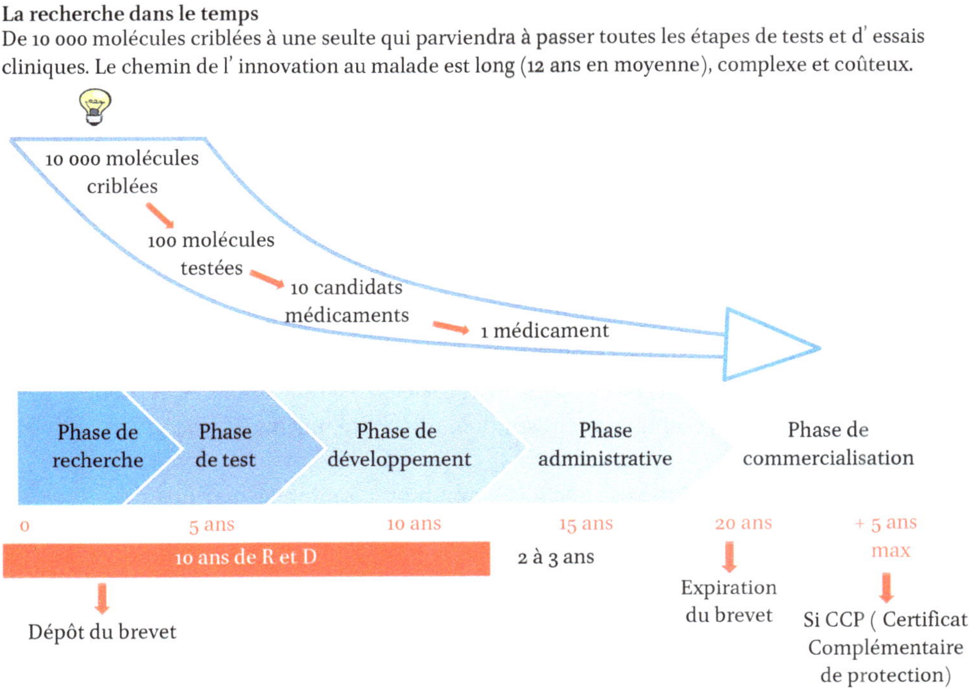

FIGURE 2 *La mise sur le marché de nouveaux médicaments prend du temps. Seuls quelques produits arrivent finalement sur le marché.*
GUEZENNEC, 2014, P. 23

pharmaceutique, seul 0,001% des produits arrivent finalement sur le marché.[88] Les risques financiers élevés que représente le secteur des inventions biotechnologiques à base de ressources génétiques marines ont pour conséquence de freiner l'expansion du domaine.[89]

81. — Malgré les coûts et les risques, la croissance globale de l'industrie des biotechnologies prouve néanmoins qu'il s'agit d'un secteur économique porteur et lucratif.[90] Les profits potentiellement réalisables compensent les coûts élevés consentis par les entreprises.[91] La valeur du marché des biotechnologies marines atteindrait des sommes colossales. En 2000, les ventes mondiales de produits dérivés de biotechnologies marines étaient estimées à 100 milliards

88 Doc. ONU A/62/66/Add.2, p. 63; voir aussi : Long/Rodriguez Chaves, 2015, p. 222.

89 Cadoret, 2009, p. 42.

90 Base de données Antarctique, 2009, p. 14, voir aussi : De la Fayette, 2009, pp. 231–232; Doc. UNU, 2007, pt 4; Doc. OSASTT UNEP/CBD/SBSTTA/11/11, p. 8; Arico/Salpin, 2005, pp. 20–21; Long/Rodriguez Chaves, 2015, p. 222.

91 Rademaekers/Widerberg/Svatikova et al., 2015, p. 43.

de dollars.[92] Les profits réalisés à l'aide d'un composant dérivé d'une éponge marine pour le traitement de l'herpès ont été évalués à 50–100 millions de dollars annuels et la valeur estimée d'agents anticancéreux issus d'organismes marins s'élève à 1 milliard de dollars par année.[93] Les ventes du Prialt avoisinent les 20 millions et 18 millions de dollars pour 2008 et 2009 uniquement pour le marché étasunien.[94] Dans un autre domaine, des polymérases issues de bactéries hyperthermophiles sont utilisées dans des procédés permettant d'amplifier les séquences visées d'ADN et d'ARN. Ce marché est estimé à 500 millions de dollars par an.[95]

82. — Les biotechnologies marines contribuent également indirectement à la bioéconomie par la création d'emplois aussi bien dans le domaine public que privé.[96] Elles fournissent aussi des services peu quantifiables, tels que l'enrichissement des connaissances sur la biodiversité marine.[97]

3 Les entreprises spécialisées en biotechnologies marines

83. — Les biotechnologies marines intéressent de plus en plus l'industrie. C'est particulièrement dans le domaine pharmaceutique que des entreprises développent des secteurs de recherche sur les ressources génétiques marines, voire se spécialisent dans la branche. De grandes entreprises pharmaceutiques principalement basées aux États-Unis et en Europe, comme *Novartis*, *Sanofi-Aventis*, *GlaxoSmithKline* ou *Eli Lilly*, s'intéressent de près aux biotechnologies marines. D'autres, comme *PharmaMar*, se sont spécialisées dans ce domaine en consacrant la majeure partie de leurs activités au développement de médicaments à l'aide de ressources génétiques marines. Les chercheurs de *PharmaMar* ont recensé plusieurs dizaines de milliers de ressources présentant un potentiel thérapeutique. Un certain nombre de produits sont déjà brevetés. Quelques-uns se trouvent dans les différentes phases de tests préalables à la commercialisation d'éventuels médicaments,[98] d'autres sont déjà disponibles sur le marché.[99]

---

92 Doc. OSASTT UNEP/CBD/SBSTTA/11/11, p. 8.

93 Gjerde, 2006, Ecosystems, p. 21; voir aussi : OECD, 2013, p. 55; Doc. ONU A/62/66/Add.2, pp. 62–63; Arico/Salpin, 2005, p. 27; Westwood, 2005, pp. 117–120; Millicay, 2007, p. 773.

94 Vierros/Salpin/Chiarolla et al., 2015, p. 201.

95 Doc. OECD, 2013, pp. 55–56.

96 Doc. ONU A/62/66/Add.2, pp. 63–64; voir aussi : Doc. OECD, 2013, p. 57.

97 Doc. ONU A/62/66/Add.2, pp. 63–64; voir aussi : Doc. OECD, 2013, p. 42.

98 Gravalos, 2009, p. 2; voir aussi : Banaigs, 2001, p. 442; Brookes, 2007, p. 24; Gjerde, 2006, Ecosystems, p. 21.

99 Millicay, 2007, pp. 773–774.

V Les enjeux politiques de la réglementation de l'exploitation des ressources génétiques marines issues d'espaces situés au-delà des zones sous juridiction nationale des États

A *Les enjeux politiques de la réglementation au niveau international*

1 Pays en développement et pays industrialisés

84. — À de nombreux égards, le monde n'est plus divisible en deux pôles aisément distincts, les pays industrialisés et les pays en développement. Dans le domaine de la propriété intellectuelle en particulier, de nouvelles catégories sont apparues, tels que les fabricants de génériques et les acheteurs de médicaments sur internet.[100] Il est également difficile de considérer les pays en développement comme une entité homogène. Certains sont des pays récemment industrialisés, d'autres des marchés émergents, et d'autres encore, des pays pauvres.[101] Néanmoins, ce critère de distinction reste malgré tout valable pour le sujet de ce travail. Force est de constater que dans les discussions en cours au sein du Processus consultatif non officiel ouvert à tous sur les océans et le droit de la mer des Nations Unies (UNICPOLOS),[102] la classification des États en « pays en développement » et « pays industrialisés » ressort de manière relativement claire.[103]

2 L'intérêt des pays en développement : le partage des ressources

85. — Les pays en développement,[104] qui ne disposent que rarement des moyens nécessaires pour exploiter les océans, militent pour le partage des avantages et des bénéfices découlant de l'exploitation des ressources génétiques des fonds marins afin de pouvoir profiter des bénéfices économiques réalisés à l'aide de ces ressources.[105]

86. — S'ils n'obtiennent pas gain de cause concernant le partage des avantages et des bénéfices découlant de l'exploitation des RGM hors zones, une

100 Maskus, 2012, p. 4.

101 Maskus, 2012, p. 7.

102 « www.un.org/Depts/los/consultative_process/consultative_process.htm » (consulté le 20.03. 2017).

103 Doc. ONU A/65/68, pp. 15–17; voir aussi : Salpin, 2013, pp. 179–180; Beslier, 2009, p. 337; Bonfanti/Trevisanut, 2011, TRIPS, p. 213; Drankier/Oude Elferink/Visser et al., 2012, p. 397.

104 Ce terme, dans ce travail, regroupe les pays suivants : la Chine et les pays du G77; voir la liste sous « www.g77.org/doc/members.html » (consulté le 20.03.2017); voir aussi : De la Fayette, 2009, p. 266; Drankier/Oude Elferink, 2012, p. 187; Zewers, 2008, Bright future, p. 170.

105 Zewers, 2008, Bright future, p. 174; voir aussi : Statement on behalf of the Group of 77 and China, 7 May 2012; Wright/Rochette/Druel et al., 2016, p. 34.

partie de la doctrine pense que les pays en développement pourraient remettre en cause l'octroi de brevets sur des inventions réalisées à l'aide de ces ressources.[106] Une telle décision entrerait en conflit avec leur participation à l'Accord sur les aspects des droits de propriété intellectuelle qui touchent au commerce (ADPIC),[107] partie de l'Accord instituant l'Organisation mondiale du commerce (Accord OMC).[108] De plus, il faut être conscient que les pays du G77 ne représentent pas un bloc uni, parlant d'une seule voix sur toutes les questions qui touchent au droit de la mer.[109]

3 L'intérêt des pays industrialisés : l'utilisation des ressources

87. — Pour un certain nombre d'États industrialisés, dont les États-Unis, le Japon, l'Islande et la Russie, les RGM hors zones doivent pouvoir être librement appropriées.[110] Selon eux, le fait que ces ressources ne puissent être librement collectées et utilisées représente un frein à l'innovation. Ainsi, l'extraction et l'exploitation de ces ressources devraient pouvoir se faire sans entraves afin que chacun puisse continuer à profiter de nouveaux produits innovants.[111] Pour cette raison, ces pays s'opposent à ce que l'exploitation des ressources, qui profite, à leur avis, aussi bien aux pays industrialisés qu'aux pays en développement, soit l'objet d'une réglementation contraignante. Cette dernière limiterait, selon eux, les avancées techniques réalisées principalement dans le domaine de la médecine.[112]

88. — Cette position découle du fait que l'exploitation des RGM hors zones et l'utilisation de celles-ci dans la réalisation d'inventions biotechnologiques sont principalement tenues par les pays industrialisés. En 2011, les demandes de brevets sur les ressources génétiques marines étaient issues de 31 pays,

---

106 Drankier/Oude Elferink/Visser et al., 2012, p. 397.

107 Accord sur les aspects des droits de propriété intellectuelle qui touchent au commerce, Annexe 1.C de l'Accord instituant l'Organisation mondiale du commerce conclu à Marrakech le 15 avril 1994 (RS 0.632.20).

108 Accord instituant l'Organisation mondiale du commerce, conclu à Marrakech le 15 avril 1994 (RS 0.632.20), Celui-ci fait suite à l'Accord Général sur les Tarifs Douaniers et le Commerce (GATT) de 1947 et les différents cycles de négociation qui ont suivis.

109 Druel/Rochette/ Billé et al., 2013, pp. 34–35; Wright/Rochette/Druel et al., 2016, p. 34.

110 Drankier/Oude Elferink, 2012, p. 187; voir aussi : Wright/Rochette/Druel et al., 2016, pp. 36–38; Doc. IISD, 08.02.2010, p. 2.

111 Zewers, 2008, Bright future, p. 174.

112 de la Fayette, 2009, p. 261.

et le 90% des brevets étaient déposés par 10 pays,[113] dont 70% par les États-Unis, l'Allemagne et le Japon.[114]

4 Des intérêts partagés

89. — D'autres États, entre autres ceux de l'Union européenne, ne se positionnent pas clairement en faveur d'un régime juridique particulier pour les RGM hors zones, mais plaident pour une approche pragmatique axée sur la protection de l'environnement.[115] Consciente de l'importance de la biodiversité pour l'être humain,[116] l'Union européenne s'est engagée très tôt en faveur du maintien de la biodiversité.[117] De nombreuses actions pourraient être entreprises pour promouvoir l'exploitation des RGM hors zones, tout en œuvrant pour la protection de l'environnement et de la biodiversité.[118]

90. — Au-delà des intérêts individuels propres aux pays en développement ou aux pays industrialisés, il existe des intérêts communs concernant les ressources génétiques marines. En effet, indépendamment de l'état d'avancement économique du pays, il importe à sa population que l'environnement et ses richesses, dont les ressources génétiques marines font partie, soient préservés pour les générations futures, qu'il soit possible d'utiliser ces ressources comme réserve d'information, c'est-à-dire comme matériel permettant de développer de nouveaux produits biotechnologiques. Pour préserver le milieu dans lequel

---

113 États-Unis, Allemagne, Japon, France, Angleterre, Danemark, Belgique, Pays-Bas, Suisse, Norvège.

114 Arnaud-Haond/Arrieta/Duarte, 2011, p. 1521; voir aussi : Doc. ONU A/66/70/Add.2, p. 48; Doc. OSASTT UNEP/CBD/SBSTTA/11/11, p. 6; Greiber, 2011, pp. 7–8.

115 Drankier/Oude Elferink, 2012, p. 187; voir aussi : Druel/Rochette/Billé et al., 2013, p. 18.

116 « La biodiversité étant à la base de la chaîne alimentaire et donc de l'alimentation humaine, et aussi de la production agricole, industrielle et pharmaceutique, la perte de diversité biologique a des conséquences sur la vie quotidienne et sur le développement économique. » Proutière-Maulion/Beurier, 2007, p. 50; voir aussi : Abbott/Cottier/Gurry, 1999, pp. 1822–1823.

117 Proutière-Maulion/Beurier, 2007, p. 50.

118 Parmi les mesures proposées figurent, entre autres, la promotion de la recherche scientifique marine, l'élaboration de codes de conduite pour les activités de recherches, la mise en place d'études d'impact sur l'environnement en relation avec l'exploitation des ressources génétiques marines, l'établissement de mécanismes de partage des connaissances résultant de la recherche, la constitution de zones marines protégées, des discussions à propos de mesures concrètes concernant le partage des avantages et des bénéfices tirés de l'exploitation des ressources génétiques marines issues d'espaces situés au-delà des zones de juridiction nationale des États tout en tenant compte des éléments de propriété intellectuelle. Doc. ONU A/65/68, p. 16.

il vit, l'Homme a donc fort intérêt à éviter la surexploitation des écosystèmes et à trouver un équilibre entre utilisation des ressources et préservation de celles-ci.[119]

91. — Dans de nombreux pays industrialisés, cette volonté de livrer aux générations futures un environnement viable est perceptible.[120] Cette aspiration n'est pas toujours aussi manifeste dans les pays en développement, bien que ces États aient, eux aussi, un intérêt significatif à la protection de l'environnement.[121] Certains pays en développement considèrent parfois la biodiversité comme un vecteur de développement, un stock à exploiter et investissent en priorité dans des domaines économiques ou sociaux qui apportent des avantages plus directs et immédiats à leurs populations. Ils ont quelquefois peur que les mesures de préservation de la biodiversité et la protection de l'environnement entravent leur ascension économique.[122] Les pays les moins avancés, en revanche, voient parfois dans ces mesures environnementales l'opportunité de mettre en valeur leur pays et par là même, de lui donner une impulsion économique.[123]

B *Les enjeux de la réglementation pour la Suisse*

92. — Même sans accès direct à la mer, la Suisse a des intérêts importants dans l'exploitation des RGM hors zones. Sa participation à la mise en place de traités internationaux ou de mesures visant à exploiter durablement et raisonnablement ces ressources lui donne indirectement la possibilité d'agir sur la protection des océans.

93. — Les industries chimique, pharmaceutique et biotechnologique font partie des principales branches exportatrices de Suisse. Au niveau international, cette dernière se classe au huitième rang des exportateurs mondiaux de produits chimiques et pharmaceutiques, en contribuant à hauteur de 5% des exportations mondiales.[124] La pharmaceutique et la chimie sont deux branches dans lesquelles de nombreuses inventions biotechnologiques, pouvant être basées sur des ressources génétiques marines, sont développées. Les entreprises suisses sont, par conséquent, de grandes utilisatrices potentielles

---

119 Doc. ONU A/62/66/Add.2, pp. 66 et 68; voir aussi : Abbott/Cottier/Gurry, 1999, pp. 1822–1823; Coutansais, 2011, p. 164.

120 Dubuis, 2012; voir aussi : Drankier/Oude Elferink, 2012, p. 187; Doc. IISD, 25.06.2012, p. 9.

121 Dubuis, 2012; voir aussi : Doc. IISD, 10.12.2015, p. 2.

122 C'est en particulier le cas des membres de l'Organisation de Pays Exportateurs de Pétrole (OPEP) qui redoutent le développement des énergies renouvelables. Dubuis, 2012; voir aussi : Doc. IISD, 10.12.2015, p. 2; Doc. IISD, 25.06.2012, pp. 9, 24–25.

123 Dubuis, 2012; voir aussi: Proutière-Maulion/Beurier, 2007, p. 35.

124 Scienceindustries, 2012, p. 6.

de ces ressources. *Novartis* a d'ailleurs des produits thérapeutiques en cours de développement, réalisés à l'aide de ressources génétiques marines.[125]

94. — À défaut d'avoir un accès direct à l'océan, la Suisse, ainsi que les entreprises privées qu'elle abrite, ont les moyens techniques et financiers pour organiser des campagnes de recherche sur les RGM hors zones, qu'il s'agisse de la haute mer ou des fonds marins profonds et de leurs sous-sols. Pour cette raison, il serait également dans l'intérêt de la Suisse que le régime juridique applicable à l'exploitation de ces ressources soit favorable au développement de produits ou de procédés biotechnologiques.

95. — La Suisse n'a pas d'espace maritime sur lequel elle peut exercer sa souveraineté. Elle fait donc partie du groupe qui réunit tant les pays en développement que les pays industrialisés, désavantagés par rapport à l'accès aux océans.[126] Les espaces sur lesquels la liberté de la haute mer[127] s'applique s'amenuisent avec le temps au profit des États côtiers qui étendent leur souveraineté et leurs privilèges économiques.[128] Il découle de ce qui précède que la Suisse et les pays désavantagés par rapport à l'accès aux océans ont un intérêt prépondérant[129] à clarifier la situation juridique des espaces océaniques internationaux avant que les États côtiers n'étendent encore leurs zones de juridiction.

VI Conclusion

96. — La croissance des biotechnologies est particulièrement forte depuis une trentaine d'années. Si les biotechnologies à base de ressources génétiques terrestres ont été les premières à intéresser les chercheurs et qu'elles continuent à être développées aujourd'hui, les biotechnologies issues de ressources génétiques marines sont apparues plus tardivement, mais ont rapidement pris de l'ampleur. C'est principalement en raison de l'absence d'utilisation traditionnelle de ces ressources, de leur accessibilité limitée, ainsi que de l'importance des moyens financiers nécessaires à leur exploitation que celles-ci sont restées plus longtemps dans l'ombre. Malgré ces difficultés, il est aujourd'hui possible de considérer les biotechnologies bleues comme majeures pour le

125 Gravalos, 2009, p. 2; voir aussi : Vaisman, 1998, p. 82.

126 Symonides, 1988, pp. 293ss; voir aussi : Lucchini/Voelckel, 1990, pp. 506–509.

127 Voir *Infra* § 111 ss.

128 Kiss, 1982, p. 128.

129 Ils sont ainsi particulièrement intéressés. *Affaire du Plateau continental de la mer du Nord*, arrêt C.I.J., Recueil 1969, §73.

développement de produits ou de procédés biotechnologiques, notamment en raison des utilisations potentielles qu'elles offrent.

97. — Les domaines dans lesquels les ressources génétiques marines peuvent être utilisées sont nombreux. Néanmoins, certains secteurs sont plus porteurs que d'autres. La majorité des inventions biotechnologiques marines brevetées le sont dans les domaines de l'industrie et de la pharmaceutique. Cela ne veut pas dire que les possibilités dans les autres domaines sont moindres. Il s'agit là, avant tout, de choix stratégiques et financiers des entreprises.[130]

98. — La recherche et le développement de produits à base de ressources génétiques marines sont en pleine expansion. Conscients du potentiel que représente la chimie des substances naturelles marines, les chercheurs, qu'ils soient issus d'institutions publiques ou privées, se livrent une bataille acharnée.[131] De manière générale, seul un petit nombre de brevets concernant des inventions qui utilisent des RGM hors zones,[132] ont été déposés. Un plus grand nombre émane de ressources génétiques de la colonne d'eau[133] en haute mer.[134] Outre les problèmes d'utilisations traditionnelles, d'accès aux ressources et de coûts,[135] les entreprises développant des inventions biotechnologiques à base de RGM hors zones sont confrontées à un autre problème. Les connaissances actuelles en biochimie des organismes marins sont pour l'instant parcellaires et beaucoup reste à découvrir.[136] Le potentiel de développement est donc énorme si les milieux intéressés sont prêts à investir financièrement.

99. — Bien qu'il soit extrêmement difficile de trouver des chiffres permettant de connaître la valeur réelle du marché des inventions biotechnologiques réalisées à l'aide de RGM hors zones, le nombre d'entreprises, en particulier pharmaceutiques, qui entreprennent de la recherche dans ce domaine est important.[137]

100. — Les intérêts politiques divergents représentent la plus grosse difficulté dans le domaine de l'exploitation des RGM hors zones. Les intérêts des pays en développement et ceux des pays industrialisés sont différents. Même s'il existe des enjeux communs, tels que le progrès technique ou le maintien de la biodiversité, ceux-ci sont rarement une priorité, en particulier pour les pays

---

130 Doc. UNU, 2007, pt 3.1; voir aussi : Leary/Vierros/Hamon et al., 2009, p. 190; Doc. ONU A/62/66/Add.2, p. 60.

131 Banaigs/Kornprobst, 2007, p. 2; voir aussi : Scovazzi, 2011, p. 7.

132 Essentiellement des bactéries des grands fonds marins.

133 Principalement des micro-organismes, des algues (Sargasse), des poissons, du krill.

134 Doc. ONU A/66/70, p. 23.

135 Voir *supra* § 59 ss.

136 Banaigs, 2001, pp. 440–442.

137 Rademaekers/Widerberg/Svatikova et al., 2015, pp. 31–32.

en développement, mais également pour une partie des pays industrialisés. L'idéal consisterait, d'une part, à trouver un système qui permette de promouvoir le progrès et passe par la liberté d'accès,[138] tout en générant des bénéfices à répartir équitablement. D'autre part, il faudrait s'efforcer de mettre en place des mécanismes qui imposent le respect et la préservation de la biodiversité marine.[139]

101. — Finalement, la Suisse est pleinement concernée par la problématique de l'exploitation des RGM hors zones. Elle a, de par l'importance de ses industries chimiques, pharmaceutiques et biotechnologiques, des intérêts à défendre dans le domaine, malgré la distance géographique qui la sépare de l'océan.

---

138 Afin de faciliter l'avancée des activités dans le secteur de la biotechnologie. de Marffy, 2005, p. 71.

139 de Marffy, 2005, pp. 71–72.

PARTIE 2

Le cadre juridique existant

Préambule

102. — Le contexte général défini, la deuxième partie expose la situation juridique actuelle relative à l'exploitation des RGM hors zones.

103. — Les notions juridiques importantes pour le sujet de cette thèse sont présentées dans un premier temps (Chapitre 3), puis la notion de *« ressources génétiques marines »* est définie juridiquement (Chapitre 4).

104. — Les textes législatifs fondamentaux des droits pertinents, susceptibles de jouer un rôle, ainsi que les instruments de *soft law* relatifs sont ensuite étudiés. Il s'agit tout d'abord d'observer si le droit des brevets (Chapitre 5) et le droit de la diversité biologique (Chapitre 6) apportent des solutions à la problématique. Il faut alors déterminer comment le droit de la mer (Chapitre 7) règle la question en examinant plus en détail les normes et les outils susceptibles de s'appliquer à la gestion des ressources marines, avant d'analyser la réglementation légale de l'exploitation des ressources marines en dehors de la juridiction nationale des États (Chapitre 8). Le régime juridique actuellement applicable à l'exploitation des RGM hors zones est ensuite examiné. Le but est de comprendre comment la situation est en train d'évoluer quant à la volonté de la communauté internationale de mettre en œuvre un nouveau régime juridique (Chapitre 9). Finalement, les écolabels et les domaines dans lesquels ils sont aujourd'hui utilisés sont étudiés (Chapitre 10).

 | DOI 10.1163/9789004352094_006

CHAPITRE 3

Notions juridiques

I Introduction

105. — Afin d'appréhender au mieux les tenants et les aboutissants de l'exploitation des RGM hors zones, il est nécessaire de définir les notions de *res nullius* et *res communis* (II), de liberté de la haute mer (III) et de « patrimoine commun de l'humanité » (IV) avant de pouvoir analyser les questions de fond.

II *Res nullius* et *res communis*

106. — Des litiges sur l'appropriation des espaces marins par certaines puissances maritimes sont apparus à l'époque moderne. L'Espagne et le Portugal, en particulier, considéraient que l'Océan Atlantique était une mer intérieure.[1] Face à cette prise de position hégémonique et unilatérale, Hugo Grotius et Cornélius van Bynkershoek[2] ont invoqué le droit romain[3] pour affirmer l'applicabilité du principe de la liberté de navigation.[4] Cette règle est devenue un principe reconnu en droit international public.[5]

107. — Si la notion de *res nullius* est interprétée *stricto sensu* selon son interprétation historique, il faut comprendre que la haute mer n'appartient à personne, mais que le premier venu peut se l'approprier, le premier qui occupe ou qui exploite le terrain.[6] Or, cette interprétation quasi littérale n'est pas celle souhaitée par une grande partie de la doctrine, qui utilise la terminologie de *res nullius* pour qualifier la haute mer. Celle-ci estime, au contraire, que cette dénomination doit être comprise au sens large. La haute mer n'appartient à personne et chacun a le droit de l'utiliser et d'en puiser les ressources sans

1 Robaye, 2014, pp. 98–99.
2 Hugo Grotius et Cornélius van Bynkershoek, Grotius/Guichon de Grandpont/ Leben, 2013 ; voir aussi : Barthélemy/Nézard/Rolland et al., 2014, pp. 125–127 et 282.
3 Digeste de Justinien traduit par Hulot 1803, p. 80, Marcien, digeste 1, 8, 2 pr.
4 Robaye, 2014, pp. 98–99.
5 de Vattel, 1758, pp. 244–245 ; voir aussi : Pufendorf/Barbeyrac, 1712, pp. 519–520, Grotius/Guichon de Grandpont/Leben, 2013.
6 Rothwell/Stephens, 2016, p. 132 ; voir aussi : Churchill/Lowe, 1999, p. 143.

 | DOI 10.1163/9789004352094_007

s'approprier, à proprement dit, l'espace en interdisant son accès aux autres États.[7] C'est de là que découle l'idée de liberté de la haute mer.

108. — L'autre terme utilisé pour qualifier la haute mer est *res communis*. Ici aussi, les interprétations divergent selon les auteurs. Pour une partie de la doctrine, dire que la haute mer est une *res communis,* revient à dire que celle-ci appartient à tous les États comme une propriété commune.[8] Lorsque la haute mer est désignée comme étant une *res communis,* cela implique qu'elle « est l'objet de droits égaux et communs au profit de tous les États ».[9] L'expression *communis* en latin présuppose que la chose ainsi qualifiée est soustraite à la propriété privée. Ainsi, si la mer était *res communis,* elle « ne pourrait donc – en transposant le sens de l'expression du droit privé dans le droit public – être l'objet d'aucun droit de souveraineté. [...] En appelant la mer *res communis,* les jurisconsultes romains n'ont jamais voulu dire que la mer appartenait en

7 On retrouve ce point de vue tout au long du XXe siècle : Selon Gilbert Gidel en 1932, « [e]n disant que la mer est *res nullius,* on voudrait dire que la mer n'est susceptible de droit privatif de la part d'aucun État ; et ce, plus précisément, parce qu'elle n'est pas susceptible de l'occupation qui pourrait conduire à des droits privatifs. » Gidel, 1932, p. 214. Selon Remigius Bierzanek en 1961, « [d]e la thèse d'après laquelle la haute mer est "res nullius" on déduisait qu'aucun État ne possède de droits sur ces espaces et qu'aucun système de droit positif n'y est en vigueur » Bierzanek, 1961, p. 233. Selon Louis Cavaré, « [l]a conception la plus rationnelle consiste à considérer la mer comme *res nullius.* On veut dire seulement par là, sans attacher à cette idée d'autres conséquences à l'inverse des privatistes, qu'elle n'est l'objet d'aucun droit particulier de la part des États, en tant que telle. » Cavaré, 1969, p. 718. Selon Djamchid Momtaz en 1985, « [...] il faut bien se garder ici d'attacher à la qualité de *res nullius,* à l'inverse des privatistes, d'autres conséquences. Si l'on considère en effet, comme en droit romain, la *res nullius* comme une chose actuellement non appropriée, mais susceptible de l'être par le premier venu, cette théorie ne constituerait pas une base valable pour condamner les actes d'empiètement sur l'égalité d'usage. » Momtaz, 1985, p. 352. Selon Rosalyn Higgins en 1991 : « [...] *res nullius*—that is to say, belonging to no one, and therefore exploitable by anyone who wished to, and was in a position to, exploit them. » Higgins, 1991, p. 176. Selon le *Dictionnaire de droit international public,* « [a]ppliqué à la haute mer, [*res nullius*] signifie que cette dernière n'est soumise à la souveraineté d'aucun État et qu'aucun État ne peut prétendre y exercer des droits privatifs. » Salmon/Cahier/Caflisch et al., 2001, p. 993.

8 Selon Cecil Hurst, « [...] la surface de la mer ne peut pas être occupée et participe plus intimement de la nature d'une *res communis.* Les droits de tous les États y sont égaux et un État ne peut empiéter sur la haute mer sans le consentement de tous ». Hurst, 1925, p. 160. Propos partagé par Remigius Bierzanek selon lequel « [...] les partisans de la thèse de la haute mer *res communis* partaient du principe que tous les États jouissent du droit déterminé d'utiliser ces espaces, de même que tous les copropriétaires ont des droits sur la chose qui est leur propriété commune ». Bierzanek, 1961, p. 234 ; voir aussi : Lucchini/Voelckel, 1990, p. 275.

9 Gidel, 1932, p. 215.

propriété à tout le monde ; ils ont voulu dire que l'usage en était ouvert à tous sur un pied d'égalité [...] ».[10] C'est aussi de cette manière, c'est-à-dire comme *res communis*, que la jurisprudence internationale a qualifié la haute mer dans le courant du XXe siècle.[11] Dans l'*Affaire de la compétence en matière de pêcheries (Royaume-Uni c. Islande)*, la haute mer est qualifiée de *res communis omnium* et elle n'est pas un objet apte à la propriété, « [s]on usage est commun à tous et il en va de même de la pêche ».[12]

109. — Malgré les débats, une partie de la doctrine[13] est d'avis que ces terminologies ne sont pas adaptées pour qualifier la haute mer et qu'elles ne devraient plus être utilisées. Selon les interprétations des termes *res nullius* et *res communis,* le but visé est le même, à savoir éviter qu'un État en particulier ou qu'un groupe d'États ne s'approprient unilatéralement une zone de la haute mer. Il serait plus opportun d'aborder le problème sous un angle différent et de considérer que la haute mer « n'appartient et ne peut appartenir à personne, pas plus à la communauté des États qu'à un État déterminé ».[14] Son usage doit demeurer indéfiniment ouvert et commun à toutes les nations. Tout État doit pouvoir intervenir isolément sur la mer, mais aucun n'a le droit de prétendre à un monopole s'agissant de l'exploitation de celle-ci. De plus, l'intervention

---

10 Gidel, 1932, p. 215.

11 Selon le juge Gerald Fitzmaurice, « [...] nul ne niait la distinction de principe et de statut juridique bien tranchée qui existait entre la mer territoriale, considérée comme une partie ou un prolongement du domaine terrestre, et la haute mer, *res communis* ouverte à tous, [...] » Affaire de la compétence en matière de pêcheries (*République fédérale d'Allemagne c. Islande*), arrêt C.I.J., Recueil 1973, opinion individuelle de sir Gerald Fitzmaurice, p. 68. Cet avis est partagé par le juge Federico de Castro selon qui « [l]a haute mer n'est pas *res nullius* que le premier occupant ou le plus fort puisse s'approprier. Elle appartient à la communauté des peuples ou à l'humanité. La haute mer est considérée *res omnium communis*, son usage appartient également à tous les peuples ! » Affaire de la compétence en matière de pêcheries (*Royaume-Uni c. Islande*), opinion individuelle de Federico de Castro, p. 97, ci-après : arrêt, C.I.J., (gb c. isl), 1974, opinion individuelle de Federico de Castro. Des propos similaires sont aussi tenus dans une affaire italienne, « In relation to this recognized freedom of the High seas, which are universally accepted to be *res communis omnium* and not res nullius, [...] » *Chierici and Rosa v. Ministry of the Merchant Navy and Harbour Office of Rimini*, Council of State, in : International Law Report (ILR) 71, 1986, pp. 258 ss.

12 Arrêt, C.I.J., (gb c. isl), 1974, opinion individuelle de Federico de Castro, p. 81.

13 Gidel, 1932, p. 214 ; voir aussi : François, 1950, p. 37 ; Salmon/Cahier/Caflisch et al., 2001, p. 993 ; Panacrocio, 2010, p. 297.

14 Fauchille, 1925, p. 15 ; voir aussi : Momtaz, 1985, p. 352.

d'un État ne doit en aucun cas faire obstacle aux profits que les autres États seraient en mesure de réaliser.[15]

110. — Si les principes de *res nullius* ou *res communis* ne sont pas adaptés pour qualifier la mer en tant qu'espace, ils sont, par contre, applicables aux ressources issues de la haute mer. Malgré les désaccords liés au fait de savoir si la haute mer est *res nullius* ou *res communis,* de fait, il est possible d'avoir des droits exclusifs sur des ressources à des endroits spécifiques des fonds marins, sans qu'il y ait prétention de souveraineté sur les fonds marins eux-mêmes. Les éléments de la biodiversité marine ont aujourd'hui le statut de *res nullius*.[16] La capture d'espèces nouvelles en haute mer et dans la zone internationale est ainsi libre d'accès. Seul le respect de quelques règles liées à la préservation de ces ressources est imposé aux États.[17] Il est donc possible de considérer aujourd'hui que les ressources biologiques issues de la haute mer sont des *res nullius*. Mais des changements juridiques sont à prévoir dans un avenir proche, car cette situation comporte foncièrement un risque de surexploitation. En raison de la diminution des stocks de ressources biologiques à disposition en haute mer, il sera nécessaire, dans une perspective de protection et afin d'éviter l'épuisement de ceux-ci, de revoir le principe selon lequel les ressources biologiques marines sont *res nullius*.[18]

III La notion de liberté de la haute mer

111. — La liberté de la haute mer[19] est une question discutée et disputée entre les États depuis des époques reculées. De nombreuses restrictions ont existé face à cette liberté en fonction de l'équilibre des forces en présence depuis

15 Fauchille, 1925, p. 15 ; ce point de vue est partagé par Djamchid Momtaz qui parle de « principe d'égalité d'usage de la mer ». Momtaz, 1985, p. 352.

16 À l'inverse des ressources minérales de la Zone, consacrées « patrimoine commun de l'humanité ». art. 136 CNUDM.

17 Proutière-Maulion/Beurier, 2007, p. 5 ; voir aussi : Gidel, 1932, p. 214 ; Churchill/ Lowe, 1999, p. 143.

18 Proutière-Maulion/Beurier, 2007, pp. 34 ss.

19 Par opposition à la notion de liberté de la mer qui se rapporte aux questions de navigation. La liberté de la mer est l'une des plus vieilles et des plus importantes revendications des États sur l'espace marin. Elle est un principe qui a toujours été d'une importance capitale, car celle-ci induit la liberté de commerce, une activité vitale pour l'économie de tous les États. La liberté de navigation n'est pas confinée à la haute mer, elle s'applique sur tout l'espace marin. Pancraccio, 2010, p. 298 ; voir aussi : Tanaka, 2015, pp. 16–17, Lucchini/ Voelckel, 1990, pp. 268–272.

l'Antiquité jusqu'au XVIIIe siècle, époque à laquelle le principe de la liberté de la haute mer a été affirmé de manière définitive. Ce principe sera ensuite codifié à travers l'article 2 de la Convention sur la haute mer de 1958 et finalement à l'article 89 CNUDM selon lequel, « [a]ucun État ne peut légitimement prétendre soumettre une partie quelconque de la haute mer à sa souveraineté ».[20] La notion de liberté de la mer doit être comprise par opposition à la notion de souveraineté, selon laquelle chaque État est libre de disposer de son territoire et de jouir des ressources de celui-ci.[21]

112. — Si, jusque dans les années 1950, la haute mer couvrait la très large majorité des espaces marins, les zones sous juridiction nationale seront très largement étendues avec la codification du droit de la mer.[22] Jusqu'au début du XXe siècle, l'incapacité des États à contrôler physiquement les espaces marins et à faire régner l'ordre au-delà d'une certaine limite justifiait l'application du régime de liberté de la haute mer. Cet argument n'est plus pertinent aujourd'hui, compte tenu des moyens techniques disponibles. C'est plutôt les aspects socio-économiques qui sont avancés pour légitimer l'importance de la liberté de la haute mer : la nécessité d'une mer libre de toute souveraineté comme voie de communication et l'assurance de la liberté du commerce.[23]

113. — La liberté de la haute mer comporte six éléments :[24]

- a) la liberté de navigation
- b) la liberté de survol
- c) la liberté de poser des cibles et des pipelines sous-marins
- d) la liberté de construire des îles artificielles et autres installations autorisées par le droit international
- e) la liberté de la pêche
- f) la liberté de la recherche scientifique.

---

20 Momtaz, 1985, pp. 339–342 ; voir aussi : Pastor Ridruejo, 1998, pp. 248–249 ; Tanaka, 2015, pp. 155–156.

21 Doc. ONU Résolution 1803; voir aussi : *Texaco-Calasiatic c. Gouvernement libyen, sentence arbitrale au fond du 19 janvier 1977*, C.I.J., in : Journal du Droit International, Vol. 104, 1977, pp. 350 ss, pp. 350 ss, (*ci-après : Texaco-Calasiatic c. Gouvernement libyen*) ; Canal-Fogues/Rambaud, 2016, p. 189 ; Dupuy/Kerbrat, 2014, pp. 762–763.

22 Tanaka, 2015, p. 19 ; voir aussi : Lucchini/Voelckel, 1990, pp. 272–273.

23 Momtaz, 1985, pp. 342–343.

24 Art. 87 al. 1 CNUDM. Les libertés a), b), c), e) existaient déjà dans l'article 2 de la Convention sur la haute mer de 1958, les libertés d) et f) sont elles des adjonctions qui ont été introduites dans la CNUDM en 1982.

Cette liste n'est pas exhaustive. L'adverbe « notamment »[25] laisse entendre que d'autres libertés, non énumérées ici, peuvent être ajoutées à cette liste sélective.[26] De plus, la portée de ces libertés n'est pas illimitée, en particulier au XXIe siècle.[27] L'usage de celles-ci doit se faire « en tenant dûment compte de l'intérêt que présente l'exercice de la liberté de la haute mer pour les autres États, ainsi que de droits reconnus par la Convention concernant les activités menées dans la Zone ».[28] Ces libertés ne sont accordées qu'aux membres de la communauté internationale et non aux individus directement.[29]

114. — La liberté de la pêche est l'une des premières libertés de la haute mer à avoir été reconnue[30] à une époque où les hommes pensaient que les ressources halieutiques étaient inépuisables.[31] Elle a perdu de son importance avec les années. Si elle occupait la deuxième place dans la liste des libertés de la Convention sur la haute mer de 1958, elle est désormais reléguée à la cinquième place dans la CNUDM.[32] Bien qu'elle soit garantie,[33] la liberté de la pêche est entravée depuis les années 1970 par différents mécanismes. La mise en place de la Zone économique exclusive (ZEE),[34] les mesures de conservation imposées[35] dans la CNUDM, celles imposées par différentes réglementations des commissions régionales des pêches et enfin la signature de l'Accord aux fins de l'application des dispositions de la Convention des Nations Unies sur le droit de la mer du 10 décembre 1982 relatives à la conservation et à la gestion des stocks de poissons chevauchants et des stocks de poissons grands migrateurs (Accord sur les stocks chevauchants et les grands migrateurs)[36]

---

25 Art. 87 al. 1 CNUDM.

26 Pastor Ridruejo, 1998, pp. 248–249.

27 Tanaka, 2015, pp. 156–157 ; voir aussi : Scovazzi, 2011, pp. 1–2.

28 Art. 87 al. 2 CNUDM.

29 *Chierici and Rosa v. Ministry of the Merchant Navy and Harbour Office of Rimini*, Council of State, in : International Law Report (ILR) 71, 1986, pp. 258 ss.

30 La deuxième étant la liberté de la navigation. Momtaz, 1985, p. 343.

31 Ros, 2000, p. 359.

32 Lucchini/Voelckel, 1990, p. 279.

33 Art. 116 CNUDM.

34 Qui augmente la surface de pêche réservée aux pays côtiers, consentis suite à de fortes pressions de la part de ces pays.

35 Prises en raison de la surexploitation des ressources.

36 Accord aux fins de l'application des dispositions de la Convention des Nations Unies sur le droit de la mer du 10 décembre 1982 relative à la conservation et à la gestion des stocks de poissons chevauchants et des stocks de poissons grands migrateurs, entrée en vigueur en 2001.

ont considérablement réduit la portée du principe de liberté de la pêche.[37] Aussi ce principe ne s'applique-t-il plus aujourd'hui qu'à un nombre limité de ressources.[38]

115. — Même si le concept de liberté de la haute mer occupe aujourd'hui encore une place non négligeable, l'évolution de la société et la modification des forces politiques en présence modifient son importance. Depuis le milieu du XXe siècle, ce concept est confronté à d'autres idées, telle que celle de « patrimoine commun de l'humanité », qui limitent peu à peu sa portée.

IV Le concept de « patrimoine commun de l'humanité »

116. — Le concept de « patrimoine commun de l'humanité » est un principe d'ordre strictement juridique.[39] Il a des origines anciennes et fait partie de la philosophie du droit international depuis le XIXe siècle.[40] Ce concept a pris de l'importance dans le courant du XXe siècle.[41] Il a été consacré en 1967 par l'Ambassadeur de Malte, Arvid Pardo, devant l'Assemblée générale[42] de l'Organisation des Nations Unies (ONU), dans un contexte historique marqué à la fois par la guerre froide, l'accession de nombreux nouveaux États issus de la décolonisation à l'indépendance et l'avènement de progrès technologiques importants. Dans ces circonstances très particulières, le principe de « patrimoine commun de l'humanité » représentait une possibilité d'apaiser les tensions entre les différents acteurs. Il permettait principalement de limiter les tensions entre le bloc soviétique et le bloc de l'Ouest. D'autre part, les nouveaux pays du Sud pouvaient espérer sauvegarder leurs droits sur des espaces qu'ils n'étaient pas en mesure d'exploiter. Il offrait enfin la possibilité de promouvoir une répartition plus équitable des ressources naturelles.[43] L'idée d'un « patrimoine commun de l'humanité » a été intégrée dans plusieurs résolutions

---

37 Pancracio, 2010, pp. 322–325 ; voir aussi : Pastor Ridruejo, 1998, p. 250.

38 Voir *infra* § 293.

39 Pancracio, « blogs.univ-poitiers.fr/jp-pancracio/category/patrimoine-commun-de-lhumanite/ » (consulté le 04.10.2016).

40 Mais le concept sur lequel il s'appuie, celui de *res communis*, date de l'époque romaine. Paquerot, 2002, p. 17 ; voir aussi : Armas-Pfirter, 2006, p. 5.

41 Fitzmaurice, 2001, pp. 150–151 ; voir aussi : Tuerk, 2010, pp. 157–160.

42 Scovazzi, 2000, p. 118.

43 Smouts, 2005, pp. 53 et 63.

de l'Assemblée générale de l'ONU dans les années 1960–1970.[44] En 1982, ce concept a été inscrit dans la CNUDM.[45]

117. — Le concept de « patrimoine commun de l'humanité » a émergé comme antithèse aux principes de liberté et de souveraineté.[46] Dans les années 1980, l'idée que le concept de « patrimoine commun de l'humanité » puisse être appliqué à un large spectre d'espaces et d'objets[47] était bien présente.[48] Cependant, les États ont peu à peu exprimé leurs réticences à reconnaître aux ressources nécessaires à la vie les obligations et les responsabilités qu'un tel statut imposait.[49] Ils ont alors renoncé à intégrer le concept de « patrimoine commun de l'humanité » dans de nouveaux traités tel que la CDB.[50] Par conséquent, ce principe juridique ne s'applique aujourd'hui qu'à deux espaces, à savoir :[51]

---

44 Doc. ONU Résolution 2340 en 1967 : Examen de la question de l'affectation à des fins exclusivement pacifiques du lit des mers et des océans ainsi que de leur sous-sol, en haute mer, au-delà des limites de la juridiction nationale actuelle, et de l'exploitation de leurs ressources dans l'intérêt de l'humanité.

Doc. ONU Résolution 2574 en 1969 : Question de l'affectation à des fins exclusivement pacifiques du fond des mers et des océans ainsi que de leur sous-sol, en haute mer, au-delà des limites de la juridiction nationale actuelle, et de l'exploitation de leurs ressources dans l'intérêt de l'humanité. Cette résolution est soutenue principalement par les pays en développement. Sur les questions centrales, les pays industrialisés se sont soit opposés, soit abstenus. Voir : Doc. ONU A/PV.1833.

Doc. ONU Résolution 2749 en 1970 : Déclaration des principes régissant le fond des mers et des océans, ainsi que le sous-sol, au-delà des limites de la juridiction nationale.

Doc. ONU Résolution 3281 en 1974 : Charte des droits et devoirs économiques des États. Cette résolution est à nouveau soutenue principalement par les pays en développement. Sur les questions centrales, les pays industrialisés se sont soit opposés, soit abstenus. Voir : *Texaco-Calasiatic c. Gouvernement libyen*.

45 Smouts, 2005, p. 56 ; voir aussi : Pancracio, « blogs.univ-poitiers.fr/jp-pancracio/category/patrimoine-commun-de-lhumanite/ » (consulté le 04.10.2016).

46 Tanaka, 2015, p. 19 ; voir aussi : Scovazzi, 2000, p. 117.

47 Les fonds marins, la lune et les corps célestes étaient bien sûr concernés, mais l'Antarctique, le patrimoine culturel, le patrimoine naturel, le patrimoine génétique, le spectre de fréquence radioélectrique et la couche d'ozone étaient eux aussi visés. Kiss, 1982, pp. 135–201.

48 Kiss, 1982, pp. 135–201 ; voir aussi : Dupuy, 1984, p. 197 ; Baslar, 1998, pp. XIX–XX.

49 Paquerot, 2002, p. 29.

50 Paquerot, 2002, pp. 182–186 ; voir aussi : *infra* § 177.

51 Pancracio, « blogs.univ-poitiers.fr/jp-pancracio/category/patrimoine-commun-de-lhumanite/ » (consulté le 04.10.2016) ; voir aussi : Baslar, 1998, pp. XIX–XX ; Fitzmaurice, 2001, pp. 152–153 ; Pancracio, 2010, p. 336.

- 1) Les grands fonds marins, c'est-à-dire la Zone. Il s'agit là du seul « patrimoine commun de l'humanité terrestre ».[52]
- 2) la lune et ses ressources.[53]

118. — Le concept de « patrimoine commun de l'humanité » est composé de différents principes :[54]

- Le principe de non-appropriation par les États, qui ne peuvent imposer leur souveraineté sur ces espaces et ces ressources.[55]
- L'utilisation des espaces considérés comme « patrimoine commun de l'humanité » ne peut être que pacifique.[56]
- Le concept de « patrimoine commun de l'humanité » est à la fois interspatial et intertemporel. Interspatial, car, selon le principe d'égalité, les États ont chacun les mêmes droits sur les espaces et les ressources relevant du « patrimoine commun de l'humanité ». L'utilisation et l'exploitation des ressources de ces zones doivent être faites de manière rationnelle et optimale, les avantages et bénéfices tirés de l'utilisation de celles-ci doivent être partagés équitablement entre tous les États. Les activités qui sont ou seront menées dans des zones consacrées « patrimoine commun de l'humanité » doivent avoir pour finalité l'intérêt de l'humanité tout entière. Il est intertemporel dans la mesure où la génération présente est gestionnaire du « patrimoine commun de l'humanité » et qu'elle est moralement comptable face aux générations futures.[57]
- Les espaces et les ressources du « patrimoine commun de l'humanité » doivent être gérés par l'ensemble des utilisateurs, réels ou potentiels, ou par une institution internationale les représentant et constituant un service public international.[58] Cette gestion doit se faire sans discrimination, permettant de considérer les États dans leurs similitudes et leurs différences

52 Art. 136 CNUDM.

53 Art. 11 Accord sur la Lune, Doc. ONU A/RES/34/68 en 1979, l'importance de ce texte doit être relativisée, puisqu'il n'a été ratifié que par neuf États et signé par cinq autres.

54 Fitzmaurice, 2001, pp. 152–153 ; voir aussi : Baslar, 1998, pp. 82–83 ; Mahiou, 2009, p. 489 ; Armas-Pfirter, 2009, p. 284 ; Guntrip, 2003, pp. 377–393.

55 Art. 137 CNUDM et art. 11 § 2–3 Accord sur la Lune ; voir aussi : Kiss, 1982, p. 135 ; Bardonnet, 1991, p. 15 ; Pancracio, 2010, p. 336.

56 Art. 141 CNUDM et art. 3 § 1 Accord sur la Lune ; voir aussi : Kiss, 1982, p. 135.

57 Art. 140 al. 1–2 CNUDM et art. 4 § 1 et art. 11 § 7 Accord sur la Lune ; voir aussi : Dupuy, 1985, La Zone, pp. 500–502 ; Kiss, 1982, pp. 113–135 ; Baslar, 1998, pp. 72–78 ; Tanaka, 2015, p. 19.

58 Art. 156 ss. CNUDM et art. 11 § 5–6 Accord sur la Lune ; voir aussi : Kiss, 1982, p. 135 ; Dupuy, 1985, La Zone, pp. 502–505 ; Bardonnet, 1991, p. 15 ; Pancracio, 2010, p. 336.

et en associant tous les peuples dans la propriété collective. Cette idée de propriété commune est avant tout défendue par les pays en développement qui ont deux objectifs principaux : disposer des droits de propriété sur les ressources se trouvant sur leur territoire et internationaliser ce qui se trouve au-delà de leurs frontières, en particulier les richesses non encore affectées.[59]

119. — Ainsi, la notion de « patrimoine commun de l'humanité » semble servir avant tout à organiser l'exploitation des ressources naturelles bien plus qu'à les préserver.[60]

120. — Depuis la fin de la guerre froide et à la suite de l'adoption de la CNUDM en 1994, le concept de « patrimoine commun de l'humanité » pour les fonds marins n'a fait que régresser[61] et tend à n'être plus « qu'une formule littéraire obligée dans les discours des grandes conférences internationales ».[62]

V Conclusion

121. — Les principes de *res nullius*, *res communis*, la liberté de la haute mer et le « patrimoine commun de l'humanité » ont connu des succès divers selon les époques. Aujourd'hui, ils sont discutés et controversés, mais leur importance dans la qualification des différentes zones marines pour les différentes richesses qui s'y trouvent reste d'actualité. De nombreuses discussions au sein de l'Assemblée générale de l'ONU concernant le régime applicable aux RGM hors zones font référence à ces concepts. Les pays en développement sont d'une manière générale partisans du concept de « patrimoine commun de l'humanité », alors que le concept de liberté de la haute mer est soutenu principalement par les pays industrialisés. Ainsi, les idées véhiculées par ces concepts représentent un enjeu tout à fait actuel.[63]

---

59 Dupuy, 1984, pp. 199–200, voir aussi : Dupuy, 1985, La Zone, pp. 500–502.

60 Smouts, 2005, p. 63.

61 Pastor Ridruejo, 1998, p. 264.

62 Boutros-Ghali, 2000, p. 19.

63 Doc. ONU A/65/68, pp. 15–16 ; voir aussi : Doc. ONU A/62/169, pp. 17–18 ; Doc. ONU A/62/66/Add.2, p. 79 ; Doc. ONU A/61/65, pp. 20–21.

CHAPITRE 4

Les ressources génétiques d'un point de vue juridique

I Introduction

122. — La définition juridique du terme « ressources génétiques » diffère de sa définition biologique. Ainsi, il faut tout d'abord distinguer si les ressources génétiques sont juridiquement des ressources biologiques ou minérales. Ensuite, il s'agit d'analyser les définitions données par la CDB, le Protocole de Nagoya et l'Accord sur les aspects des droits de propriété intellectuelle qui touchent au commerce (Accord ADPIC),[1] pour finalement redéfinir le terme de « ressources génétiques » (II). De plus, comme la notion juridique de « ressources génétiques marines » diffère également de la notion biologique et qu'il n'existe pas de définition de ce terme dans la CNUDM, une nouvelle définition, basée sur la CDB et le Protocole de Nagoya, sera proposée (III).

II La notion juridique de « ressources génétiques »

A *Les ressources génétiques, ressources minérales ou ressources biologiques*

123. — Les ressources génétiques sont-elles des ressources minérales ou des ressources biologiques ? Ni la CDB, ni la CNUDM ne donnent de définition spécifique des ressources minérales. La CNUDM précise néanmoins que celles-ci peuvent être solides, liquides ou gazeuses.[2] Il faut donc se référer au sens communément admis, c'est-à-dire des ressources qui sont inorganiques, qui ne sont pas vivantes.

124. — Au contraire des ressources minérales, les ressources biologiques ont été définies dans la CDB comme « les ressources génétiques, les organismes ou éléments de ceux-ci, les populations, ou tout autre élément biotique des

1 Accord sur les aspects des droits de propriété intellectuelle qui touchent au commerce, Annexe 1.C de l'Accord instituant l'Organisation mondiale du commerce, conclu à Marrakech le 15 avril 1994 (Accord ADPIC) (RS 0.632.20).

2 Art. 133 CNUDM.

 | DOI 10.1163/9789004352094_008

écosystèmes ayant une utilisation ou une valeur effective ou potentielle pour l'humanité ».[3]

125. — Dans la mesure où les ressources génétiques sont citées dans la définition des ressources biologiques, il ne fait aucun doute que celles-ci appartiennent à cette catégorie.

B *La définition des ressources génétiques selon la Convention sur la Diversité Biologique et le Protocole de Nagoya*

126. — Le terme de « ressources génétiques » a tout d'abord été défini dans la CDB. Certaines précisions ont ensuite été apportées par la doctrine et enfin à travers le Protocole de Nagoya.

127. — Les « ressources génétiques » sont définies dans la CDB comme « le matériel génétique ayant une valeur effective ou potentielle ».[4] Cette définition est composée de deux éléments principaux : les ressources génétiques comme matériel génétique et la valeur effective ou potentielle de ce matériel.

128. — Le matériel génétique est défini dans la CDB comme le « matériel d'origine végétale, animale, microbienne ou autre, contenant des unités fonctionnelles de l'hérédité ».[5] Selon une interprétation littérale et historique de l'article 2 CDB, l'ADN sous la forme de chromosome, de gène entier ou de parties de ceux-ci est compris dans la notion d'unités fonctionnelles de l'hérédité. *A contrario*, les extraits biochimiques ne contenant pas d'unités fonctionnelles d'hérédité, en particulier les dérivés naturels, ne sont pas couverts par cette définition et ne peuvent pas être considérés comme des ressources génétiques.[6] La notion de « dérivé » n'est pas définie dans la CDB, elle est uniquement mentionnée dans la définition de « biotechnologie » et non dans celle de « ressources génétiques ».[7] De ce fait, les États doivent prévoir, pour les dérivés, des mesures particulières dans leur législation interne et ne peuvent se contenter de s'appuyer sur la CDB.[8]

129. — Si la situation paraissait claire au moment de la conclusion de la CDB,[9] elle est devenue de plus en plus floue au fil des années et des avancées technologiques. L'étendue et la définition du terme « ressources génétiques » n'est en effet pas simple à établir, car bien que les composés biochimiques ne

3 Art. 2 CDB.

4 Art. 2 CDB.

5 Art. 2 CDB.

6 Glowka/Burhenne-Guilmin/Synge et al., 1996, pp. 27–28.

7 Winter, 2009, pp. 22–23.

8 Winter, 2009, p. 22 ; voir aussi : Jeffery, 2002, pp. 753–754 et 780.

9 Glowka/Burhenne-Guilmin/Synge et al., 1996, p. 28.

contiennent pas d'unité fonctionnelle d'hérédité à proprement parler, ils sont déterminés par celle-ci et ont été par conséquent de plus en plus considérés comme inclus dans la notion de « ressources génétiques ».[10] En effet, si l'on se réfère à l'interprétation téléologique du terme « ressources génétiques », les composés biochimiques devraient en faire partie.[11] Dans la mesure où la CDB s'attèle à réguler le commerce des produits et services découlant de la biodiversité, la notion de « ressources génétiques » doit donc tenir compte de la destination et de l'usage du matériel biologique en incluant les dérivés naturels.[12] L'un des buts de la CDB est de promouvoir le partage juste et équitable des bénéfices et avantages découlant de l'utilisation des ressources génétiques, ceci afin d'inciter les pays fournisseurs des ressources à conserver et à promouvoir la biodiversité sur leurs terres. Dans cette optique, il est difficile d'affirmer que les composés biochimiques ne sont pas couverts par le terme de « ressources génétiques ».[13] Bien qu'au sens strict, le terme de « génétique » ne couvre que les gènes, c'est-à-dire uniquement des séquences d'acide nucléique, les protéines, les autres biopolymères et les petites molécules organiques ayant des fonctions d'adaptation peuvent également être considérés comme des ressources génétiques dans la mesure où ils sont totalement dépendants du code génétique et issus de celui-ci.[14] En effet, si la notion de « ressources génétiques » au sens strict ne couvre que l'acide nucléique, ce sont le plus souvent les composants biochimiques naturels qui en sont issus ou associés, qui sont intéressants pour le développement de produits ou de procédés biotechnologiques.[15]

130. — L'interprétation large de la notion de « ressources génétiques », incluant les dérivés, fait peu à peu son chemin. En effet, le Protocole de Nagoya sur l'accès aux ressources génétiques et le partage juste et équitable des avantages découlant de leur utilisation relatif à la Convention sur la diversité biologique, signé en 2010, étend l'interprétation du terme « ressources génétiques » pour y inclure les composants génétiques et biochimiques.[16] Les composants biochimiques sont insérés dans plusieurs définitions, à

10 Communication de G.H. Gerwick, Doc. ONU A/62/66, pp. 43–44 ; voir aussi : de la Fayette, 2009 ; Harden-Davis, 2016, p. 3.

11 Schei/Tvedt, 2010, pp. 13–14 ; voir aussi : Aubertin/Pinton/Boisvert, 2007, p. 25 ; Fayette, 2009, p. 227 ; Harden-Davis, 2016, p. 3.

12 Aubertin/Pinton/Boisvert, 2007, p. 25.

13 Schei/Tvedt, 2010, pp. 13–14.

14 Communication de G.H. Gerwick, Doc. ONU A/62/66, pp. 43–44 ; voir aussi : de la Fayette, 2009, p. 227 ; Harden-Davis, 2016, p. 3.

15 Aubertin/Filoche, 2011, p. 4 ; voir aussi : Buck/Hamilton, 2011, p. 56 ; Guézennec, 2014, pp. 50–51.

16 Glowka/Normand, 2013, p. 28.

l'article 2 du Protocole. Ainsi, « l'utilisation des ressources génétiques » est définie comme « les activités de recherche et de développement sur la composition génétique et/ou biochimique de ressources génétiques, notamment par l'application de la biotechnologie, conformément à la définition fournie à l'article 2 de la Convention [CDB] ».[17] De plus, une définition de la notion de dérivé a aussi été intégrée dans le Protocole de Nagoya. Il s'agit de « tout composé biochimique qui existe à l'état naturel, résultant de l'expression génétique ou du métabolisme de ressources biologiques ou génétiques, même s'il ne contient pas d'unités fonctionnelles de l'hérédité ».[18] Mais, selon le Message du Conseil fédéral sur l'approbation et la mise en œuvre du Protocole de Nagoya (Message Nagoya)[19] dans la législation suisse, la définition de la notion de dérivé dans le Protocole de Nagoya « sert uniquement à expliciter la notion de dérivé figurant dans la définition du terme « biotechnologique ».[20] Il n'est question, comme cela est précisé dans la définition du Protocole de Nagoya, que des composés biochimiques qui existent à l'état naturel et non pas de ceux qui pourraient être obtenus de manière artificielle.[21]

131. — Le choix de cette définition est judicieux et adapté. Dans la mesure où les molécules synthétiques sont le produit des efforts du secteur de la recherche, elles ne peuvent être considérées comme appartenant au pays possédant des molécules biochimiques naturelles proches. Compte tenu de ce qui précède, il est possible aujourd'hui, selon nous, de tirer le bilan suivant : même si les avancées consenties restent frileuses, force est de constater que l'élargissement[22] de la définition de « ressources génétiques » s'opère progressivement, politiquement d'une part, grâce à la conclusion de la CDB puis du Protocole de Nagoya, et scientifiquement d'autre part, suite aux propositions de certains spécialistes du domaine.[23] Il est ainsi possible de considérer que la notion de « ressources

---

17 Art. 2 let. c Protocole de Nagoya.

18 Art. 2 let. e Protocole de Nagoya.

19 Message portant approbation du Protocole de Nagoya sur l'accès aux ressources génétiques et le partage juste et équitable des avantages découlant de leur utilisation (Protocole de Nagoya) et mise en œuvre dudit Protocole (loi fédérale sur la protection de la nature et du paysage) du 10 avril 2013, FF 2013 2659 (2706).

20 Message Nagoya, p. 2676.

21 Art. 2 let. e Protocole de Nagoya ; voir aussi : Aubertin/Filoche, 2011, pp. 6–7 ; IEEP, Ecologic and GHK, 2012, pp. 91–92.

22 « Cet élargissement du génétique stricto sensu au biochimique s'aligne sur les réalités industrielles et commerciales, les pratiques des chercheurs, les revendications des pays du Sud. » Aubertin/Filoche, 2011, p. 6.

23 Winter, 2009, pp. 22–23 ; voir aussi : Schei/Tvedt, 2010, pp. 13–14, Gerwick in Doc. ONU A/62/66 ; Jeffery, 2002, pp. 753–754 et 780 ; Glowka/Burhenne-Guilmin/Synge et al., 1996, pp. 27–28, Aubertin/Pinton/Boisvert, 2007, p. 25.

génétiques » couvre non seulement les gènes eux-mêmes, mais aussi les dérivés, composés biochimiques existant à l'état naturel, résultant de l'expression génétique ou du métabolisme de ressources biologiques ou génétiques, même s'ils ne contiennent pas d'unités fonctionnelles de l'hérédité.

132. — La valeur effective ou potentielle du matériel génétique correspond à ce qui a été développé précédemment dans la définition biologique des ressources génétiques.[24] Pour considérer du matériel génétique comme une ressource génétique, il est nécessaire qu'il ait une valeur, c'est-à-dire que son utilisation soit d'actualité ou probable, ou qu'il soit appréciable commercialement.[25] La valeur effective est celle qui existe aujourd'hui à l'aide des techniques disponibles. La valeur potentielle doit être comprise comme la possibilité d'utiliser des techniques futures à même de valoriser le matériel génétique. L'idée de valeur potentielle est primordiale dans le domaine des biotechnologies,[26] car la valeur du matériel génétique n'est souvent pas manifeste lorsque celui-ci est découvert.[27] La plus-value du produit doit être apportée par une ou des caractéristiques des ressources génétiques afin d'éviter que le terme de « ressources génétiques » soit utilisé de manière trop large en incluant des objets qui ne sont pas visés par le texte, par exemple les ressources biologiques pour toutes leurs utilisations,[28] du simple fait qu'elles contiennent des ressources génétiques.[29] Il en va de même pour toutes les ressources biologiques qui ne sont pas susceptibles d'entrer dans la définition d'utilisation des ressources génétiques.[30]

C *L'utilisation du terme « ressources génétiques » par les autres organisations et textes de droit international pertinents*

133. — L'Organisation mondiale de la propriété intellectuelle (OMPI) ne donne pas de définition propre du terme « ressources génétiques ». Ce terme est utilisé dans les forums de l'OMPI en rapport avec l'usage dont il est question dans

24 Voir *supra* § 22 ; voir aussi : Schei/Tvedt, 2010, pp. 8–9.

25 Winter, 2009, p. 22.

26 Cela soulève la question de savoir si la distinction entre matériel génétique et ressource génétique se justifie dans la mesure où virtuellement, à moins d'être à même de prouver le contraire, tout matériel génétique a forcément une valeur potentielle. Glowka/Burhenne-Guilmin/Synge et al., 1996, p. 28.

27 Schei/Tvedt, 2010, p. 9.

28 Ainsi, une plante d'ornementation n'est pas considérée comme une ressource génétique en vertu du Protocole de Nagoya si elle est destinée à la décoration, de même qu'une orange destinée à être consommée comme aliment. Message Protocole de Nagoya pp. 2676–2677.

29 Message Protocole de Nagoya, pp. 2676–2677.

30 Glowka/Normand, 2013, pp. 28–29.

la CDB. D'une manière générale, en droit de la propriété intellectuelle, le terme de « ressources génétiques » n'est pas utilisé en tant que tel lorsqu'il est question de gène ou de matériel biochimique.[31] Dans le glossaire des principaux termes relatifs à la propriété intellectuelle et aux ressources génétiques,[32] la définition du terme « ressources génétiques » se rapporte à des définitions tirées d'autres textes, tels que la CDB ou certains documents de la FAO.[33] Dans l'Accord ADPIC et le Traité de coopération en matière de brevet (PCT),[34] il n'y a aucune définition des ressources génétiques.[35]

D *Vers une redéfinition de la notion juridique de « ressources génétiques »*

134. — La notion de « ressources génétiques » est l'une des clés de voûte de tout le système d'utilisation des ressources génétiques. Afin de pouvoir construire un droit fiable et efficace dans ce domaine novateur, il est nécessaire de disposer de bases juridiques solides. La définition du terme « ressources génétiques » est multiple.[36] Pour la thématique des biotechnologies, la CDB et le Protocole de Nagoya sont les textes les plus adaptés pour fournir une définition des ressources génétiques. Par conséquent, l'option qui parait la plus appropriée pour que les dérivés soient compris dans la notion de « ressources génétiques » serait de prime abord une modification ou un complément à la définition de ce terme dans la CDB, même s'il ne s'agit pas de la solution idéale. Au début des années 1990, lorsque la CDB a été élaborée, il n'était pas avéré que non seulement les gènes *stricto sensu* prendraient de la valeur grâce aux avancées scientifiques, mais aussi leurs dérivés, les composants biochimiques naturels. De plus, la crainte d'avoir des difficultés à fixer une limite à ce qui devait tomber sous le coup de l'article 2 CDB a certainement poussé la doctrine, à l'époque de la conclusion de la CDB, à interpréter le terme de ressources génétiques de manière stricte.[37] Mais aujourd'hui, au vu des avancées dans le domaine des biotechnologies, des utilisations faites des dérivés et des éléments associés aux ressources génétiques, la définition de la notion de « ressources génétiques » doit être comprise de manière dynamique

---

31 Tvedt/Young, 2007, p. 56.

32 Doc. OMPI WIPO/GRTKF/IWG/3/13 Annexe.

33 Doc. OMPI WIPO/GRTKF/IWG/3/13 Annexe, p. 15.

34 Traité de coopération en martière de brevet, concrétisé à Washington de 1970–2001, entré en vigueur en 2002.

35 Schei/Tvedt, 2010, p. 23.

36 Schei/Tvedt, 2010, p. 25.

37 Glowka/Burhenne-Guilmin/Synge et al., 1996, pp. 27–28.

et élargie et les éléments cités ci-dessus doivent être couverts par cette définition dans la CDB.[38] Au vu de ce qui précède, le terme juridique de « ressources génétiques » se rapporte aujourd'hui au matériel d'origine végétale, animale, microbienne ou autre, contenant des unités fonctionnelles de l'hérédité, c'est-à-dire l'ADN et l'ARN, ainsi que les dérivés, composés biochimiques existant à l'état naturel résultant de l'expression génétique ou du métabolisme de ressources biologiques ou génétiques, même si ce matériel ne contient pas d'unités fonctionnelles de l'hérédité, ayant une valeur effective ou potentielle. C'est à la lumière de cette définition que sera comprise la notion de « ressources génétiques » pour la suite de ce travail.

III La notion juridique de « ressources génétiques marines »

A *L'absence de définition dans la Convention des Nations Unies sur le Droit de la Mer*

135. — En 1982, après d'âpres négociations, les Parties incitatrices de la CNUDM ont adopté un texte commun concernant le droit de la mer, qui n'est finalement entré en vigueur qu'en 1994. Dans ce traité, si les termes de « ressource naturelle et d'organisme vivant » sont couramment utilisés, aucune référence aux ressources génétiques marines n'est faite.[39] Cela s'explique par le fait que le potentiel de ces ressources était encore insoupçonné à l'époque.[40] Néanmoins, depuis 2004, même s'il n'apparaît pas explicitement dans la convention, le terme de « ressources génétiques » et les problématiques afférentes à celui-ci sont discutés dans le cadre des Assemblées générales des Nations Unies relatives au droit de la mer.[41]

B *Une définition basée sur la Convention sur la Diversité Biologique et le Protocole de Nagoya*

136. — La CNUDM ne contient aucune définition des « ressources génétiques » ou des « ressources génétiques marines ». Pour définir les « ressources génétiques marines », la définition juridique du terme « ressources génétiques » sera ainsi reprise en précisant que celles-ci sont issues d'un organisme

---

38 Selon les pays signataires du Protocole de Nagoya ; voir aussi : Doc. ONU A/62/66, pp. 43–44 ; voir aussi : Doc. ONU A/62/66/Add.2, p. 54 ; de la Fayette, 2009 ; Harden-Davis, 2016, p. 3; Glowka/Normand, 2013, pp. 28–29 ; Schei/Tvedt, 2010, pp. 13 ss.

39 Canal-Forgues, 2003, p. 102.

40 Glowka, 1998, p. 45 ; voir aussi : Guilloux/Zakovska, 2004, p. 6.

41 Schei/Tvedt, 2010, pp. 23–24.

marin. Au vu de ce qui précède, le terme juridique « ressources génétiques marines » couvre le matériel d'origine végétale, animale, microbienne ou autre issu d'organismes marins contenant des unités fonctionnelles de l'hérédité, c'est-à-dire l'ADN et l'ARN, ainsi que les dérivés, composés biochimiques existant à l'état naturel résultant de l'expression génétique ou du métabolisme de ressources biologiques ou génétiques, même s'il ne contient pas d'unités fonctionnelles de l'hérédité, ayant une valeur effective ou potentielle. Le terme juridique de « ressources génétiques marines » devra être compris en ce sens pour la suite de ce travail.

IV Conclusion

137. — La définition juridique du terme « ressources génétiques » est discutée et controversée. Néanmoins, nous sommes d'avis que la solution actuellement applicable est bonne.[42] Le terme de « ressources génétiques » ne doit pas être défini plus précisément dans les conventions et les législations nationales, mais il doit être interprété de manière large pour inclure les dérivés naturels. Le choix de passer par les législations internes de chaque État pour inclure les dérivés naturels ne constituerait pas une solution satisfaisante, car celle-ci serait trop parcellaire. De plus, il ne serait pas opportun de se lancer dans un processus de modification de la CDB, entreprise longue, compliquée et qui risquerait de ne jamais aboutir. Par ailleurs, la solution actuelle permet une certaine flexibilité dans la manière de définir juridiquement le terme de « ressources génétiques ». Cette flexibilité permet de faire évoluer, avec la société et la technique, de manière efficace, l'étendue du champ d'application du terme juridique de « ressources génétiques ». Ainsi, l'article 2 CDB ne doit pas être modifié, mais son interprétation doit être élargie conformément à l'article 2 du Protocole de Nagoya. Quant aux « ressources génétiques marines », afin d'avoir une cohérence entre les différents traités internationaux s'appliquant aux « ressources génétiques » et aux « ressources génétiques marines », nous pensons qu'il n'est pas opportun qu'elles soient définies dans la CNUDM. Il est préférable que leur définition s'appuie sur la définition des « ressources génétiques » de la CDB également dans le cas où celles-ci devraient être définies dans le cadre d'un nouveau traité.[43]

---

42 Voir *supra* § 134.

43 Voir *infra* § 350.

CHAPITRE 5

Le droit des brevets

I Introduction

138. — Le droit des brevets joue un rôle important dans l'exploitation des RGM hors zones, car l'Accord ADPIC contient des règles générales réglementant l'octroi de brevets. Avant de traiter des dispositions spécifiques à l'exploitation des ressources génétiques marines, les caractéristiques générales de la protection accordée par le brevet d'invention, lesquelles s'appliquent aussi aux inventions liées à l'exploitation des ressources génétiques marines seront présentées. Pour être brevetable, un produit ou un procédé doit remplir un certain nombre de conditions et ne pas être exclu de la brevetabilité. De même, les brevets confèrent à leurs titulaires un certain nombre de droits, mais les obligent également à divulguer l'invention. Il est préférable que les produits à base de RGM hors zones soient protégés par un brevet et non par le secret afin que les informations les concernant soient divulguées et utilisées pour faire progresser la science et le bien-être social. Les exceptions aux droits conférés, les licences obligatoires ainsi qu'une durée minimale de vingt ans sont les autres principes des brevets qui s'appliquent également pour les brevets déposés sur des produits à base de RGM hors zones (II).

139. — La brevetabilité des ressources génétiques et ses particularités (III) ainsi que celle des ressources génétiques marines (IV) sont finalement examinées dans le but de déterminer en quoi le droit des brevets participe à la résolution de la problématique de cette thèse.

II Les brevets selon l'Accord sur les Aspects des Droits de Propriété Intellectuelle qui touchent au Commerce (ADPIC)

A *L'Accord sur les Aspects des Droits de Propriété Intellectuelle qui touchent au Commerce*

140. — Le cadre du droit des brevets au niveau international est fixé par l'Accord ADPIC. Celui-ci harmonise la propriété intellectuelle sur le plan mondial et complète la Convention de Paris pour la protection de la propriété

 | DOI 10.1163/9789004352094_009

industrielle (CUP).[1] Il découle de l'Accord OMC. Tous les membres de l'OMC sont automatiquement parties à l'Accord ADPIC.[2] Celui-ci impose aux États signataires « [d']adopter des législations très complètes en matière de propriété intellectuelle octroyant une protection forte à l'ensemble des créations et des signes distinctifs sur leur territoire national ; et à prendre des mesures judiciaires et administratives permettant de faire respecter leurs législations respectives en matière de propriété intellectuelle ».[3] L'Accord ADPIC est en quelque sorte la contrepartie imposée par les pays industrialisés aux pays en développement afin de compenser les concessions réalisées dans le cadre des Accords multilatéraux sur le commerce des marchandises[4] conclu en 1994.[5]

141. — Au XXIe siècle, le système des brevets se présente sous un jour nouveau, dans un contexte socio-économique marqué par l'importance grandissante des nouvelles technologies, par la globalisation et la mise en concurrence généralisée des différents acteurs sur tous les marchés. L'innovation est de ce fait devenue une nécessité, non seulement naturelle, mais surtout économique.[6]

142. — L'Accord ADPIC a une portée importante et constitue un instrument multilatéral majeur dans le domaine des brevets. La section sur les brevets

---

1 Convention de Paris pour la protection de la propriété industrielle, adoptée en 1883, révisée en dernier lieu par l'acte de Stockholm (1967) (RS 0.232.04) ; Remiche/Cassiers, 2010, p. 51 ; voir aussi : WIPO Handbook, 2004, p. 347.

2 Art. 2 al. 2 Accord OMC ; voir aussi : Remiche/Cassiers, 2010, pp. 59–60 ; WIPO Handbook, 2004, p. 345.

3 Remiche/Cassiers, 2010, p. 56.

4 Accords multilatéraux sur le commerce des marchandises, Annexe 1.A de l'Accord instituant l'Organisation mondiale du commerce, conclu à Marrakech le 15 avril 1994 (RS 0.632.20).

5 Remiche/Cassiers, 2010, pp. 60–61 ; Selon Bernard Remiche et Vincent Cassiers, « Les pays industrialisés dont les matières premières sont produites avec un coût élevé et dont le prix est donc plus élevé que dans les pays du « Sud », n'avaient pas vraiment intérêt à signer l'Accord sur le commerce des marchandises vu que cet accord rend plus difficile le protectionnisme économique en imposant notamment l'abolition des barrières douanières. À l'inverse, l'Accord A.D.P.I.C. ne présente qu'un intérêt très limité, voire négatif selon les cas, pour les pays en développement qui sont d'ailleurs souvent de grands producteurs de contrefaçons. » Remiche/Cassiers, 2010, p. 60.

6 Remiche/Cassiers, 2010, p. 27 ; Notamment : Brevets considérés par certains pays en développement comme des barrières à leur croissance. Pires de Carvalho, 2010, p. 280 ; Discrimination concernant l'octroi de brevet entre les inventions importées et celles d'origine nationale. Pires de Carvalho, 2010, p. 290 ; Durée de la protection octroyée par le brevet. Doc. OMPI MTN.GNG/NG11/W/24/Rev.1, pp. 3, 8, 88–91 ; voir aussi : Doc. OMPI MTN.GNG/NG11/W/12/Rev.1, p. 11 ; Doc. OMPI MTN.GNG/NG11/7, p. 3 ; Doc. OMPI MTN.GNG/NG11/8, p. 10 ; Doc. OMPI MTN.GNG/NG11/9, pp. 2 et 4.

de l'Accord ADPIC a été l'une des plus difficiles à négocier dans la mesure où d'importantes questions « nord-nord » et « nord-sud » étaient en jeu.[7] Ces dernières sont également au centre des préoccupations pour l'exploitation des RGM hors zones.

B *Les brevets d'invention*

1 Nature et but du brevet

143. — Le brevet n'est pas défini dans l'Accord ADPIC.[8] Il s'agit d'un titre accordé par un État, voire une entité supra-étatique, qui confère à son titulaire un droit exclusif d'exploitation d'invention pour une durée limitée.[9] Le brevet permet donc à son titulaire d'interdire à des tiers d'exploiter son invention sans son consentement.[10] Il implique la description de l'invention. Afin de compenser le long processus de développement,[11] extrêmement coûteux,[12] mais aussi très incertain des inventions,[13] les États octroient des brevets pour encourager la recherche et le développement, les progrès techniques et économiques ainsi que l'innovation dans son ensemble.[14]

2 L'objet brevetable et ses particularités

a *L'objet brevetable*

144. — Pour qu'un objet soit brevetable, celui-ci doit constituer une invention. L'Accord ADPIC, bien que ne définissant pas l'invention, distingue celle-ci de la simple découverte.[15] Selon une définition informelle,[16] l'invention est une solution technique à un problème technique.[17] Cette dernière émane de l'activité

---

7 Gervais/Schmitz, 2010, p. 335.

8 Correa, 2007, p. 271 ; voir aussi : Taubman/Wager/Watal, 2012, p. 95.

9 WIPO Handbook, 2004, p. 17.

10 Remiche/Cassiers, 2010, pp. 12–14 ; voir aussi : Taubman/Wager/Watal, 2012, p. 95 ; Doc. ONU A/62/66, p. 72.

11 Pour les produits pharmaceutiques par exemple : environ 10 ans pour la phase de « recherche et développement », puis 2–3 ans de travail administratif. Guézennec, 2014, p. 23.

12 Des centaines de millions de dollars à un milliard de dollars. La mise sur le marché d'un nouveau médicament par exemple est estimé en moyenne à 2'870 millions de dollars. Rademaekers/Widerberg/Svatikova et al., 2015, p. 43.

13 Lohan/Johnston, 2003, p. 7 ; voir aussi : Zewers, 2008, Héros, p. 2 ; Guézennec, 2014, p. 23.

14 Remiche/Cassiers, 2010, p. 38.

15 Correa, 2007, p. 271 ; voir aussi : Taubman/Wager/Watal, 2012, p. 95.

16 Utilisée par exemple par l'ompi dans une partie du matériel visant au renforcement des capacités. Taubman, Wager et Watal ne précisent pas de quels documents en particulier il s'agit. Taubman/Wager/Watal, 2012, p. 95.

17 Taubman/Wager/Watal, 2012, p. 95.

créatrice de l'être humain et n'existait pas précédemment. *A contrario*, une découverte permet de révéler un phénomène ou des propriétés préexistantes dans la nature restés inconnus jusqu'alors.[18] Les lois de la nature et les principes scientifiques dévoilés par les chercheurs sont des découvertes et ne sont pas brevetables.[19] L'intervention de l'esprit humain est indispensable pour pouvoir affirmer qu'il s'agit d'une invention. L'importance de la différence entre l'invention et la découverte est majeure puisque la première est brevetable alors que la seconde ne l'est pas. Mais la frontière entre les deux est très ténue.[20] La question de sa distinction est fondamentale en ce qui concerne l'exploitation des ressources génétiques marines puisque, pour certains pays,[21] les gènes,[22] bien qu'ils soient préexistants dans la nature et qu'ils s'apparentent donc plus à une découverte qu'à une invention, sont brevetables lorsqu'ils sont isolés et purifiés.[23] À l'opposé de cette pratique, les membres de l'OMC ont aussi la possibilité d'exclure les gènes de la brevetabilité.[24] L'Accord ADPIC laisse donc une grande marge de manœuvre aux législations nationales pour déterminer ce qu'elles considèrent comme des inventions brevetables.[25]

145. — Le brevet peut protéger un produit ou un procédé.[26] S'il couvre un produit, l'objet en lui-même est protégé, qu'il s'agisse d'une machine ou d'un composé chimique. S'il couvre un procédé, ce sont la manière, les étapes qui permettent de créer le produit qui sont protégées et le produit qui découle directement du procédé.[27]

146. — Trois conditions doivent être remplies pour qu'un brevet puisse être octroyé à une invention.[28] Premièrement, l'invention doit être nouvelle.

---

18 Ghassemi/Kraus, 2009, p. 2 ; voir aussi : Vivant/Bruguière, 2003, p. 43 ; Nuffield Council on Bioethics, 2002, p. 23 ; Correa, 2007, p. 272.

19 Abbott/Cottier/Gurry, 1999, p. 25.

20 Pires de Carvalho, 2010, pp. 253–254 ; voir aussi : Correa, 2007, pp. 272–273.

21 États-Unis. *Diamond v. Chakrabarty, Supreme Court of the United States, 447 U.S. 303, June 16, 1980.*

22 C'est en particulier le cas aux États-Unis depuis l'arrêt de la Cour suprême américaine *Diamond v. Chakrabarty, Supreme Court of the United States, 447 U.S. 303, June 16, 1980.*, qui portait sur des bactéries mangeuses d'hydrocarbures, même si les dernières décisions de la Cour suprême dans le domaine laissent entrevoir un durcissement de l'octroi de brevets pour des gènes. Voir l'arrêt *Association for Molecular Pathology et al. V. Myriad Genetics, Inc., et al., Supreme Court of the United States, No. 569 U.S. 12–398, June 13, 2013.*

23 Voir *infra* § 167.

24 Correa, 2007, pp. 272–273 ; voir aussi : Doc. ONU A/62/66, p. 72.

25 Pires de Carvalho, 2010, pp. 252–254.

26 Art. 27 § 1 ADPIC.

27 Correa, 2007, p. 273.

28 Art. 27 § 1 ADPIC.

Elle ne doit pas faire partie de l'état de la technique qui est généralement comprise comme toutes les connaissances humaines, avant la date de dépôt ou de priorité du brevet, qui ont été rendues publiques, divulguées, décrites de manière écrite, orale, par l'usage ou par tout autre moyen où que ce soit à travers le monde. La nouveauté ne peut être prouvée ou établie. Seule son absence peut l'être lorsqu'une similarité trop grande entre l'invention et un produit ou un procédé préexistant est établie.[29]

147. — Deuxièmement, l'invention doit impliquer une activité inventive. Ainsi, l'invention ne doit pas être évidente pour une personne disposant d'une connaissance moyenne du domaine technique considéré.[30] Pour être brevetable, l'invention doit présenter un avancement suffisamment important en comparaison de ce qui existait jusqu'alors.[31] L'idée sous-jacente à ce critère est qu'un brevet ne doit pas être octroyé pour quelque chose qu'un homme de métier, ne disposant pas de compétences particulières, aurait pu déduire de manière évidente. La personne prise comme référence doit avoir des connaissances moyennes, mais ne doit pas être experte du domaine. Il existe une différence entre les critères de nouveauté et d'activité inventive. La question de l'activité inventive ne se pose que lorsque la nouveauté est établie. La présence d'un progrès est donc nécessaire pour qu'une activité inventive soit observée.[32]

148. — Troisièmement, l'invention, pour être brevetable, doit être susceptible d'application industrielle.[33] Elle ne doit pas uniquement être purement théorique et doit être reproductible.[34]

149. — L'article 27 paragraphe 1 ADPIC exige également que le lieu d'origine ne constitue pas un motif de discrimination pour l'obtention d'un brevet. Ainsi, le lieu d'origine de l'invention ne peut ni servir de critère pour justifier

---

29 WIPO Handbook, 2004, p. 19 ; voir aussi : Taubman/Wager/Watal, 2012, pp. 98–99 ; Correa, 2007, p. 275 ; Abbott/Cottier/Gurry, 1999, p. 26 ; en droit suisse, l'art. 7 al. 1–2 de la Loi fédérale sur les brevets d'invention (LBI) du 25 juin 1974 (RS 232.14) définit la nouveauté de la manière suivante : « 1. Est réputée nouvelle l'invention qui n'est pas comprise dans l'état de la technique. 2. L'état de la technique est constitué par tout ce qui a été rendu accessible au public avant la date de dépôt ou de priorité par une description écrite ou orale, un usage ou tout autre moyen ».

30 Taubman/Wager/Watal, 2012, p. 99.

31 Taubman/Wager/Watal, 2012, p. 99.

32 WIPO Handbook, 2004, p. 20.

33 L'invention doit pouvoir être appliquée pratiquement. Art. 27 § 1 ADPIC.

34 WIPO Handbook, 2004, p. 18 ; voir aussi : Grubb/Thomsen, 2010, p. 276 ; Doc. ONU A/62/66, p. 72 ; Taubman/Wager/Watal, 2012, p. 100.

l'octroi ou le refus d'un brevet, ni constituer un motif de discrimination sur l'étendue ou l'exercice des droits qui y sont liés.[35]

150. — Les discriminations selon le domaine de technologie étaient pratiquées jusqu'à l'avènement de l'Accord ADPIC,[36] en particulier dans le domaine des inventions pharmaceutiques et chimiques. Ces discriminations étaient considérées comme une entrave importante au commerce par les pays industrialisés.[37] Les pressions restent aujourd'hui encore fortes pour appliquer des régimes différenciés pour l'octroi de brevets selon les domaines. Les brevets sont considérés par certains[38] comme des barrières pour la croissance des pays en développement et l'essor de nouvelles technologies. Mais cette argumentation est très relative, car le taux d'invention dans les pays en développement est très faible et a donc peu d'impact en ce qui concerne les technologies propres. De plus, si l'existence des brevets restreint le développement de ces dernières, elle permet aussi de limiter la prolifération de technologies polluantes.[39]

151. — Enfin, le brevet doit être délivré sans discrimination basée sur le fait que l'invention est importée ou d'origine nationale. Alors même que l'article 27 paragraphe 1 ADPIC ne fait que transposer le principe du traitement national[40] dans le domaine de la propriété intellectuelle, il a eu un impact tout particulier aux États-Unis, qui avaient pour habitude de pratiquer le système du *first to invent*.[41] Selon ce système, le brevet est délivré à la personne qui est réellement le premier inventeur, contrairement au système du *first to file* où le brevet est octroyé au premier déposant. Avant que les États-Unis ne transposent l'Accord ADPIC à l'article 104 du US Patent Act[42] en 1994, ce dernier prévoyait que la preuve d'une activité inventive était limitée au territoire des États-Unis et que les déposants d'une demande de brevet étranger n'avaient le droit de faire valoir que la date de dépôt à l'étranger et non celle de l'activité inventive.[43] Suite à

35 Kraus, 2004, p. 142.

36 Art. 27 § 1 ADPIC.

37 En particulier les pays de l'Union européenne et le Japon. Pires de Carvalho, 2014, pp. 245–247 ; voir aussi : Correa, 2007, p. 275.

38 C'est ce qui émane notamment des propos du secrétaire exécutif de la Convention-cadre des Nations Unies sur les changements climatiques, durant son discours du 7 mai 2008, lors du Forum Européen des brevets qui s'est tenu à Ljubljana en Slovénie. Pires de Carvalho, 2010, p. 280.

39 Pires de Carvalho, 2010, pp. 279–283.

40 Art. III § 4 GATT.

41 Ce n'est que depuis 2013 que les américains ont introduit le système du *first to file* dans leur législation. Pires de Carvalho, 2014, p. 290.

42 Title 35 of the United State Code – Patent.

43 Gervais/Schmitz, 2010, pp. 337–338 ; voir aussi : Pires de Carvalho, 2014, p. 290 et p. 294.

l'amendement de l'article 104 du US Patent Act, cette discrimination a disparu pour les membres de l'OMC.[44]

152. — L'application des exigences de l'article 27 paragraphe 1 ADPIC a des implications pour l'obtention de brevets en relation avec des produits développés à partir de ressources génétiques marines. Tout d'abord, les inventions brevetées peuvent être de deux types, de produit ou de procédé. Ensuite, il est indispensable que les produits et procédés en question remplissent les trois critères de nouveauté, d'activité inventive et d'application industrielle pour pouvoir obtenir un brevet d'invention.[45] Finalement, en vertu de l'Accord ADPIC, un brevet peut être obtenu sur un produit à base de ressources génétiques marines, peu importe son origine, son domaine technologique et le fait qu'il soit importé ou d'origine nationale. Dès lors, un produit ainsi qu'un procédé chimique ou biotechnologique à base de RGM hors zones, peuvent être protégés par un brevet s'ils consistent en une invention nouvelle, répétable et impliquant une activité inventive. Le monopole ainsi conféré peut donner de sérieux avantages à leur titulaire.

b *Les exclusions à la brevetabilité*

153. — Afin de protéger l'ordre public ou la moralité, les inventions qui les violent peuvent être exclues de la brevetabilité[46] pour empêcher leur exploitation commerciale.[47] L'exclusion à la brevetabilité est limitée au territoire de l'État membre de l'OMC qui la promulgue.[48] Une invention ne doit pas être exclue de la brevetabilité uniquement parce que son exploitation est interdite par le droit de l'un des pays membres de l'OMC.[49] L'exclusion s'applique à certaines inventions et non à certaines catégories de produits et/ou de procédés.[50]

154. — Il n'existe pas de définition universelle des notions d'ordre public et de moralité. Elles sont toutes les deux dépendantes de la culture, des traditions, du moment donné et de la conception que se sont faites de ces termes les différents États membres. L'ordre public et la moralité sont des valeurs qui

44 Pires de Carvalho, 2014, p. 290.

45 Art. 27 § 1 ADPIC.

46 Art. 27 § 2 ADPIC.

47 Kraus, 2004, p. 139.

48 Compte tenu du principe de souveraineté nationale, les États membres ne peuvent édicter des mesures restrictives qui concernant l'ordre public et la moralité qui s'appliqueraient à d'autres États membres. Art. 4bis CUP ; Pires de Carvalho, 2014, p. 315.

49 Art. 27 § 2 ADPIC, cela complète le contenu de l'article 4quater CUP ; Pires de Carvalho, 2014, pp. 317–318 ; voir aussi : Taubman/Wager/Watal, 2012, pp. 102–103 ; Gervais/Schmitz, 2010, p. 344.

50 Gervais/Schmitz, 2010, p. 341.

évoluent[51] géographiquement et temporellement.[52] À titre d'exemple, une invention dont le seul et explicite but serait de s'assurer que les radars qui contrôlent la vitesse des véhicules sur la route sont désactivés pourrait être exclue de la brevetabilité pour des raisons d'ordre public, de même qu'une mine antipersonnelle.[53] Le concept d'ordre public cité dans l'Accord ADPIC se rapporte à la protection de la sécurité publique, à l'intégrité physique des individus et non pas à une idée générale et abstraite ou à un intérêt commun.[54]

155. — La moralité est un concept qui s'apparente à l'idée de bonnes mœurs. Il s'agit de l'adéquation d'un fait ou d'une action à une morale.[55] Un procédé permettant le clonage humain pourrait être un exemple d'exclusion à la brevetabilité pour des raisons de moralité.[56]

156. — La protection de la santé et de la vie des individus et des animaux, la préservation des végétaux ainsi que le fait d'éviter de graves atteintes à l'environnement sont des motifs d'exclusion à la brevetabilité.[57] Ces éléments ne doivent donc pas être compris de manière autonome, mais en rapport avec les principes d'ordre public et de moralité auxquels ils sont subordonnés.[58] Les produits à base de ressources génétiques marines sont ainsi potentiellement concernés par l'exclusion relative à l'ordre public ou à la moralité, car les organismes dont ils proviennent sont dignes de protection au sens de l'article 27 paragraphe 2 ADPIC.

157. — Les parties à l'Accord ADPIC ont aussi la possibilité d'exclure de la brevetabilité les végétaux et les animaux[59] ainsi que les procédés essentiellement biologiques d'obtention de végétaux.[60] *A contrario*, l'octroi de brevets pour les micro-organismes ainsi que pour les procédés non biologiques et microbiologiques utilisés pour la production de végétaux ou d'animaux ne peut

---

51 Voir par exemple les décisions de l'Office Européen des Brevets (OBE) dans les affaires *T31/03-3.3.08 Animaux transgéniques/HARVARD*, Décision des chambres de recours T315/03-3.3.8, décision du 6 juillet 2004 et *T 0272/95 Relaxin/Howard Florey Institute* ; Chambre de recours de l'Office européen des brevets, décision du 23 octobre 2002.

52 Grubb/Thomsen, 2010, p. 316 ; voir aussi : Correa, 2007, pp. 287–288 ; Gervais/ Schmitz, 2010, p. 344.

53 Taubman/Wager/Watal, 2012, p. 103 ; voir aussi : Grubb/Thomsen, 2010, p. 315.

54 Pires de Carvalho, 2010, pp. 297–298.

55 Gervais/Schmitz, 2010, p. 344.

56 Taubman/Wager/Watal, 2012, p. 103.

57 Art. 27 § 2 ADPIC.

58 Correa, 2007, pp. 289 ; voir aussi : Pires de Carvalho, 2014, pp. 311–312.

59 En partie ou dans leur intégralité ainsi que des variétés.

60 Art. 27 § 3 let. b ADPIC.

être exclu.[61] Les variétés végétales doivent être protégées soit par des brevets, soit par un système *sui generis*, soit par la combinaison des deux modèles.[62] Ce choix est important dans la mesure où tous les pays n'ont pas opté pour la même solution.[63] Le principal système *sui generis* de protection des variétés de plantes à un niveau international est la Convention internationale pour la protection des obtentions végétales (Convention UPOV).[64] Ce système a été spécialement créé pour protéger les obtentions végétales afin d'encourager le développement de nouvelles variétés de plantes.[65] Il offre une protection aux variétés de plantes qui sont nouvelles,[66] qui se distinguent de ce qui est déjà existant, qui disposent d'une certaine uniformité et qui sont stables.[67] Les États membres ont néanmoins la possibilité de concevoir d'autres types de régimes *sui generis* efficaces s'ils le souhaitent.[68] Trouver un terrain d'entente pour le contenu de ce dernier paragraphe a été très difficile, la question du dépôt de brevets sur les biotechnologies étant un sujet de discorde important entre les pays en développement et les pays industrialisés.[69]

c *Les droits conférés par le brevet*

158. — Les droits conférés par le brevet à son titulaire sont des droits exclusifs et des droits d'exclusion. Ils permettent au titulaire du brevet d'exclure ou d'interdire à des tiers de fabriquer, d'utiliser, d'offrir à la vente, de vendre ou d'importer le produit protégé par un brevet sans son consentement et d'exclure ou d'interdire à des tiers d'utiliser, d'offrir à la vente, de vendre ou d'importer sans son consentement un produit directement obtenu par le procédé breveté.[70] Il n'autorise pas le titulaire à commercialiser son produit ou son procédé, en particulier si celui-ci est interdit par d'autres lois.[71] Le titulaire du brevet a le

---

61 Wyssbrod, 2015, p. 117 ; voir aussi : Taubman/Wager/Watal, 2012, p. 103 ; Pires de Carvalho, 2014, p. 323.

62 Art. 27 § 3 let. b ADPIC, voir aussi : Gervais/Schmitz, 2010, p. 350.

63 Correa, 2007, p. 294.

64 Convention de l'Union Internationale pour la Protection des Obtentions Végétales, conclue à Paris le 2 décembre 1961 (RS 0.232.161).

65 Taubman/Wager/Watal, 2012, p. 104.

66 D'un point de vue commercial, du marché (il ne s'agit pas vraiment de nouveauté technique ici).

67 Abbott/Cottier/Gurry, 1999, pp. 66–67 ; voir aussi : Helfer/Austin, 2011, p. 382.

68 Gervais/Schmitz, 2010, p. 351.

69 Correa, 2007, p. 294 ; voir aussi : Doc. OMC WT/GC/W/302, concernant la révision de l'article 27 al. 3 b ADPIC dans les années 1999–2000.

70 Art. 28 § 1 ADPIC.

71 Taubman/Wager/Watal, 2012, pp. 105–106 ; voir aussi : Correa, 2007, p. 295.

droit de céder, de transmettre par voie successorale ce dernier et de conclure des contrats de licence avec n'importe quelle personne.[72] La personne à qui les droits ont été transmis dispose ensuite des mêmes possibilités.[73] Ces règles s'appliquent également aux titulaires de brevets déposés sur des produits à base de ressources génétiques.[74]

d *L'obligation de divulguer*

159. — Le brevet octroie à son titulaire un monopole légal sur les objets ou les procédés qu'il protège.[75] En contrepartie du monopole octroyé par le brevet, pour une période donnée non renouvelable, l'inventeur est tenu de divulguer de manière complète son invention en la décrivant de telle sorte qu'une personne du métier[76] soit capable de reproduire l'invention.[77] Cette condition permet d'assurer que l'information soit disséminée et de garantir que l'invention puisse être exploitée par d'autres personnes que le titulaire du brevet dès que ce dernier expire. Cette solution représente un avantage conséquent par rapport au secret d'affaires.[78] Bien que le brevet octroie un monopole sur un produit et/ou un procédé, celui-ci est limité dans le temps et impose au titulaire de divulguer son invention. Avec le secret d'affaires, il se peut que la situation de monopole perdure indéfiniment.[79] Il est exigé que ce soit la meilleure façon de résoudre le problème qui soit divulgué.[80] Les membres de l'OMC sont autorisés à exiger des informations concernant les brevets délivrés à l'étranger ainsi que les demandes correspondantes.[81] Les produits réalisés à l'aide de RGM hors zones représentent très souvent une plus-value importante pour la société.[82] Ainsi, il est tout particulièrement important que ces produits soient protégés par un brevet et non par un secret afin que les informations les concernant soient divulguées et puissent être utilisées pour faire progresser la science et le bien-être social.

---

72 Art. 28 § 2 ADPIC.

73 Taubman/Wager/Watal, 2012, p. 108.

74 Voir *infra* § 164 ss.

75 Remiche/Cassiers, 2010, p. 18.

76 Voir *supra* § 147.

77 Art. 29 § 1 ADPIC.

78 Art. 39 al. 2 ADPIC ; voir aussi : Pooley, 2013.

79 Pires de Carvalho, 2014, pp. 365–369.

80 Gervais/Schmitz, 2010, p. 372.

81 Art. 29 § 2 ADPIC ; voir aussi : Gervais/Schmitz, 2010, pp. 371–372 ; Pires de Carvalho, 2014, pp. 364–365, Correa, 2007, p. 300.

82 Voir *supra* § 60 ss.

e Les exceptions aux droits conférés

160. — À certaines conditions, les États membres de l'Accord ADPIC ont le droit de prévoir des exceptions aux droits exclusifs conférés par un brevet.[83] L'exception doit tout d'abord être limitée. Elle ne doit ensuite pas porter atteinte de manière injustifiée à l'exploitation normale du brevet. Elle ne doit finalement pas causer de préjudices injustifiés aux intérêts légitimes du titulaire du brevet, compte tenu des intérêts légitimes des tiers. Chacune de ces conditions doit être remplie individuellement et elles sont cumulatives.[84] Les exceptions visées par l'article 30 ADPIC, qui sont en particulier pertinentes dans le domaine des ressources génétiques marines, sont : l'utilisation à des fins expérimentales, l'usage privé ou l'exploitation précoce d'un brevet par un producteur de générique souhaitant obtenir une approbation[85] réglementaire.[86]

f Les licences obligatoires

161. — Une licence obligatoire est une licence donnée par les autorités d'un pays à une tierce personne pour produire, importer, vendre, ou utiliser le produit protégé par le brevet sans l'autorisation du propriétaire de ce dernier.[87] L'article 31 ADPIC décrit les conditions applicables à la délivrance de telles licences sans définir de manière exhaustive les situations dans lesquelles elles peuvent être délivrées.[88] Les États membres sont libres de décider dans quelles situations ils entendent octroyer des licences obligatoires. Ils délivrent de telles licences en particulier dans des situations d'urgence nationale ou d'autres circonstances d'extrême urgence, ou en cas d'utilisation publique à des fins non commerciales dans les cas où une licence volontaire n'a pas pu être obtenue à des conditions convenables.[89] Il n'y a pas de critères définis pour déterminer quand un État membre se trouve dans de telles situations. Il appartient aux États eux-mêmes de le fixer selon la Déclaration sur l'Accord sur l'ADPIC et la santé publique (Déclaration de Doha).[90] L'article 31 ADPIC reconnaît donc aux États la faculté de limiter les droits des détenteurs de brevets. Les licences

---

83 Art. 30 ADPIC.

84 Taubman/Wager/Watal, 2012, p. 108 ; voir aussi : Pires de Carvalho, 2014, pp. 378–379 ; Correa, 2007, p. 303.

85 Exception « Bolar » : *Roche Products Inc. v. Bolar Pharmaceutical Co., Inc.*, U.S. Court of Appeals for the Federal Circuit — 733 F.2d 858, April 23, 1984.

86 Gervais/Schmitz, 2010, p. 374 ; voir aussi : Correa, 2007, p. 305.

87 Taubman/Wager/Watal, 2012, p. 109 ; voir aussi : Pires de Carvalho, 2014, pp. 387–388.

88 Gervais/Schmitz, 2010, p. 378.

89 Art. 31 let. b ADPIC ; voir aussi : Pires de Carvalho, 2014, pp. 415–416.

90 Déclaration sur l'accord sur l'ADPIC et la santé publique adoptée 14 novembre 2001 à Doha.

obligatoires peuvent notamment servir à remédier à des problèmes d'épidémie ou de position dominante sur le marché.[91] La licence obligatoire doit être limitée dans l'espace, le temps et doit être octroyée au cas par cas en échange d'une contrepartie financière jugée convenable.[92]

g *Durée de la protection*

162. — Il est nécessaire que la durée du brevet soit limitée afin que chacun puisse profiter librement d'une invention brevetée après une période donnée.[93] Cette durée de protection était un sujet controversé lors des négociations de l'Accord ADPIC.[94] L'une des problématiques était de savoir si la durée devait se calculer à partir de la date de la délivrance ou de celle du dépôt du brevet. Les normes nationales étant différentes, la durée de la protection variait d'un pays à l'autre.[95] La norme unique retenue par l'Accord ADPIC[96] est une durée de vingt ans à partir de la date du dépôt. Même si l'Accord ADPIC ne prévoit pas une période de protection plus longue pour certains produits dont les processus d'approbation réglementaire sont parfois longs,[97] les Membres ont la liberté d'étendre la durée de protection dans leur propre légis-lation, vingt ans étant la durée minimale qui doit être accordée alors qu'aucun maxima n'est imposé.[98]

III La brevetabilité des ressources génétiques

163. — Les brevets ont été utilisés à partir du milieu du XIXe siècle pour protéger des inventions produites à base de matière biologique inerte, puis de microorganismes, d'animaux génétiquement modifiés et de matériaux d'origine

---

91 Correa, 2007, pp. 313–319.

92 Taubman/Wager/Watal, 2012, pp. 112–114 ; voir aussi : Pires de Carvalho, 2014, pp. 387–389.

93 Pires de Carvalho, 2014, p. 485.

94 Doc. OMPI MTN.GNG/NG11/W/24/Rev.1, pp. 3, 8, 88–91 ; voir aussi : Doc. OMPI MTN.GNG/NG11/W/12/Rev.1, p. 11 ; Doc. OMPI MTN.GNG/NG11/7, p. 3 ; Doc. OMPI MTN.GNG/NG11/8, p. 10 ; Doc. OMPI MTN.GNG/NG11/9, pp. 2 et 4 ; Doc. OMPI MTN.GNG/NG11/14, pp. 2–3 ; Doc. OMPI MTN.GNG/NG11/16, pp. 6 et 15–16 ; Doc. OMPI MTN.GNG/NG11/17, p. 12 ; Doc. OMPI MTN.GNG/NG11/20, p. 16 ; Doc. OMPI MTN.GNG/NG11/21, p. 9.

95 Doc. OMPI MTN.GNG/NG11/W/24/Rev.1, pp. 88–91 ; voir aussi : Abbott/Cottier/ Gurry, 1999, p. 611.

96 Art. 33 ADPIC.

97 Par exemple les produits pharmaceutiques.

98 Gervais/Schmitz, 2010, p. 395.

humaine.[99] Bien que Louis Pasteur ait obtenu un brevet américain sur une levure en 1873[100] et que le premier brevet sur un organisme vivant ait été déposé en Finlande en 1848,[101] la question de la brevetabilité du vivant apparait plus significativement à partir de la fin des années 1970 et du début des années 1980.

164. — En Europe, la Convention sur le brevet européen (CBE)[102] est adoptée en 1973. Elle garantit que les brevets puissent être délivrés pour des inventions relevant de tous les domaines des technologies.[103] Aux États-Unis, la décision de la Cour suprême américaine dans l'arrêt *Diamond v. Chakrabarty* d'octroyer un brevet sur une bactérie modifiée et efficace pour la décomposition de certains carburants marque un tournant important dans le domaine des brevets sur les inventions biotechnologiques. Suite à cette décision, les cas de litige concernant des brevets sur le vivant se sont multipliés devant les cours américaines et européennes. La Cour Suprême américaine accepte la brevetabilité d'une variété de plantes en 1985,[104] puis d'une huître en 1987[105] et enfin, en 1988, d'une souris génétiquement modifiée la prédisposant à développer un cancer.[106] En Europe, l'Office européen des brevets (OEB) accepte en 1988 la brevetabilité des végétaux, puis, en 1992, la brevetabilité d'une souris[107] transgénique.[108] Les questions relatives aux brevets sur le « vivant » sont très discutées en Europe. Cela a conduit l'Union européenne à adopter la directive 98/44/CE (Directive 98/44/CE)[109] du Parlement européen et du Conseil, relative à la protection des inventions biotechnologiques, le 6 juillet 1998.[110]

165. — Il faut relever trois particularités du droit des brevets relatif aux inventions biotechnologiques dans les États parties à la CBE. Tout d'abord, il n'est

99 Gaumont-Prat, 2009, pp. 12–13.

100 US Pat No 141,072.

101 Straus, 2001, p. 234.

102 Convention sur le Brevet Européen, conclue à Munich le 5 octobre 1973, révisée à Munich le 29 novembre 2000 (RS 0.232.142.2).

103 Art. 52 al. 1 CBE.

104 Ex parte Hibberd, USPQ 227,443 (PTO Bd App 1985).

105 Ex parte Allen, USPQ 2d, 2, 1485 (PTO Bd App 1987).

106 Brevet no 4 736 866.

107 *Affaire T31/03-3.3.08 Animaux transgéniques/HARVARD*, Décision des chambres de recours T315/03-3.3.8, décision du 6 juillet 2004 ; l'oncomouse ou oncosouris a pu être breveté aux États-Unis et en Europe, mais pas au Canada où le brevet a été refusé. OMPI, Bioethics, 2006.

108 Chawla, 2005, pp. 44–50 ; voir aussi : Lévêque/Mounolou, 2008, p. 188.

109 Directive 98/44/CE du Parlement européen et du Conseil du 6 juillet 1998 relative à la protection juridique des inventions biotechnologiques.

110 Ghassemi/Kraus, 2009, pp. 2 ss ; voir aussi : Remiche/Cassiers, 2010, pp. 137–138.

pas possible de breveter des races animales.[111] Ensuite, les procédés essentiellement biologiques sont exclus de la brevetabilité.[112] Enfin, les inventions biotechnologiques qui entraineraient des souffrances animales disproportionnées par rapport à l'avantage réalisé pour l'être humain sont à proscrire.[113]

166. — Depuis 1994, l'article 27 ADPIC oblige les États membres à rendre l'octroi de brevets possible sur les produits et les procédés, peu importe le domaine de technologie, à condition que les critères de nouveauté, d'activité inventive et d'application industrielle soient remplis.[114] La possibilité d'obtenir un brevet sur de la matière vivante est ainsi étendue à tous les membres de l'OMC.[115] Bien que l'article 27 ADPIC ne mentionne pas les ressources génétiques, il cite pourtant les micro-organismes et les procédés microbiologiques,[116] sans que ceux-ci soient définis.[117] Le but est que les micro-organismes qui ont subi des modifications par rapport à leur état naturel et qui remplissent les critères classiques de la brevetabilité bénéficient d'une telle protection.[118] Le Traité de Budapest sur la reconnaissance internationale du dépôt des micro-organismes aux fins de la procédure en matière de brevets[119] ne définit pas non plus les termes de micro-organismes et de procédés microbiologiques, mais ils doivent être compris de manière large.[120] En pratique, le matériel biologique et génétique est inclus dans les termes micro-organismes et procédés microbiologiques.[121] Par conséquent, le terme micro-organisme comprend les bactéries, les champignons, les virus ainsi que les cellules végétales et animales.[122] Cela implique qu'il est possible de demander un brevet sur un micro-organisme, un animal ou une plante.[123] Néanmoins, les États peuvent exclure les plantes et les animaux de la brevetabilité, mais pas les micro-organismes ni les procédés microbiologiques.[124] Ainsi, l'Union européenne et la Suisse ne délivrent pas de

111 Art. 53 let. b) CBE.

112 Art. 53 let. b) CBE.

113 Temmerman, 2012, p. 60.

114 Art. 27 al. 1 ADPIC ; voir aussi : *supra* § 144 ss.

115 Gervais/Schmitz, 2010, pp. 348–349.

116 Art. 27 al. 3 ADPIC.

117 Kirchner, 2010, p. 126.

118 Salpin/Germani, 2007, p. 18.

119 Conclu à Budapest le 28 avril 1977, (RS 0.232.145.1).

120 OMPI, Guide Traité de Budapest, 2015, Introduction b) iv ; voir aussi : Kirchner, 2010, p. 126.

121 OMPI, Guide Traité de Budapest, 2015, Deuxième partie, Section D, b ; voir aussi : Kirchner-Freis/Kirchner, 2014, p. 390.

122 Grubb/Thomsen, 2010, p. 277.

123 Kirchner, 2010, p. 126 ; Noiville, 2005, p. 179 ; Ghassemi/Kraus, 2009, p. 3.

124 Art 27 al. 3 let. b ADPIC.

brevet sur les variétés végétales et les races animales.[125] Par contre, un brevet peut-être délivré pour une invention portant sur des végétaux ou des animaux, « si la faisabilité technique de l'invention n'est pas limitée à une variété végétale ou à une race animale déterminée ».[126]

167. — La question de savoir si une substance isolée de son environnement naturel, mais issue d'un organisme vivant, peut être brevetée ou non fait l'objet d'un débat public depuis un certain nombre d'années. Cette interrogation soulève le problème de déterminer si des séquences de gènes ou d'autres produits isolés comme des protéines peuvent être brevetés ou non. Selon les directives européennes,[127] si une substance trouvée dans la nature produit un effet technique, celle-ci est brevetable. Par conséquent, un micro-organisme existant à l'état naturel et produisant une substance antibiotique est considéré comme une invention et est donc brevetable. De même, un gène est brevetable si on révèle son utilisation dans une thérapie génétique.[128] L'isolement et l'identification d'un élément naturel, mais dans lequel l'intervention de l'homme a été déterminante, sont considérés comme des critères décisifs de brevetabilité qui prévalent sur le fait que la substance en question préexiste à l'état naturel.[129] Ainsi, une matière biologique isolée de son environnement naturel, même lorsqu'elle préexistait à l'état naturel, peut être l'objet d'une invention si elle remplit une fonction et contient un enseignement technique.[130] Le droit suisse applique le même principe à travers sa propre législation.[131]

168. — Aux États-Unis, la Cour suprême a eu, jusqu'en 2013, une pratique très libérale sur les questions de brevets sur des gènes isolés.[132] Elle reconnaissait le droit à l'inventeur d'obtenir un brevet si celui-ci était à même d'isoler et de purifier la substance faisant l'objet de l'invention et si les critères classiques[133] du brevet étaient remplis.[134] La Cour suprême a bouleversé sa pratique dans

---

125 Art. 4 al. 1 let. b Directive 98/44 CE et art. 2 al. 2 let. b LBI.

126 Art. 4 al. 2 Directive 98/44 CE.

127 Directives relatives à l'examen pratiqué à l'Office européen des brevets, novembre 2015.

128 Directives relatives à l'examen pratiqué à l'Office européen des brevets, novembre 2015, partie G, II, 3.1.

129 Remiche/Cassiers, 2010, p. 86.

130 Art. 3 al. 2 Directive 98/44 CE et considérant 22–24 Directive 98/44 CE ; voir aussi : art. 5 al. 3 Directive 98/44 CE ; Vivant/Bruguière, 2003, pp. 75–77.

131 Art. 1b al. 2 LBI et FF 2006, p. 47 ; voir aussi : art. 49 al. 2 let. b LBI.

132 *Amgen, Inc., Plaintiff/cross-appellant, v. Chugai Pharmaceutical Co., Ltd., and Genetics Institute,inc.*, United States Court of Appeal for the Federal Circuit, 927 F.2d 1200, May 20, 1991.

133 Nouveauté, activité inventive, application industrielle.

134 Jain, 2014, p. 107.

l'affaire *Association for Molecular Pathology et al. V. Myriad Genetics, Inc., et al.* du 13 juin 2013[135] après de longues années de procédure. Dans cet arrêt, elle a affirmé qu'un gène isolé ne pouvait être l'objet d'un brevet, car il s'agissait d'un produit de la nature. La Cour suprême a toutefois retenu la validité des brevets sur l'ADN complémentaire, synthétisé et copié *in vitro,* celui-ci étant selon elle fabriqué de toute pièce par l'être humain.[136] En résumé, à travers l'arrêt *Association for Molecular Pathology et al. V. Myriad Genetics, Inc., et al.*, la Cour suprême des États-Unis a établi qu'une séquence de gène préexistante dans la nature ne pouvait être brevetée alors que les séquences dérivées de la nature, mais distinctes et crées par l'homme, pouvaient l'être.[137]

169. — Une dernière problématique doit encore être soulevée ici. Les chercheurs qui souhaitent breveter des inventions réalisées à l'aide de ressources génétiques sont confrontés au fait que la science et la recherche dans le domaine des ressources génétiques progressent et évoluent très rapidement. Dès lors, il est particulièrement difficile, pour les juges, de déterminer dans une procédure judiciaire quelles étaient les connaissances moyennes d'une personne du métier lorsqu'un brevet litigieux a été déposé, et donc si le critère d'activité inventive[138] pour l'obtention du brevet était rempli ou non. Lorsque le litige porte sur une ressource génétique dans le domaine des brevets, il est ainsi très important, dans le cadre d'une procédure judiciaire, que le contexte au moment où le brevet est déposé soit établi de manière précise et détaillée.[139]

IV La brevetabilité des ressources génétiques marines

170. — Au même titre que les organismes terrestres, les formes de vie présentes dans la mer ne sont pas brevetables telles quelles, puisqu'il s'agit de découvertes et non pas d'inventions.[140] À l'inverse, les inventions qui portent sur des RGM hors zones sont brevetables au même titre que les ressources génétiques terrestres, à condition de remplir les critères de brevetabilité des inventions

---

135 *Association for Molecular Pathology et al. V. Myriad Genetics, Inc., et al., Supreme Court of the United States, No. 569 U.S. 12–398, June 13, 2013.*

136 *Association for Molecular Pathology et al. V. Myriad Genetics, Inc., et al., Supreme Court of the United States, No. 569 U.S. 12–398, June 13, 2013.*

137 Jain, 2014, p. 111.

138 Voir *supra* § 147.

139 Grubb/Thomsen, 2010, pp. 275–276.

140 Voir *supra* § 144.

biotechnologiques.[141] Il n'existe cependant aucune disposition propre aux RGM hors zones dans les législations internationales et nationales sur les brevets.[142]

171. — Deux problèmes se posent concernant la brevetabilité d'inventions réalisées à partir des ressources génétiques marines. L'obligation de divulguer,[143] c'est-à-dire de fournir une description précise de l'invention afin que celle-ci puisse être reproduite par l'homme du métier ayant des connaissances moyennes du domaine, représente le premier problème. En effet, de nombreux organismes marins possèdent des propriétés uniques, nouvelles, et leurs caractéristiques taxinomiques n'ont pas encore été établies de manière suffisamment précise. Il se peut donc qu'il soit difficile, dans certains cas, de fournir le descriptif nécessaire au dépôt du brevet.[144]

172. — La nécessité d'indiquer la source[145] d'une ressource génétique marine pour obtenir un brevet sur une invention peut également poser problème, particulièrement si une ressource génétique se trouve à la fois sous certaines juridictions ainsi qu'au-delà de celles-ci. C'est le cas de nombreux animaux et algues comme celui de certains micro-organismes, trouvés sur les cheminées hydrothermales, susceptibles d'être utilisés pour réaliser des inventions brevetables.[146] Selon nous, dans la mesure où il est parfois extrêmement difficile de déterminer l'origine d'un organisme, puisque celle-ci peut être multiple, le risque que les bioprospecteurs choisissent de déclarer la source qui leur est la plus favorable en rapport aux obligations qu'ils doivent remplir est bien réel. Nous pensons en particulier aux organismes de la colonne d'eau qui se trouvent à la fois sur le territoire de plusieurs États et en haute mer.

V Conclusion

173. — Les questions relatives à la brevetabilité d'inventions réalisées à l'aide de ressources génétiques sont donc nombreuses, complexes et très discutées actuellement. Quant aux problématiques propres à la brevetabilité des inventions réalisées à l'aide de RGM hors zones, elles sont assez similaires[147] à celles

141 Zewers, 2008, Héros, p. 2.
142 ADPIC, Traité de Budapest, Directive 98/44/CE, LBI.
143 Voir *supra* § 159.
144 Zewers, 2008, Héros, p. 2.
145 Voir *infra* § 222 ss.
146 Doc. ONU A/62/66/Add.2, p. 70.
147 Si l'on excepte les quelques remarques faites ci-dessus.

qui concernent les inventions réalisées à l'aide de ressources génétiques terrestres ou marines, mais situées sur un territoire étatique donné. Il n'existe pas aujourd'hui, dans le droit des brevets, de dispositions permettant à elles seules de réguler l'exploitation des RGM hors zones. Il est donc nécessaire de s'inspirer d'autres droits connexes à notre problématique, qui seraient susceptibles de régler la situation.

CHAPITRE 6

Le droit spécifique à la diversité biologique

I Introduction

174. — Certains aspects de l'exploitation des ressources génétiques sont traités par le droit relatif à la diversité biologique. La CDB (II), les lignes directrices de Bonn (III), le Protocole de Nagoya (IV) et enfin le traité international sur les ressources phytogénétiques pour l'alimentation et l'agriculture de la FAO (V) comportent tous des dispositions qui régissent l'exploitation des ressources génétiques des États qui en sont parties. Enfin, la Convention sur le commerce international des espèces de faune et de flore sauvage menacées d'extinction (CITES)[1] (VI) est spécifiquement applicable à certaines ressources génétiques marines. Cette législation constituera une source d'inspiration pour les propositions qui seront faites dans la Partie III.[2]

II La Convention sur la Diversité Biologique (CDB)

A *L'historique et les grands principes*

175. — Les premiers accords internationaux pour la conservation de la biodiversité étaient ciblés sur des espèces particulières,[3] puis les objectifs ont été étendus. Certains textes modernes protègent des espèces,[4] d'autres les organismes de régions géographiques particulières,[5] d'autres encore réglementent des activités humaines présentant une menace pour l'environnement.[6] Dès les années 1980, certaines organisations, telle l'Union internationale pour la conservation de la nature (UICN) et le *World Ressources Institute*, ont alerté la société du déclin accéléré de la diversité biologique. Vers la fin des années 1980, le Programme des Nations Unies pour l'environnement (PNUE) a décidé

1 Convention sur le commerce international des espèces de faune et de flore sauvage menacées d'extinction, signée à Washington le 3 mars 1973 (RS 0.453).

2 Voir *infra* § 384 ss.

3 Poissons, oiseaux migratoires, mammifères.

4 Par exemple : CITES.

5 Par exemple : Traité sur l'Antarctique, conclu à Washington le 1er décembre 1959 (RS 0.121).

6 Par exemple : Convention internationale pour la réglementation de la chasse à la baleine, conclue à Washington le 2 décembre 1946 (RS 0.922.74).

 | DOI 10.1163/9789004352094_010

de mettre en place des groupes de travail ayant pour mission d'étudier les différentes questions relatives aux problèmes de perte de diversité biologique. En 1990, un groupe d'experts a été constitué afin d'élaborer un instrument juridique international portant sur la conservation et l'utilisation durable de la biodiversité.[7] De ces travaux résulte un texte, la CDB,[8] qui a été soumis pour signature lors du Sommet de la Terre à Rio de juin 1992. Selon la formulation de Lyle Glowka et al., « [l]a Convention sur la diversité biologique constitue un engagement historique : un engagement des nations du monde à conserver la diversité biologique, à utiliser les ressources biologiques de manière durable et à partager équitablement les avantages découlant de l'utilisation des ressources génétiques. C'est le premier traité conclu au niveau mondial qui traite de façon exhaustive de tous les aspects de la diversité biologique, c'est-à-dire des ressources génétiques, des espèces et des écosystèmes ».[9] Mais les négociations ont été ardues pour l'obtention d'un tel résultat, en raison des intérêts divergents en présence, en particulier des pays industrialisés et des pays en développement. Bien que cette convention soit quasi universelle avec ses 196 États parties, les États-Unis ne l'ont pas ratifiée.[10]

176. — Il a été reproché à la CDB d'être trop vague, non contraignante et d'instituer une commercialisation de la nature plutôt que sa protection.[11] La célérité avec laquelle la convention a dû être rédigée et le contexte entourant son adoption explique cette situation. Le défi consistait à concilier en un seul texte les intérêts antagonistes des pays du Nord et ceux du Sud. Les premiers, pauvres en biodiversité et préoccupés par des questions écologiques de protection des espèces, des océans et par les menaces au système global qui conditionne la vie, souhaitaient un texte conservationniste alors que les seconds, mégadivers,[12] mais confrontés à des problèmes de survie à court terme et de pauvreté, voyaient dans la CDB l'opportunité de transférer de nouvelles richesses des pays du Nord vers les pays du Sud.[13]

7 Stone, 1996, pp. 119–120 ; voir aussi : Glowka/Burhenne-Guilmin/Synge et al., 1996, pp. 2–3.

8 Soumis pour signature lors du Sommet de la Terre à Rio de juin 1992, entré en vigueur le 29 décembre 1993 après sa ratification par le 30e État parti. Stone, 1996, pp. 119–120 ; voir aussi : Glowka/Burhenne-Guilmin/Synge et al., 1996, pp. 2–3.

9 Glowka/Burhenne-Guilmin/Synge et al., 1996, p. IX.

10 Site de la CDB : « www.cbd.int/information/parties.shtml » (consulté le 20.03.2017) ; voir aussi : Druel/Rochette/ Billé et al., 2013, p. 32.

11 Guilloux/Zakovska, 2004, p. 3 ; voir aussi : Beurier, 2008, p. 8, Birnie/Boyle/ Redgwell, 2009, p. 616, Paquerot, 2002, pp. 182–187.

12 Pays riche en biodiversité.

13 Stone, 1996, pp. 121–122.

177. — Traditionnellement, les ressources génétiques ont été considérées,[14] jusque vers la fin des années 1980, comme « patrimoine commun de l'humanité » et, de ce fait, libres d'accès et d'utilisation.[15] L'idée sous-jacente à ce principe était que celles-ci devaient pouvoir circuler librement et ne pouvaient faire l'objet d'aucune appropriation, afin que chacun puisse en bénéficier et qu'il soit possible de faire progresser la science au profit de tous.[16] Ce principe a été reconnu dans l'Engagement international sur les ressources phytogénétiques de la FAO de 1983.[17] Mais l'idée que les ressources génétiques soient considérées comme le « patrimoine commun de l'humanité » s'est rapidement retrouvée confrontée aux droits de propriété intellectuelle, en particulier le droit des brevets. Ce dernier donne droit à un monopole d'exploitation d'inventions basées sur des ressources génétiques collectées librement et gratuitement. Il gagne toujours plus en importance dans les pays industrialisés.[18] Il permet de récompenser le génie humain et d'encourager l'investissement en temps, en argent et en énergie dans des projets d'innovation et de progrès scientifiques.[19] Mais *a contrario*, il ne tient pas compte de la valeur de la matière

14 Le verbe « considéré comme » est employé pour éviter un mauvais usage du terme de « patrimoine commun de l'humanité ». À l'époque, les ressources génétiques étaient considérées comme le « patrimoine commun de l'humanité » alors qu'elles ne l'ont jamais été puisque ce terme juridique couvre exclusivement les fonds marins et leurs ressources (art. 136 CNUDM), la lune et ses ressources (art. 11 al. 1 Accord sur la Lune). Pour plus de détails, voir : Pancracio, « blogs.univ-poitiers.fr/jp-pancracio/2012/05/02/il-y-a-patrimoine-et-patrimoine/ » (consulté le 04.10.2016) et Baslar, 1998, pp. 1–2.

15 Noiville, 2005, p. 179 : « En elles-mêmes, les ressources biologiques relevaient, comme toute ressource naturelle, de la souveraineté nationale qui, à son tour, se déclinait sous la forme de propriétés publiques et privées. Aussi, *l'exploitation directe et immédiate* de ces ressources (par exemple, valorisation [...] de la vanille ou du santal par des filières industrielles traditionnelles comme l'industrie alimentaire ou l'industrie de la parfumerie) n'était possible qu'avec l'accord de leur propriétaire. Mais dès l'instant qu'elles étaient utilisées dans le cadre de la recherche ou dans le cadre d'une *valorisation indirecte et différée* (collecte de différentes variétés de riz pour mettre au point une nouvelle variété plus adaptée à tel insecte ravageur, utilisation des molécules chimiques d'une plante pour développer un médicament, etc.), dès l'instant que l'on cherchait à les exploiter *non pas en tant que telles, mais pour leur potentialité chimique ou génétique à mener à un nouveau produit*, les ressources naturelles étaient qualifiées de patrimoine commun de l'humanité ».

16 Wyssbrod, 2015, p. 118 ; voir aussi : Noiville, 1997, pp. 324–326 ; Noiville, 2005, pp. 179–180 ; Jeffery, 2002, pp. 758–759.

17 Glowka/Burhenne-Guilmin/Synge et al., 1996, pp. 6–7.

18 Wyssbrod, 2015, p. 118 ; voir aussi : Noiville, 2005, pp. 179–180.

19 Voir *supra* § 143.

première avant toute manipulation et du travail fourni par les populations autochtones pour le maintien et le développement de la diversité génétique. Face à ce constat, certains pays du Sud se sont mis à limiter l'accès aux ressources génétiques se trouvant dans des espaces soumis à leur juridiction nationale et ont manifesté leur volonté de voir institué le principe de souveraineté sur leurs ressources génétiques. De ce fait, lors des négociations préalables à la ratification de la CDB, les pays en développement ont souhaité que soit reconnue la valeur du matériel génétique brut. Si la création d'un fonds international pour la conservation et l'utilisation durable de la biodiversité constituait une alternative, les pays ont préféré que le principe de souveraineté des États sur leurs ressources[20] soit étendu aux ressources génétiques, afin que l'accès aux résultats, aux avantages et au bénéfice se fasse de manière bilatérale entre le pays fournisseur et l'utilisateur.[21] Le principe de souveraineté[22] constitue, de ce fait, l'une des pierres angulaires de la CDB. Il permet aux pays fournisseurs de mieux contrôler l'utilisation des ressources génétiques, d'organiser leur échange, de tirer profit des richesses qui en découleront, par exemple sous la forme d'inventions, et de profiter d'un partage juste et équitable des avantages et des bénéfices.[23]

178. — L'accent mis sur le principe de souveraineté nationale sur les ressources génétiques est contrebalancé, dans la CDB, par différents aspects. Les droits qui sont accordés aux États parties par la CDB, en vertu du principe de souveraineté, impliquent en effet aussi des devoirs. La CDB rend, entre autres, les États responsables de la conservation de leur biodiversité et de l'utilisation durable de celle-ci.[24] Elle les invite à coopérer avec les autres parties contractantes pour les zones se situant hors des zones de juridiction nationale.[25] La CDB reconnaît aussi le rôle des communautés indigènes et locales dans la conservation de la biodiversité.[26] S'ajoute à cela le fait qu'il est du devoir des États de tout mettre en œuvre pour faciliter l'accès aux ressources génétiques aux autres parties contractantes à la CDB.[27] Ensuite, il est attendu que les bénéfices réalisés et versés aux pays fournisseurs de ressources génétiques soient

20 Doc. ONU Résolution 1803.

21 Wyssbrod, 2015, p. 118 ; voir aussi : Glowka/Burhenne-Guilmin/Synge et al., 1996, pp. 6–7 ; Noiville, 1997, p. 324.

22 Art. 3 et 15 CDB ; voir aussi : Korn/Friedrich/Feit, 2003, p. 32.

23 Art. 15 CDB ; voir aussi : Noiville, 2005, p. 180 ; Morgera/Buck/Tsioumani, 2013, pp. 3–4.

24 Art. 3, 8 et 9 CDB ; voir aussi : Glowka/Burhenne-Guilmin/Synge et al., 1996, p. 4.

25 Art. 5 CDB.

26 Préambule CDB.

27 Art. 15 al. 2 CDB.

réinvestis par ceux-ci dans des projets de conservation et d'utilisation durable de leur diversité biologique.[28]

179. — Lors des négociations, il s'est rapidement avéré que de nombreux États n'étaient pas prêts à limiter la portée de l'accord aux questions de conservation au sens strict. Comme le formule Lyle Glowka et al., « [l]e champ d'application de la Convention s'est donc élargi peu à peu et a fini par comprendre tous les aspects de la diversité biologique, c'est-à-dire : la conservation *in situ* et *ex situ* des espèces sauvages et domestiquées ; l'utilisation durable des ressources biologiques ; l'accès aux ressources génétiques et à la technologie correspondante, y compris la biotechnologie ; l'accès aux avantages découlant de cette technologie ; la sécurité des activités portant sur les organismes vivants modifiés ; et la fourniture d'un soutien financier nouveau venant s'ajouter aux financements existants ».[29] Pour la première fois, un texte de portée mondiale était signé puis ratifié par une majorité de pays, abordant de manière exhaustive les aspects liés à la diversité biologique de la planète et prônant l'équité entre fournisseur et utilisateur de ressources génétiques.[30] Les objectifs de la CDB combinent à la fois les buts de conservation et d'utilisation durable de la biodiversité ainsi qu'un partage juste et équitable des avantages et des bénéfices découlant de l'utilisation de ressources génétiques. Ils constituent le reflet d'un arbitrage entre un accès facilité aux ressources génétiques et le transfert de technologie.[31]

B *Les objectifs de la Convention sur la Diversité Biologique*

180. — La CDB vise trois objectifs.[32] Le premier tend à la conservation de la diversité biologique[33] et le deuxième à l'utilisation durable des éléments de la biodiversité. Le troisième objectif vise le partage juste et équitable des avantages découlant de l'exploitation des ressources génétiques,[34] qui peut être atteint par un accès satisfaisant aux ressources génétiques, un transfert approprié des techniques pertinentes et un financement adéquat. Les deux premiers objectifs reflètent les buts poursuivis principalement par les pays

28 Glowka/Normand, 2013, pp. 21–22 ; voir aussi : Noiville, 1997, p. 201.

29 Glowka/Burhenne-Guilmin/Synge et al., 1996, p. 3.

30 Glowka/Burhenne-Guilmin/Synge et al., 1996, p. IX ; voir aussi : Glowka/Normand, 2013, p. 21 ; Honig/Dillon, 2008, p. 6.

31 Jeffery, 2002, pp. 160–161.

32 Art. 1 CDB.

33 Ce qui demande aux parties d'adopter des stratégies, des plans et des programmes nationaux pour promouvoir la biodiversité. Birnie/Boyle/Redgwell, 2009, p. 622.

34 Art. 15, 16, 19–21 CDB.

industrialisés alors que le troisième traduit surtout les buts visés par les pays en développement.[35]

C *Les obligations générales des États dans les zones hors juridiction*

181. — L'État a le droit souverain d'exploiter les ressources se trouvant sous sa juridiction. Mais ce droit est assorti de l'obligation de s'assurer que les activités menées sous sa juridiction ou son contrôle ne provoquent pas de dommages à l'environnement tant dans les autres États que dans les zones ne relevant d'aucune juridiction nationale.[36]

182. — Les États parties ne pouvant réglementer que les activités menées sur leur propre territoire ou étant le fait de leurs ressortissants, la CDB leur impose de coopérer entre eux et avec les organisations internationales compétentes afin de conserver et d'utiliser de façon durable la diversité biologique de ces espaces.[37]

D *L'accès aux ressources génétiques*

183. — Les droits et les obligations concernant l'accès aux ressources génétiques, l'utilisation de celles-ci et plus particulièrement le partage juste et équitable des bénéfices[38] découlant de l'utilisation de ressources génétiques,[39] sont des composants importants de la CDB.[40]

184. — Le principe de souveraineté[41] de l'État sur ses propres ressources et le droit de l'État de réglementer l'accès à celles-ci contrastent avec la situation qui prévalait avant l'avènement de la CDB,[42] c'est-à-dire des ressources génétiques considérées comme « patrimoine commun de l'humanité » et donc libres d'accès.[43]

---

35 Glowka/Burhenne-Guilmin/Synge et al., 1996, pp. 18–19.

36 Art. 3 CDB ; voir aussi : *Trail smelter case* (*United States, Canada*), 16 April 1938 and 11 March 1941, in : ONU, Recueil des sentences arbitrales, Vol. III, pp. 1905–1982 ; *Affaire du Détroit de Corfou*, arrêt du 9 avril 1949 : C.I.J. Recueil 1949, p. 4.

37 Art. 4–5 CDB ; voir aussi : Glowka/Burhenne-Guilmin/Synge et al., 1996, pp. 35–36 ; voir aussi : Canal-Fogues, 2003, p. 102.

38 Cette obligation de partage juste et équitable des avantages et des bénéfices ne s'applique qu'aux ressources génétiques collectées après l'entrée en vigueur de la CDB. Il n'y a pas d'effet rétroactif.

39 Glowka/Burhenne-Guilmin/Synge et al., 1996, p. 97.

40 Art. 15 CDB.

41 Art. 15 al. 1 CDB, principe déjà mentionné à l'art. 3 CDB ; voir aussi : Doc. ONU Résolution 1803 ; *Texaco-Calasiatic c. Gouvernement libyen.*

42 Voir *supra* § 177.

43 Engagement international sur les ressources phytogénétiques de 1983 (FAO) ; voir aussi : Noiville, 1997, pp. 179, 326–327.

185. — En contrepartie, les États ont le devoir de s'efforcer de créer des conditions permettant de faciliter l'accès aux ressources génétiques et de ne pas imposer de restriction allant à l'encontre des objectifs de la CDB.[44] Ce principe est d'une importance cruciale dans la mesure où un accès facilité aux ressources génétiques est à même d'améliorer la satisfaction des besoins alimentaires, sanitaires et autres de la population de la planète.[45] De plus, afin d'optimiser les chances de retombées positives consécutives à un partage juste et équitable des avantages et des bénéfices, il est nécessaire de favoriser, en amont, la récolte de matériel pour stimuler l'innovation, de sorte qu'il y ait matière à partage.

186. — Pour faciliter l'accès aux ressources génétiques, il serait utile que les États parties, dans leur législation, clarifient le statut des ressources génétiques, développent une réglementation uniforme concernant l'accès aux ressources génétiques dans leur pays et adaptent le cadre légal ainsi que les procédures administratives existantes pour créer un régime juridique clair et efficace dans ce domaine.[46]

187. — Les ressources génétiques[47] peuvent être fournies soit par les pays d'origine, soit par des parties qui ont acquis des ressources génétiques conformément à la CDB.[48]

188. — L'accès aux ressources génétiques, lorsque celui-ci est accordé, est subordonné à des conditions convenues d'un commun accord (CCCA).[49] Faisant l'objet de négociations, les CCCA prendront au final très souvent la forme d'un contrat décrivant les modalités de l'accord entre le fournisseur, en principe un État, et l'utilisateur, qu'il s'agisse d'un acteur[50] privé ou public.[51]

189. — L'accès aux ressources génétiques est également soumis au consentement préalable donné en connaissance de cause (CPCC)[52] par le fournisseur.[53] Selon ce principe, la partie qui fournit la ressource génétique est en droit d'attendre de l'utilisateur potentiel qu'il fasse une demande d'autorisation d'accès et qu'il explique par qui et comment la ressource génétique sera utilisée ultérieurement, comment il envisage de remplir la condition de partage juste et équitable des avantages et bénéfices réalisés à l'aide de la ressource convoitée.

44 Art. 15 al. 2 CDB.

45 Préambule CDB.

46 Glowka, 1998, pp. 5–8 ; voir aussi : Noiville, 1997, pp. 326–327.

47 Couvertes par les articles 15, 16 et 19 CDB.

48 Art. 15 al. 3 CDB ; voir aussi : Glowka/Burhenne-Guilmin/Synge et al., 1996, p. 102.

49 Art. 15 al. 4 CDB ; selon la formulation anglaise : Mutually Agreed Terms (MAT).

50 Particulier, entreprise, institution, collectivité ou État.

51 Glowka/Burhenne-Guilmin/Synge et al., 1996, p. 102.

52 Selon la formulation anglaise : Prior Informed Concent (PIC).

53 Art. 15 al. 5 CDB.

Cette exigence est parfois difficile à remplir pour certains utilisateurs qui ne parviennent pas à savoir par qui le consentement doit être donné.[54]

190. — Le partage juste et équitable des résultats de la recherche, des avantages résultant de l'utilisation, entre autres commerciale, des ressources génétiques avec la partie qui fournit les ressources est également important.[55] De plus, la référence aux articles 16 et 19 CDB implique un élargissement des avantages partageables à l'accès et au transfert de technologie,[56] la participation aux activités de recherche réalisées à l'aide de ressources génétiques,[57] ainsi qu'un accès prioritaire aux résultats et avantages découlant de l'utilisation de ressources génétiques dans des inventions biotechnologiques.[58] Les prestations partagées sont donc nombreuses et comprennent tant des avantages monétaires que non monétaires. Cette large palette de mesures de partage des avantages et des bénéfices est importante si l'on veut favoriser une certaine flexibilité nécessaire dans les accords passés entre fournisseurs et utilisateurs, puisque chaque situation est singulière. Il est attendu des parties contractantes qu'elles mettent en œuvre des mesures législatives, administratives et politiques pour assurer le partage des objets mentionnés ci-dessus. Des difficultés surviendront probablement lorsque les ressources génétiques provenant de plusieurs pays fournisseurs seront utilisées dans des inventions biotechnologiques, lorsqu'il sera question d'établir la répartition des avantages et des bénéfices.[59] Il est également à craindre que certaines parties qui fournissent des ressources génétiques surestiment la valeur des ressources se trouvant sur leur territoire et espèrent les utiliser dans le but de faire diminuer les disparités de richesse globale. Or, même si ces ressources ont une valeur certaine, les attentes pourraient être disproportionnées face à la réalité. De plus, la valeur des ressources génétiques des pays en développement dépend souvent, de nos jours, de l'intérêt des pays industrialisés qui possèdent les moyens technologiques permettant de les exploiter. Les ressources génétiques des pays en développement n'ont donc de valeur que si elles sont effectivement convoitées et exploitées par les pays industrialisés.[60] Enfin, la partie qui fournit les ressources est en droit d'être informée par l'utilisateur des avancées des

54 Jeffery, 2002, pp. 785–786 ; voir aussi : Glowka, 1998, p. 9.

55 Art. 15 al. 7 CDB.

56 Art. 15 al. 7 et 16 CDB.

57 Art. 19 al 1 CDB.

58 Art. 19 al. 2 CDB.

59 Glowka/Burhenne-Guilmin/Synge et al., 1996, pp. 105–107 ; voir aussi : Noiville, 2005, pp. 194–195.

60 Stone, 1996, p. 124.

recherches. La partie qui fournit les ressources pourrait d'ailleurs imposer dans l'accord passé avec le premier utilisateur, que si celui-ci cède les ressources à des tiers, de nouveaux CPCC et CCCA soient passés entre le pays fournisseur et le nouvel utilisateur avant que la cession puisse avoir lieu.[61]

191. — Il serait souhaitable, dans la mesure du possible, de faire participer des parties fournisseuses aux travaux de recherche entrepris et ainsi de les aider à acquérir des connaissances et des techniques scientifiques, ainsi qu'à encourager le transfert de technologie.[62] Dans l'idéal, ces travaux devraient être entrepris sur le territoire de la partie qui fournit les ressources génétiques afin d'augmenter les chances de voir un nombre important de chercheurs locaux impliqués dans les projets et de maximiser ainsi le transfert de connaissances.[63]

192. — En résumé, les éléments clés qui composent l'accès aux ressources génétiques sont le principe de souveraineté de l'État sur ses ressources génétiques ainsi que la nécessité d'obtenir le CPCC et de négocier des CCCA avec la partie fournisseuse, ceci afin de définir un partage juste et équitable des bénéfices découlant de l'utilisation de ressources génétiques.[64]

E *Les relations entre la Convention sur la Diversité Biologique et d'autres conventions internationales*

193. — La CDB constitue le premier traité international qui aborde les questions de diversité biologique de manière globale. Le risque est grand de voir cet accord entrer en concurrence sur certains points avec d'autres traités internationaux plus spécifiques, portant sur certains aspects de la biodiversité. Afin d'éviter tout malentendu, la CDB règle expressément ses relations avec les autres conventions internationales.[65]

194. — Ainsi, les droits et obligations contractés en vertu d'un accord international existant ne seront pas touchés par la CDB. Cette règle est cependant tempérée par une clause de sauvegarde. Si l'application d'un traité international autre que la CDB cause de sérieux dommages à la biodiversité ou si elle constitue pour elle une menace, alors la CDB doit être appliquée en priorité.[66]

---

61 Glowka/Burhenne-Guilmin/Synge et al., 1996, pp. 105–107 ; voir aussi : Noiville, 2005, pp. 194–195.

62 Art. 15 al. 6 CDB.

63 Glowka/Burhenne-Guilmin/Synge et al., 1996, p. 105 ; voir aussi : Noiville, 1997, p. 328.

64 Honig/Dillon, 2008, p. 11 ; voir aussi : Noiville, 2005, p. 180.

65 Art. 22 CDB ; conformément à l'art. 30 al. 2 CVDT ; voir aussi : Glowka/Burhenne-Guilmin/Synge et al., 1996, p. 137.

66 Art. 22 al. 1 CDB.

L'application de cette disposition dépend cependant de l'interprétation qui est faite des termes « sérieux dommages et menaces ».[67]

195. — Par contre, le droit de la mer en vigueur, conventionnel ou coutumier, prime sur la CDB.[68] Bien que les négociateurs de la CDB étaient d'avis que celle-ci devait s'appliquer aux espaces marins, ils étaient conscients que certaines dispositions étaient concurrentes et risquaient d'entrer en conflit les unes avec les autres. Dans la mesure où la CNUDM constitue un instrument international majeur dans le domaine maritime et qu'elle contient un certain nombre de dispositions en rapport avec les thématiques traitées dans la CDB, il a été décidé que la CNUDM primerait sur la CDB.[69]

F *La Convention sur la Diversité Biologique et l'exploitation des ressources génétiques marines hors zones*

196. — En vertu du principe fondamental de souveraineté des États sur leurs propres ressources,[70] la CDB s'applique uniquement aux processus et activités menées sous la juridiction ou le contrôle des États parties. A contrario, elle ne s'applique pas aux ressources biologiques des espaces situés au-delà des zones de juridiction nationale des États. Seul un devoir de coopération est exigé des États parties en ce qui concerne ces dernières.[71] En vertu de ce qui précède, la CDB ne peut pas s'appliquer à l'exploitation des RGM hors zones, elle n'est pas directement transposable à celles-ci.

197. — Si la CDB n'est pas directement applicable à notre sujet, le principe du partage des avantages et des bénéfices pourrait être repris pour un nouveau traité spécifique à l'exploitation des ressources qui sont l'objet de ce travail.[72] C'est grâce à ce type de principes novateurs que la CDB a joué un rôle majeur dans le domaine de la diversité biologique, de sa conservation et des rapports Nord-Sud quant à l'exploitation des ressources génétiques.[73] Il serait par conséquent positif que le principe de partage des avantages et des bénéfices soit également appliqué aux RGM hors zones.

198. — Bien que la CDB constitue une étape importante pour le partage des avantages et des bénéfices découlant de l'utilisation des ressources génétiques

---

67 Glowka/Burhenne-Guilmin/Synge et al., 1996, p. 137 ; voir aussi : Jeffery, 2002, p. 769.

68 Art. 22 al. 2 CDB.

69 Glowka/Burhenne-Guilmin/Synge et al., 1996, pp. 137–138 ; voir aussi : Glowka, 1996, p. 165.

70 Art. 3 CDB ; voir aussi : Doc. ONU Résolution 1803.

71 Doc. ONU A/62/66/Add.2, p. 68 ; voir aussi : Doc. ONU A/60/63/Add.1, p. 59 ; de la Fayette, 2009, p. 243.

72 Voir *infra* § 384 ss.

73 Hermitte/Doussan/Mabile et al., 2006, p. 390.

ainsi que pour la protection de la biodiversité, il faut rester conscient de ses limites. Il s'agit en effet d'une convention-cadre qui laisse aux États parties le soin de déterminer comment la plupart des dispositions seront mises en œuvre ; ainsi la réalisation de ces objectifs dépend largement du bon vouloir des États parties qui se sont engagés à l'appliquer.[74] L'application des principes défendus dans la CDB est donc très largement entre les mains des États parties et elle dépend de la capacité de ces derniers à les intégrer dans leur législation, leurs processus administratifs et leur politique interne.[75] En revanche, le fait que la CDB soit un accord-cadre offre la possibilité de procéder ultérieurement à la négociation d'annexes et de protocoles, permettant de compléter et de préciser le texte initial.[76] C'est ainsi que le Protocole de Nagoya a été adopté en 2010.[77]

III Les Lignes directrices de Bonn en tant qu'instrument de *soft law*

A *Les instruments de* soft law

199. — Les Lignes directrices de Bonn[78] constituent le premier outil découlant de la CDB dans le domaine du partage des avantages et des bénéfices. Il s'agit d'un instrument de *soft law*. Les instruments de *soft law* apparaissent, après la fin de la Seconde Guerre mondiale, comme une conséquence de la réorganisation de la société internationale : l'augmentation du nombre d'États souverains issus des processus de décolonisation et de la guerre froide d'une part, et la création d'organisations internationales comme l'ONU d'autre part.[79] À l'origine, le terme de *soft law* a été choisi pour désigner le droit formulé de manière abstraite et sous forme de proposition, par opposition au terme de « *hard law*[80]

74 Glowka/Burhenne-Guilmin/Synge et al., 1996, p. 8.

75 Birnie/Boyle/Redgwell, 2009, p. 648.

76 Glowka/Burhenne-Guilmin/Synge et al., 1996, pp. 1–2 ; voir aussi : Hermitte/ Doussan/ Mabile et al., 2006, p. 351.

77 Voir *infra* § 212 ss. Renvoi au Chapitre sur le Prot Nagoya III B.

78 Lignes directrices de Bonn, adoptées à la Conférence des Parties (CdP) 6 à Bonn en 2002.

79 Olsson, 2013, p. 179.

80 Le traité est un exemple-type de *hard law*. C'est « un accord international conclu par écrit entre États et régi par le droit international, qu'il soit consigné dans un instrument unique ou dans deux ou plusieurs instruments connexes, et quelle que soit sa dénomination particuliè-re » (art. 2.1 let. a Convention de Vienne sur le droit des traités (CVDT) du 23 mai 1969). Il a la particularité de lier les parties, contient des obligations légales et peut revêtir plusieurs formes. La terminaison et l'amendement d'un traité sont des processus

qui est le droit concret, vécu ou opératoire, issu de l'épreuve judiciaire [...] ».[81] Ce n'est que depuis les années 1970 que le terme de *soft law* couvre un droit dont la juridicité et la force contraignante sont ambiguës et remises en question.[82] Cependant, le rôle de la *soft law* dans les relations de droit international est aujourd'hui reconnu et son influence sur la *hard law* est évidente.[83]

200. — Il existe une énorme diversité dans les instruments qualifiés de *soft law,* ce qui fait que ce terme générique peut apparaître comme une simplification trompeuse.[84] Il peut s'agir de textes écrits, signés par des États, mais qui ne satisfont pas aux critères du traité,[85] d'un échange informel de promesses par le biais d'une correspondance diplomatique, d'un vote lors d'une assemblée d'une organisation internationale, etc.[86] La *soft law* décrit en droit international des outils de réglementation non juridiques,[87] non contraignants pour les parties, mais qui constituent des principes généraux.[88] Les instruments de *soft law* sont difficilement exécutables à travers des mécanismes de règlement des différends contraignants.[89] Ils sont de nature politique et non juridique. Leur libellé préconise des obligations morales plutôt que juridiques.[90] Les instruments de *soft law* couvrent différentes sortes de relations entre États.[91] De nombreux instruments de *soft law* sont négociés sous les auspices d'organisations internationales.[92] Malgré le scepticisme relatif à la valeur juridique du concept de *soft law*, de nombreux États et autres acteurs internationaux y ont recours afin d'influencer les comportements et les relations internationales.[93]

---

complexes qui demandent le suivi d'une procédure spécifique. Fitzmaurice, 2003, pp. 164 et 185 ; voir aussi : Chinkin, 1989, p. 860.

81 Abi-Saab, 2013, p. 138.

82 Abi-Saab, 2013, p. 138.

83 Boyle, 1999, p. 901.

84 Chinkin, 1989, p. 850.

85 Il manque, particulièrement, l'intention de se lier en droit selon 11 CVDT.

86 Guzman/Meyer, 2010, p. 173 ; À contrario, le traité couvre ce qui est décrit dans la Résolution adoptée par l'Institut de Droit international, *Textes internationaux ayant une portée juridique dans les relations mutuelles entre leurs auteurs et textes qui en sont dépourvus*, Septième commission, Rapporteur, M. Virally, 29 août 1983, voir aussi : *Licéité de la menace ou de l'emploi d'armes nucléaires*, avis consultatif, C.I.J. Recueil 1996, § 70.

87 Boyle/Chinkin, 2007, p. 212.

88 Fitzmaurice, 2003, pp. 178 et 180 ; voir aussi : Boyle, 1999, pp. 901–902.

89 Fitzmaurice, 2003, p. 180.

90 Fitzmaurice, 2003, p. 178.

91 Fitzmaurice, 2003, p. 172.

92 Fitzmaurice, 2003, p. 172.

93 Chinkin, 2000, p. 41.

201. — Les instruments de soft law se divisent en trois catégories.[94] Celles-ci ne sont pas exclusives puisque les instruments de *soft law* peuvent dans certains cas avoir plusieurs fonctions à la fois.[95] Tout d'abord, il est possible d'utiliser un instrument de *soft law* pour préparer la mise en place de *hard law*.[96] Dans ce cas, l'instrument de *soft law* est utilisé pour amorcer le processus de création d'un traité, encourager les discussions entre les acteurs impliqués en proposant des lignes directrices non contraignantes dans un premier temps[97] puis, dans un deuxième temps, en aboutissant à la création d'un instrument de réglementation contraignant et adapté au sujet et à la situation.[98] C'est le cas des Lignes directrices de Bonn qui ont mené à la conclusion du Protocole de Nagoya.[99] Les instruments de *soft law* permettent aussi de faire pression sur les États non parties.[100] La *soft law* permet à des acteurs qui ne sont pas des États de participer plus activement à la mise en place de normes internationales que dans un système traditionnel de création du droit.[101]

202. — Les instruments de *soft law* peuvent également contribuer à clarifier l'interprétation d'un traité ou de certaines normes.[102] Ils servent de mécanismes pour appuyer certaines dispositions de traités ou à détailler certaines règles ou certains standards techniques nécessaires à la mise en œuvre d'un traité.[103] C'est également le cas des Lignes directrices de Bonn qui apportent des précisions concernant la CDB.[104] Les instruments de *soft law* présentent l'avantage de pouvoir facilement être modifiés lors d'avancées scientifiques ou de changements au niveau des priorités politiques. C'est particulièrement le cas pour les questions de régulation des risques environnementaux.[105]

94 Korkea-aho, 2013, pp. 160–161 ; voir aussi : Senden, 2004, pp. 118–120.
95 Senden, 2004, p. 120.
96 Korkea-aho, 2013, p. 160 ; voir aussi : Senden, 2004, pp. 118–120 ; Olsson, 2013, p. 196 ; Boyle, 1999, p. 904.
97 Fitzmaurice, 2003, p. 181 ; voir aussi : Shelton, 2000, p. 10 ; Chinkin, 2000, p. 31 ; Korkea-aho, 2013, p. 160.
98 Korkea-aho, 2013, p. 160.
99 Voir *infra* § 210.
100 Shelton, 2000, p. 12.
101 Shelton, 2000, p. 13 ; voir aussi : Chinkin, 2000, p. 31.
102 Korkea-aho, 2013, pp. 160–161 ; voir aussi : Senden, 2004, pp. 118–120 ; Olsson, 2013, p. 196.
103 Fitzmaurice, 2003, p. 181 ; voir aussi : Shelton, 2000, p. 10 ; Boyle, 1999, p. 905 ; Senden, 2004, pp. 118–120.
104 Voir *infra* § 207 ss.
105 Boyle, 1999, p. 905.

Ainsi, les instruments de *soft law* peuvent être utilisés pour amplifier l'interprétation de certains termes, voire les rendre plus affirmatifs et catégoriques.[106]

203. — Finalement, les instruments de *soft law* peuvent constituer une alternative à la *hard law*.[107] Les instruments de *soft law* peuvent se substituer à la *hard law* lorsqu'il n'existe pas de traité sur le sujet en question ou que la *hard law* est inefficace.[108] Ils permettent de pallier les vides juridiques laissés par la *hard law* sans qu'il soit nécessaire de lancer des procédures laborieuses d'amendement de traité.[109] Le principal avantage de la *soft law* est d'éviter le processus parfois difficile de création et de mise en oeuvre d'un traité. Lorsqu'un texte de *soft law* est accepté, aucune ratification n'est nécessaire et il prend immédiatement effet. De plus, les instruments de *soft law* sont plus souples que les outils juridiques conventionnels. Leur substitution, leur amendement et leur remplacement peuvent se faire plus facilement.[110] Les conséquences[111] pour les parties qui ne se conformeraient pas à un instrument de *soft law* sont également moins lourdes que lorsqu'il s'agit d'un traité.[112] Les instruments de *soft law* permettent aussi à certains États de s'engager dans des processus qui ne pourraient aboutir s'il s'agissait de *hard law,* car les oppositions politiques internes empêcheraient l'adoption d'un instrument contraignant.[113] Les instruments de *soft law* offrent la possibilité de disposer d'une alternative lorsque la mise en place de normes contraignantes n'est pas appropriée en raison d'incertitudes scientifiques ou lorsque la réponse à un problème n'a pas clairement été identifiée.[114] Ils représentent souvent un compromis entre les pays qui ne souhaitent pas la mise en place d'un instrument de réglementation et ceux qui aimeraient qu'un traité soit conclu.[115] L'instauration d'un instrument de *soft*

---

106 Boyle, 1999, p. 905.

107 Korkea-aho, 2013, p. 161 ; voir aussi : Senden, 2004, p. 120.

108 Shelton, 2000, p. 13.

109 Reincke/Witte, 2000, p. 110.

110 Boyle, 2006, p. 52 ; voir aussi : Boyle/Chinkin, 2007, p. 214 ; Fitzmaurice, 2003, pp. 176 et 180 ; Boyle, 1999, pp. 902–903 ; Shelton, 2000, p. 13 ; Chinkin, 2000, pp. 26–27.

111 Différentes mesures peuvent être prises à l'égard d'une partie qui ne respecte pas ses engagements face à un instrument de *soft law*. Les autres États parties à l'instrument de *soft law* ont tout d'abord la possibilité, à leur tour, de ne plus appliquer l'instrument en question. Il peut également résulter du non-respect d'un instrument de *soft law*, des pressions politiques ou économiques de la part des autres États. Flückiger, 2009, pp. 83–84, 87 ; voir aussi : Grnchalla-Wesierski, 1984, pp. 82–84.

112 Fitzmaurice, 2003, p. 180 ; voir aussi : Guzman/Meyer, 2010, p. 177 ; Boyle, 1999, p. 912.

113 Shelton, 2000, pp. 12, 237–238 ; voir aussi : Boyle, 1999, p. 903.

114 Shelton, 2000, pp. 13, 237–238.

115 Chinkin, 1989, p. 861.

law est préférable à une négociation d'un instrument contraignant qui n'aboutit pas ou qui aboutit à l'adoption d'un traité dont les dispositions sont vagues et édulcorées.[116] Néanmoins, il faut être conscient que la négociation et la mise en œuvre d'instruments de *soft law* sont parfois aussi complexes que celles qui mènent à l'adoption d'un traité.[117]

204. — Le nombre d'instruments de *soft law* a fortement augmenté avec la multiplication des institutions internationales. Le risque est grand d'assister à une prolifération d'instruments ainsi qu'à la création de plusieurs instruments émanant de différentes institutions et portant sur le même sujet. Des variations entre les textes peuvent les affaiblir et créer des incohérences. Pour pallier ces risques, une coordination et une coopération institutionnelle sont nécessaires.[118]

205. — Les codes de conduite sont l'un des types de *soft law* disponible. Ils édictent des règles comportementales. Bien que ne constituant que des recommandations, elles sont souvent scrupuleusement respectées par les États et les différents acteurs du monde maritime. Leur application est parfois meilleure que celle des traités, car les États ne se sentent pas contraints et n'ont aucune obligation de mettre en œuvre l'ensemble des prescriptions comme ce serait le cas pour une convention. L'aspect non contraignant des codes de conduite facilite l'actualisation de ceux-ci, contrairement à celle des conventions. Cela en fait des instruments souples et adaptables.[119] Les codes de conduite peuvent être composés de principes de nature générale et de directives fournissant des orientations plus précises, ces dernières permettant de mettre en pratique l'application des principes définis.[120] Les codes de conduite peuvent être adaptés à une activité ou à un secteur particulier. Dans le domaine environnemental, ils servent à minimiser les conflits entre États et les impacts sur l'environnement.[121]

206. — Les objectifs visés par les instruments de *soft law* sont divers. Comme les Lignes directrices de Bonn, ils peuvent s'adresser aux États,[122] mais également à des Organisations non gouvernementales (ONG), à des entreprises ou encore à des individus. Ils peuvent être utilisés spécifiquement pour viser des

116 Chinkin, 1989, p. 861.

117 Chinkin, 1989, p. 860.

118 Chinkin, 2000, p. 28.

119 Pancracio, 2010, p. 56 ; voir aussi : Doc. OSASTT UNEP/CBD/SBSTTA/11/11, p. 15.

120 Doc. OSASTT UNEP/CBD/SBSTTA/11/11, p. 14.

121 Doc. OSASTT UNEP/CBD/SBSTTA/11/11, p. 14.

122 Voir *infra* § 207.

acteurs privés, ce qui ne serait pas possible avec des traités.[123] Le fait qu'ils puissent réguler le comportement d'acteurs non étatiques, comme des entreprises multinationales, des ONG et des personnes en tant qu'individus, représente un avantage important.[124]

B Les Lignes directrices de Bonn

207. — Le but des Lignes directrices de Bonn était[125] d'aider les États parties à établir des stratégies ainsi qu'à identifier les étapes du processus en matière d'accès aux ressources génétiques et de partage des avantages. Les Lignes directrices sont une assistance offerte aux États parties lors de l'élaboration de mesures législatives, administratives et de politique générale ainsi que dans la négociation de leurs contrats réglant l'accès aux ressources génétiques et le partage des avantages.[126] Selon le texte des Lignes directrices elles-mêmes, les « Lignes directrices peuvent fournir des éléments pour la mise au point et l'élaboration de mesures législatives, administratives ou de politique générale sur l'accès et le partage des avantages, eu égard en particulier aux dispositions des articles 8 let. j, 10 let. c, 15, 16 et 19, ainsi que de contrats et autres arrangements à des conditions convenues d'un commun accord pour l'accès et le partage des avantages ».[127] Le champ d'application des Lignes directrices de Bonn s'étend à toutes les ressources génétiques et aux savoirs traditionnels associés couverts par la CDB ainsi qu'aux avantages résultants de l'utilisation de ces ressources, à l'exception des ressources génétiques humaines.[128]

208. — Les étapes du processus de partage des avantages et des bénéfices sont l'un des points importants développés par les Lignes directrices de Bonn. L'accent est mis sur l'importance et le contenu des CPCC, des CCCA et le partage des avantages.[129] Ces dispositions sont complétées par une liste exemplative[130] d'avantages monétaires et non monétaires au sens de la CDB.

---

123 Chinkin, 2000, pp. 35–36 ; voir aussi : Shaffer/Pollack, 2010, p. 719.

124 Reincke/Witte, 2000, p. 110.

125 Les Lignes directrices de Bonn constituaient le passage nécessaire entre la CDB, qui établit le cadre général en matière de partages des avantages et des bénéfices issus de l'exploitation des ressources génétiques, et un instrument spécifique contraignant sur le sujet, le Protocole de Nagoya, adopté en 2010.

126 Introduction des Lignes Directrices ; voir aussi : Glowka/Normand, 2013, p. 24 ; Arico/Salpin, 2005, pp. 40–41 ; Fascicule CDB : « www.cbd.int/abs/infokit/factsheet-bonn-fr.pdf » (consulté le 20.03.2017).

127 Section I let. A clause 1 Lignes Directrices.

128 Section I let. C clause 9 Lignes Directrices.

129 Section IV Lignes Directrices ; voir aussi : Jeffery, 2002, pp. 797–805.

130 Appendice 2 des Lignes Directrices.

Les Lignes directrices de Bonn sont établies sur une base volontaire, ce qui signifie que chaque État partie à la CDB est libre d'y souscrire s'il le souhaite. Ce texte n'a donc pas de force contraignante ;[131] il s'agit de *soft law.*

209. — Lors des négociations finales, les pays en développement ont fait part de leurs préoccupations. Selon eux, les responsabilités quant aux mesures nécessaires pour s'assurer du respect, par les pays utilisateurs, des règles relatives au partage des avantages et des bénéfices[132] étaient trop lourdement imputées aux pays fournisseurs des ressources. Suite à cette demande, les Lignes directrices de Bonn ont été adaptées pour que les pays utilisateurs des ressources prennent les mesures appropriées afin que les bioprospecteurs respectent les dispositions en vigueur dans les pays fournisseurs.[133] Malgré ce changement, plusieurs pays en développement sont restés sceptiques face aux Lignes directrices de Bonn. Ils leur reprochaient de ne pas être contraignantes et donc inefficaces ainsi que de favoriser l'accès aux ressources génétiques plutôt que le partage des avantages et bénéfices. Enfin, ils ont regretté que le texte n'ait pas fait l'objet d'un consensus général. S'ajoute à cela un contexte international tendu, marqué par les revendications d'ONG et de populations indigènes face à l'accroissement de l'importance des droits de propriété intellectuelle.[134]

210. — Bien que les Lignes directrices de Bonn aient rencontré un succès mitigé lors de leur adoption en 2002, elles auront permis d'entamer les discussions sur le sujet qui conduira à l'adoption du Protocole de Nagoya.

IV Le Protocole de Nagoya

A *L'historique et les buts du Protocole de Nagoya*

211. — Suite aux préoccupations soulevées par les pays en développement lors du Sommet Mondial sur le Développement Durable de Johannesburg en 2002, quelques mois après l'adoption des Lignes directrices de Bonn, les États parties à l'ONU ont souhaité ouvrir une négociation portant sur la mise en place d'un régime international visant à la promotion et à la sauvegarde du partage juste et équitable des bénéfices issus de l'utilisation de ressources génétiques. En réponse à cette demande, la Conférence des Parties (CdP)[135] de la CDB a mandaté, en 2004, un groupe de travail pour négocier un traité international

131 Section I let. A clause 7 Lignes Directrices.

132 Section II let. C clause 16 d Lignes Directrices.

133 Glowka/Normand, 2013, p. 25.

134 Bled, 2008, pp. 6–7.

135 COP 7 Décision VII/19.

visant à assumer la conservation de la diversité biologique, l'utilisation durable des éléments de la biodiversité, le partage juste et équitable des avantages découlant de l'exploitation des ressources génétiques[136] ainsi que l'accès aux ressources génétiques.[137] Il a été décidé que l'accord couvrirait aussi bien les questions d'accès que celles du partage des bénéfices, ces deux concepts étant interdépendants.[138]

212. — Le Protocole de Nagoya sur l'accès aux ressources génétiques et le partage juste et équitable des avantages découlant de leur utilisation a été adopté le 29 octobre 2010 par la 10e conférence des parties à la CDB à Nagoya au Japon, après plusieurs années de négociations.[139] Ce texte constitue « un accord entre États souverains par lequel ils définissent leurs droits et obligations réciproques. [...]. Pour l'essentiel, il s'agit d'obligations visant à établir un cadre sûr et ouvert, ainsi que des procédures transparentes quant à l'accès aux ressources génétiques (art. 13) afin d'en obtenir de justes contreparties ».[140] Bien qu'il s'agisse d'un accord passé entre des États, certaines personnes privées sont directement concernées par ces dispositions, telles que les chercheurs, les industries chimique, pharmaceutique, cosmétique ou encore agroalimentaire et les jardins botaniques ainsi que les populations indigènes.[141] Pour autant, le Protocole n'accorde pas de droit sur les ressources génétiques et leur environnement aux individus. Cette prérogative est réservée aux « communautés autochtones et locales ».[142] Ceci est du reste répété explicitement à de nombreuses reprises dans le Protocole de Nagoya.[143]

213. — Le Protocole de Nagoya vise en premier lieu la mise en œuvre du troisième objectif de la CDB, à savoir le partage juste et équitable des avantages découlant de l'utilisation des ressources génétiques.[144] Il traite de questions posées par l'article sur l'accès aux ressources génétiques[145] et sa portée s'étend aux ressources génétiques qui entrent dans le champ d'application de cet article, aux savoirs traditionnels associés à ces ressources génétiques ainsi qu'aux avantages découlant de ces ressources et de ces savoirs.[146] À travers le

136 Art. 1 CDB.
137 Art. 15 CDB.
138 Glowka/Normand, 2013, p. 26.
139 Protocole de Nagoya, Introduction.
140 Hellio, 2012, pp. 581–582.
141 Hellio, 2012, p. 582.
142 Hellio, 2012, pp. 582–583.
143 En particulier aux articles 5, 6, 7 Protocole de Nagoya.
144 Protocole de Nagoya, Introduction.
145 Art. 15 CDB.
146 Art. 3 Protocole de Nagoya.

Protocole, les pays fournisseurs signataires s'engagent à garantir une sécurité juridique accrue, une meilleure transparence ainsi qu'un accès facilité aux ressources par des règles de procédure claires, honnêtes et égales pour tous les États parties. En contrepartie, les utilisateurs des ressources génétiques et des savoirs traditionnels assurent aux titulaires des droits sur les ressources, de profiter des bénéfices monétaires et/ou non monétaires[147] de l'exploitation de ces ressources.[148] Au surplus, en assurant des retombées économiques et/ou sociales positives, le Protocole devrait, de manière indirecte, contribuer à encourager la conservation de la biodiversité ainsi qu'une utilisation durable de ses éléments constitutifs par les pays fournisseurs et leurs populations.[149] Approuvé le 21 mars 2014 par l'Assemblée fédérale, ce texte est entré en vigueur pour la Suisse le 12 octobre 2014.

214. — C'est à la suite de difficiles pourparlers entre de nombreux États aux intérêts divergents, en particulier les pays industrialisés, principaux utilisateurs des ressources génétiques, et des pays en développement, principaux fournisseurs de ces mêmes ressources, que le Protocole de Nagoya a vu le jour. La ratification puis la mise en œuvre du Protocole permettent aux entreprises d'entreprendre des activités de bioprospection, destinées à des secteurs aussi divers que l'industrie pharmaceutique, chimique, alimentaire entre autres, dans les meilleures conditions. Bien que le résultat obtenu ne soit pas parfait et qu'il reste des questions en suspens quant à son application par les États parties, la signature de ce Protocole représente une réussite en soi. En effet, il n'a pas été facile de concilier les intérêts des pays en développement et de leurs populations indigènes[150] avec ceux des chercheurs, tant académiques qu'industriels, issus pour le moment encore principalement des pays industrialisés.[151] À travers le Protocole de Nagoya, « les pays industrialisés et les pays en développement ont réussi à trouver un accord sur une problématique dans laquelle apparaissent de grandes divergences nord-sud, mais également des difficultés liées à d'importantes différences culturelles : il n'est par exemple pas

147 Art. 15–19 CDB, participation à la recherche biotechnologique, transfert de technologie, accès prioritaire aux résultats et aux bénéfices issus de biotechnologies basées sur des ressources génétiques indigènes ; voir aussi : Lignes directrices de Bonn, Section IV, § 46 et appendice II.

148 Kamau/Fedder/Winter, 2010, pp. 250–252.

149 Protocole de Nagoya, Introduction.

150 Les populations indigènes sont entre autres garantes de la préservation des écosystèmes dans lesquels elles vivent et des savoirs traditionnels développés par leurs ancêtres. Kraus/Wyssbrod, 2013, pp. 1–2.

151 Kraus/Wyssbrod, 2013, pp. 1–2.

facile de concilier les intérêts des chercheurs occidentaux avec ceux de populations indigènes qui ne connaissent pas le même régime de propriété ».[152]

215. — Le Protocole de Nagoya présente la particularité de fonctionner à plusieurs niveaux de gouvernance. Il va au-delà des considérations traditionnelles du droit international public en régulant non seulement les relations entre États, mais aussi celles entre les États, les communautés indigènes et locales, le secteur privé et les ONG. En cela, le Protocole de Nagoya est un bon exemple de droit environnemental global. Ce texte constitue une expérience en soi, car le système mis en place doit être flexible dans la mesure où il s'agit d'un premier essai légal et pratique impliquant la coopération des États, des communautés indigènes locales, du secteur privé et des ONG dans le domaine de la biodiversité. De plus, le Protocole de Nagoya constitue un cadre très général qui doit obligatoirement s'appuyer sur les droits nationaux des États parties et la coopération des acteurs privés pour être efficace.[153]

216. — Le Protocole de Nagoya repose sur deux principes de base déjà établis dans la CDB. Tout d'abord, le droit souverain de l'État sur ses ressources ;[154] ensuite, le rapport bilatéral entre le fournisseur et l'utilisateur[155] des ressources en question[156] dans une perspective de partage des avantages et des bénéfices. Différents outils viennent se greffer sur ces deux principes. Lorsqu'un utilisateur potentiel souhaite obtenir le droit d'utilisation sur une ressource génétique ou un savoir traditionnel, il doit, dans un premier temps, obtenir le CPCC du pays fournisseur et dans certains cas de la communauté indigène concernée. Ensuite, il lui est possible de conclure un accord avec ces mêmes acteurs sous la forme d'un CCCA.[157] Suite à ces démarches, l'utilisateur peut disposer des ressources en question en respectant la législation de son propre pays. De cette manière, le pays fournisseur s'assure de conserver des droits sur les ressources qu'il met à disposition et les utilisateurs bénéficient d'un accès facilité aux ressources en matière de procédure et se protègent des problèmes qui pourraient survenir avec le pays fournisseur. Les discussions relatives à la mise en œuvre du Protocole de Nagoya ont relevé que les pays parties à la CDB devront encore se mettre d'accord sur la manière d'appliquer certaines des normes du Protocole de Nagoya et gérer les interactions entre le

---

152 Kraus/Wyssbrod, 2013, pp. 1–2.

153 Morgera/Buck/Tsioumani, 2013, p. 10.

154 Principe se trouvant à l'art. 15 al. 1 CDB et réaffirmé dans le Protocole de Nagoya.

155 Acteurs clairement définis.

156 Salpin, 2013, p. 174.

157 Art. 18 Protocole de Nagoya.

Protocole, certains autres traités et les usages en vigueur en droit international public.[158]

217. — Le Protocole de Nagoya développe certains principes énoncés dans la CDB et ajoute certaines innovations. Les principes suivants sont ainsi particulièrement importants pour l'exploitation des ressources génétiques :

- l'extension du protocole aux composants biochimiques, même si ceux-ci ne sont pas associés aux ressources génétiques ;[159]
- la reconnaissance des bénéfices non monétaires et du lien entre le partage des bénéfices et la conservation de la biodiversité ;[160]
- le développement des moyens législatifs et réglementaires pour faire respecter les CPCC et les CCCA dans les droits internes ;[161]
- l'établissement d'un certificat reconnu à l'échelle internationale permettant d'attester que l'accès aux ressources génétiques a fait l'objet d'un CPCC et d'un CCCA ;[162]
- le développement des droits accordés aux communautés indigènes quant à l'accès aux ressources génétiques et aux savoirs traditionnels et au partage des bénéfices découlant de leur utilisation.[163]

218. — L'accès aux ressources génétiques et le partage des avantages qui en découlent constituent les deux axes principaux du Protocole de Nagoya. En ce qui concerne cet accès, le Protocole de Nagoya a pour but d'encourager les États parties à mettre en place dans leur législation une procédure claire, transparente, qui respecte les impératifs temporels et qui est capable de concilier les intérêts de plusieurs acteurs[164] dans l'établissement de CPCC et CCCA.[165] Quant au partage des avantages, le Protocole de Nagoya va au-delà de ce qui est prescrit dans la CDB. Il détermine les activités qui sont susceptibles d'engendrer un partage des avantages et des bénéfices,[166] il suggère que les avantages

158 Morgera/Buck/Tsioumani, 2013, p. 12 ; voir aussi : Morgera, 2011, p. 189.

159 Glowka/Normand, 2013, p. 28.

160 Glowka/Normand, 2013, p. 28.

161 Glowka/Normand, 2013, p. 28.

162 Art. 17 al. 3 et 4 Protocole de Nagoya ; voir aussi : Glowka/Normand, 2013, p. 28 ; Kamau/Fedder/Winter, 2010, p. 253.

163 Glowka/Normand, 2013, p. 28.

164 C'est parfois une tierce personne qui réalise la commercialisation d'un produit à base de ressources génétiques et non celui qui a effectué la recherche de base.

165 Glowka/Normand, 2013, pp. 29–31 ; voir aussi : Joseph, 2010, p. 87.

166 L'article 5 al. 1 Protocole de Nagoya précise que « les avantages découlant de l'utilisation des ressources génétiques et des applications et de la commercialisation subséquentes sont partagés [...] ».

peuvent être aussi bien monétaires que non monétaires et, finalement, il précise que le partage des avantages se fait dans une perspective de conservation et d'utilisation durable de la biodiversité.[167] Le plus grand apport du Protocole de Nagoya est probablement l'adjonction de dispositions qui visent le respect des exigences du système d'accès et du partage des avantages[168] en réponse aux demandes des pays en développement.[169]

219. — Le champ d'application géographique et temporel du Protocole de Nagoya a été longuement discuté et débattu lors des négociations. Il a finalement été décidé qu'il serait applicable uniquement aux ressources génétiques qui entrent dans le champ d'application de l'article 15 CDB.[170] De ce fait, le Protocole de Nagoya n'est pas applicable aux ressources génétiques se trouvant au-delà des limites de la ZEE et des marges du plateau continental des États parties au Protocole,[171] c'est-à-dire aux RGM hors zones.

220. — Bien que le Protocole de Nagoya, comme la CDB, ne puisse être appliqué aux RGM hors zones dans la mesure où le principe de souveraineté des États sur leurs propres ressources n'est pas applicable à ces espaces, les développements réalisés dans le cadre du Protocole de Nagoya sur le principe de partage des avantages et des bénéfices pourraient servir de source d'inspiration pour un nouveau traité propre à ce type de ressources génétiques marines.

221. — D'une manière plus générale, si le Protocole de Nagoya apporte de nombreuses améliorations dans le domaine de l'accès aux ressources génétiques et le partage des avantages découlant de l'utilisation de celles-ci, la portée de son impact dépendra probablement de la manière dont les différents États parties appliqueront ces principes très généraux qui leur laissent une grande marge de manœuvre.

B *La détermination de la source des ressources génétiques en vue du partage des avantages et des bénéfices*

222. — Jusqu'à la fin des années 1980, alors que les ressources génétiques étaient considérées comme « patrimoine commun de l'humanité », l'identification de

---

167 Glowka/Normand, 2013, pp. 31–34.

168 Art. 15, 17, 18 Protocole de Nagoya.

169 Joseph, 2010, p. 90 ; voir aussi : Glowka/Normand, 2013, pp. 34–39, Buck/Hamilton, 2011, pp. 52–54.

170 Art. 3 Protocole de Nagoya ; voir aussi : Glowka/Normand, 2013, pp. 42–43 ; Buck/Hamilton, 2011, p. 57.

171 Proless, 2008, p. 422.

la source[172] d'une ressource génétique n'était pas pertinente. La nécessité de déterminer la source est apparue avec l'adoption de la CDB, qui prévoit l'application du principe de souveraineté sur les ressources génétiques et le partage des avantages et des bénéfices avec le pays fournisseur de la ressource.[173]

223. — La détermination de l'origine d'une ressource est très difficile à établir. Il est très rare qu'une ressource génétique soit confinée à un territoire étatique donné. De nombreuses ressources sont présentes dans plusieurs pays, parfois éloignés géographiquement. Cet état de fait est particulièrement vrai pour les organismes marins qui se déplacent très facilement d'une zone relevant d'une juridiction nationale à celle d'une autre juridiction nationale, mais aussi au-delà, c'est-à-dire hors de la juridiction nationale d'un quelconque État.[174] De plus, le temps écoulé entre la collecte et l'application commerciale est souvent long, ce qui rend la traçabilité des ressources plus difficile.[175] Du reste, il s'avère parfois que la finalité du matériel récolté diffère de l'intention première d'utilisation. Ainsi, une entreprise biotechnologique pourrait récupérer et utiliser les prises accessoires de certains navires de pêche pour ses recherches.[176]

224. — Afin de déterminer la source des ressources génétiques, les pays en développement ont imaginé un système de certificat comme référence internationale. L'idée du certificat d'origine était d'attribuer à chaque ressource une origine unique. Toutefois, compte tenu de la complexité du système et de la quantité de ressources génétiques, cette approche a été abandonnée au profit du certificat de source. Ce dernier permet simplement d'attester qu'une ressource a été obtenue auprès d'un pays fournisseur précis.[177] Probablement trop contraignant, ce système n'a pas été retenu dans le Protocole de Nagoya.

---

172 Art. 17 al. 1 let. a) i Protocole de Nagoya ; voir aussi : Suisse, art. 49a LBI ; dans le Préambule, § 27 Directive 98/44/CE, qui est antérieur au Protocole de Nagoya et à la LBI, le terme de « lieu géographique d'origine » est utilisé. Le terme de « source » couvre non seulement le « lieu géographique d'origine » au sens de la Directive 98/44/CE, mais également le « pays fournisseur de ressources génétiques » au sens de l'art. 2 CDB ainsi que d'autres origines (banques de gènes, jardins botaniques, banques de données et publications scientifiques, système multilatéral de la FAO), Message concernant la modification de la loi sur les brevets et l'arrêté fédéral portant approbation du Traité sur le droit des brevets et du Règlement d'exécution du 25 novembre 2005, FF 2006, p. 76.

173 Noiville, 2005, pp. 178–179 ; voir aussi : Noiville, 1997, pp. 324–327.

174 Doc. ONU A/62/66/Add.2, p. 55 ; voir aussi : Doc. ONU A/59/122 pp. 22–23 ; He, 2014, p. 543 ; Long/Rodriguez Chaves, 2015, p. 222.

175 Doc. ONU A/59/122, pp. 22–23.

176 Noiville, 1997, p. 372.

177 Bled, 2008, p. 10.

C'est une démarche plus simple qui prévaut aujourd'hui. Bien que celle-ci soit quasi impossible à contrôler, la mention de la source des ressources génétiques est ainsi la solution qui a été choisie que ce soit pour un dépôt de brevet uniquement[178] ou de manière plus large.[179] Pour autant que le prospecteur et l'utilisateur soient de bonne foi, cette méthode permet de tracer la ressource et de déterminer sa source.[180] Ce système est complété par un certificat de conformité qui atteste qu'un CCCA et qu'un CPCC ont été obtenus[181] ainsi que par les mesures adoptées par les pays fournisseurs. Il appartient à ceux-ci de mettre en place des législations internes réglementant l'accès aux ressources génétiques se situant sur leur propre territoire.[182] La combinaison de ces deux outils est particulièrement indiquée lorsqu'une ressource génétique est issue d'une zone relevant d'une juridiction nationale en particulier. Par contre, lorsqu'il s'agit de ressources se déplaçant facilement et fréquemment sur plusieurs zones, comme les poissons, les mammifères marins ou les microbes marins, la situation se complique. Pour ce qui est du domaine de la pêche, une autre solution que celle de la détermination de la source a été choisie. Un accord spécifique règlemente ainsi l'exploitation des stocks de poissons chevauchants et des stocks de poissons grands migrateurs. Il s'agit de l'Accord sur les stocks chevauchants et les grands migrateurs.[183] Celui-ci étant spécifique aux questions de pêche, il est difficile d'imaginer qu'un tel accord soit transférable dans le domaine de l'accès et du partage des avantages des bénéfices tirés de l'utilisation des ressources génétiques.[184]

225. — Ainsi, si les chercheurs des États parties au Protocole de Nagoya sont tenus d'indiquer la source des ressources génétiques qu'ils utilisent dans leur demande de brevet et que certains pays ont déjà intégré une telle obligation dans leur législation nationale,[185] les chercheurs d'États non parties au Protocole de Nagoya ne sont pas tenus de respecter cet engagement. C'est en particulier le cas des chercheurs américains, les États-Unis estimant que

---

178 Union européenne : Directive 98/44/EC, Préambule, § 27 ; Suisse : art. 49a LBI ; voir aussi : Noiville, 1997, pp. 383–385.

179 Dans la législation suisse : articles 23n et 23o Loi fédérale sur la protection de la nature et du paysage (LPN) du 1er juillet 1966 (RS 451).

180 Noiville, 1997, pp. 384–385.

181 Art. 17 al. 3 et 4 Protocole de Nagoya.

182 Site *The access and benefit sharing clearing-house* de la CDB : « absch.cbd.int/search/MSR » (consulté le 20.03.2017).

183 Voir *infra* § 262.

184 Salpin, 2013, p. 173.

185 Entre autres l'Union européenne, Préambule, § 27 Directive 98/44/EC, la Suisse, art. 49a LBI, la Norvège, Patent Act, May 7, 2004, § 8(b), Heafey, 2014, pp. 514–516.

l'obligation de dévoiler la source de la ressource génétique est une entrave à la recherche et au développement.[186]

V L'Organisation des Nations Unies pour l'alimentation et l'agriculture

A *Le Traité international sur les ressources phytogénétiques pour l'alimentation et l'agriculture*

226. — La FAO est une institution spécialisée de l'ONU. Elle travaille pour le développement du droit de l'agriculture et de la pêche ainsi qu'à la promotion de l'implémentation d'outils pour réguler ces domaines.[187]

227. — Le Traité international sur les ressources phytogénétiques pour l'alimentation et l'agriculture (TIRPGAA)[188] de la FAO a été adopté le 3 novembre 2001 et est entré en vigueur le 29 juin 2004. Il a pour objectif d'assumer « la conservation et l'utilisation durable des ressources phytogénétiques pour l'alimentation et l'agriculture et le partage juste et équitable des avantages découlant de leur utilisation en harmonie avec la Convention sur la diversité biologique, pour une agriculture durable et pour la sécurité alimentaire ».[189] Comme dans la CDB et le Protocole de Nagoya, le principe de souveraineté des États sur leurs propres ressources est fondamental.[190] Les parties au traité conviennent d'un système multilatéral permettant de favoriser l'accès aux ressources et visant à partager les avantages et les bénéfices de manière juste et équitable.[191] Le traité prévoit le partage des avantages sous la forme d'échange d'informations, d'accès aux technologies et de transfert de ces dernières, ainsi que le versement de compensations dans un fonds visant essentiellement à aider les petits agriculteurs des pays en développement.[192] Le traité s'applique à plus d'une soixantaine d'espèces cultivées et plantes fourragères.[193] Compte tenu du principe de souveraineté des États sur leurs propres ressources et du fait que le traité s'applique exclusivement à des plantes cultivées sur la terre ferme, le TIRPGAA n'est pas applicable à l'exploitation des RGM hors zones.

186 Heafey, 2014, p. 516.
187 Boyle/Chinkin, 2007, pp. 126–128 ; voir aussi : Harrison, 2011, pp. 204–205.
188 Traité international sur les ressources phytogénétiques pour l'alimentation et l'agriculture (RS 0.910.6).
189 Art. 1 TIRPGAA.
190 Art. 10 TIRPGAA.
191 Art. 11 et 13 TIRPGAA.
192 Art. 13 TIRPGAA.
193 Appendice 1 TIRPGAA.

B *Les instruments de* soft law *de l'Organisation des Nations Unies pour l'alimentation et l'agriculture*

228. — Parallèlement aux instruments contraignants comme le TIRPGAA, la FAO élabore également différents instruments de *soft law* comme des directives, des codes de conduite et des plans d'action.[194] Ces instruments sont non contraignants et indicatifs. En particulier, les directives de la FAO pour la protection des poissons d'eau profonde préconisent l'adoption de mesures dans le but de parvenir à une gestion rigoureuse des pêcheries de haute mer.[195]

229. — En 1995, la FAO a adopté un Code de conduite pour une pêche responsable en complément de l'Accord visant à favoriser le respect, par les navires de pêche en haute mer, des mesures internationales de conservation et de gestion[196] de 1993. Ce Code de conduite est non contraignant.[197] Il instaure les principes devant réglementer la pêche responsable en appréhendant la problématique dans sa globalité.[198] Il ne se limite pas à la pêche en haute mer, mais traite de questions relatives à la pêche en général, à la capture, au commerce, et à des questions environnementales.[199] Il reflète en partie des règles de droit internationales établies qui relèvent du droit coutumier et contribue aussi à faire progresser[200] le droit de la pêche.[201]

230. — La FAO a également établi des plans d'action pratiques et ciblés indiquant aux États les mesures concrètes à prendre. Quatre plans d'action ont été adoptés depuis 1999 : le plan d'action international pour la gestion de la capacité de pêche, le plan d'action international visant à réduire les captures accidentelles d'oiseau de la mer par les palangriers,[202] le plan d'action

194 Scovazzi, 2000, p. 133 ; voir aussi : Churchill/Lowe, 1999, p. 303 ; Harrison, 2011, p. 207.

195 Pancracio, 2010, p. 56 ; voir aussi : Le Hardy, 2002, p. 110.

196 Cet Accord a pour but de favoriser le respect, par les navires qui pêchent en haute mer, des mesures internationales de conservation et de gestion ainsi que de prévenir le non respect des réglementations internationales relatives aux pêches par des bateaux ayant changé de pavillon afin d'éviter d'être soumis à certaines réglementations. Churchill/Lowe, 1999, p. 303 ; voir aussi le site de la FAO : « www.fao.org/fishery/code/fr » (site consulté le 20.03.2017).

197 Art. 1.1 Code de conduite pour une pêche responsable, Organisation des Nations Unies pour l'alimentation et l'agriculture, Rome, 1995 ; voir aussi : Fitzmaurice, 2012, p. 205.

198 de Marffy, 2005, pp. 32–33 ; voir aussi : Boyle, 2006, p. 50.

199 Churchill/Lowe, 1999, p. 304 ; voir aussi : Fitzmaurice, 2012, pp. 205–206.

200 Par exemple art. 6.1 Code de conduite pour une pêche responsable.

201 Scovazzi, 2000, p. 138.

202 Navires de pêche munis de lignes comportant des hameçons.

international pour la conservation et la gestion des requins, et enfin le plan d'action international pour prévenir et éliminer la pêche illégale.[203]

231. — Bien que ces différents codes, plans d'action et directives de la FAO ne contiennent pas de dispositions propres aux RGM hors zones, ils ont toute leur importance puisqu'ils ont tous un effet positif indirect sur le maintien de la diversité des ressources génétiques marines et de la préservation de la biodiversité océanique en général, étant donné qu'ils visent à assurer leur protection.

VI La Convention sur le commerce international des espèces de faune et de flore sauvages menacées d'extinction (CITES)

232. — Adoptée en 1973 et entrée en vigueur en 1975, la CITES est un accord international entre États qui a pour but de « veiller à ce que le commerce international des spécimens d'animaux et de plantes sauvages ne menace pas la survie des espèces auxquelles ils appartiennent ».[204] Contrairement aux précédents accords conventionnels du domaine, la CITES n'est pas fondée sur un système spatial de protection, mais sur une activité déterminée, le commerce international d'espèces sauvages.[205] Si le bien-fondé d'une telle convention parait aujourd'hui évident, il n'en allait pas de même dans les années 1960, lorsque l'idée de la nécessité d'un tel traité est apparue. Compte tenu de l'aspect lucratif de ce marché, le commerce international d'espèces sauvages étant estimé à des centaines de milliards de dollars par an,[206] l'importance de ce traité ne fait pas de doute. Le commerce auquel il s'applique porte sur des plantes et des animaux vivants, mais aussi divers produits dérivés, entre autres des produits alimentaires ou des médicaments. La CITES est un accord contraignant.[207]

233. — La CITES est applicable aux espèces qu'elle répertorie par liste. Ainsi, le commerce international des spécimens visés par la CITES est contrôlé, réglementé, parfois interdit. Les importations, exportations, réexportations et introductions en provenance de la mer[208] de spécimens des espèces listées

203 de Marffy, 2005, p. 33.

204 La CITES en bref : « cites.org/fra/disc/what.php » (consulté le 20.03.2017).

205 Kiss/Beurier, 2010, p. 335.

206 En 2005, le commerce international d'espèces sauvages était estimé à 346 milliards de dollars par an. CITES, 2012, p. 3 ; Pour l'Europe en 2005, l'importation d'espèces sauvages atteignait 93 milliards d'Euros. Engler/Parry-Jones, 2007, p. 6.

207 La CITES en bref : « cites.org/fra/disc/what.php » (consulté le 20.03.2017).

208 Art. 1 let. c CITES.

dans les annexes font l'objet d'autorisations délivrées par des permis. Il existe trois sortes de listes : L'Annexe I couvre toutes les espèces menacées d'extinction, leur commerce n'étant autorisé qu'à titre exceptionnel et à certaines conditions strictes. L'Annexe II englobe les espèces qui, bien que n'étant pas directement menacées d'extinction, doivent être réglementées afin d'éviter que leur commerce mène à une exploitation incompatible avec leur survie. L'Annexe III comprend pour sa part les espèces protégées dans un pays qui demande aux autres États parties à la convention de les aider dans le contrôle du commerce de l'espèce. En 2013, environ 5000 espèces animales et 28'000 espèces végétales appartiennent à l'une des trois catégories décrites ci-dessus et bénéficient d'une protection par la CITES.[209] Bien que la mise en pratique des principes du traité soit parfois difficile, en particulier dans les pays du Sud, des efforts constants sont consentis afin de lutter contre les fléaux que sont le braconnage et l'exportation en contrebande.[210] Même si de nombreuses espèces listées dans la CITES ne sont pas en voie d'extinction, ce traité permet de garantir un commerce durable et encourage la préservation des ressources biologiques, et donc génétiques marines, pour l'avenir.

234. — En effet, les organismes marins ne sont pas épargnés par les activités commerciales et ils sont nombreux à apparaître dans l'une des Annexes de la CITES.[211] « [L]'introduction en provenance de la mer »[212] est explicitement considérée comme l'une des formes de commerce couverte par la convention. Il s'agit en fait du « transport, dans un État, de spécimens d'espèces qui ont été pris dans l'environnement marin n'étant pas sous la juridiction d'un État ».[213] Certains organismes de la haute mer et des grands fonds marins sont donc couverts par la CITES qui ne se limite pas aux zones relevant de la juridiction nationale des États parties. Bien qu'aucun article de la CITES ne traite expressément de l'exploitation des RGM hors zones, cette Convention permet néanmoins de promouvoir la gestion et l'utilisation durable des organismes marins issus de ces espaces.[214]

---

209 Site internet CITES : « cites.org/fra/disc/what.php » (consulté le 20.03.2017).

210 Kiss/Beurier, 2010, pp. 340–342.

211 On y trouve, entre autres, des espèces de tortues marines, de cétacés, de requins, d'hippocampes, de poissons, de coraux et de coquillages.

212 Art. 1 let. c CITES.

213 Doc. ONU A/60/63/Add.1, p. 77.

214 Doc. ONU A/60/63/Add.1, p. 77 ; voir aussi : Doc. ONU A/59/62/Add.1, p. 77, Gorina-Ysern/Jones, 2006, p. 258.

VII Conclusion

235. — La CDB, le Protocole de Nagoya et le TIRPGAA réglementent l'exploitation des ressources génétiques marines issues d'espaces placés sous la juridiction nationale d'un État. Le principe de souveraineté des États sur leurs ressources constitue la pierre angulaire de ces différents régimes. Ces textes proposent un cadre légal pour l'exploitation des ressources génériques sur le territoire des États parties, mais pas au-delà. Ainsi, ils ne sont pas applicables à l'exploitation des RGM hors zones. Quant à la CITES, bien que son application ne soit pas limitée aux frontières des États, elle n'apporte pas de solutions directes concernant l'exploitation de ces ressources. Nous allons donc examiner maintenant si et dans quelle mesure le droit de la mer apporte plus de réponses à la problématique. La troisième partie de la thèse analysera la possibilité d'appliquer le même régime aux ressources génétiques marines issues d'espaces situé sous la juridiction nationale de pays parties à la CDB qu'aux RGM hors zones. Il s'agira finalement de déterminer dans quelle mesure les principes de partage des avantages et des bénéfices ainsi que de protection de la biodiversité marine peuvent être appliqués dans la mise en place d'un nouveau régime propre à l'exploitation des RGM hors zones.

CHAPITRE 7

Le droit de la mer

I Introduction

236. — Le droit de la mer régit les océans. Il a d'abord été coutumier. De premières conventions écrites ont vu le jour durant la seconde moitié du XIXe siècle, et ce n'est que dans le courant du XXe siècle que le droit de la mer a été plus largement codifié.[1] La convention la plus importante aujourd'hui en droit de la mer est la CNUDM. Adoptée par la Troisième Conférence des Nations Unies sur le droit de la mer en 1982, celle-ci n'est entrée en vigueur qu'en 1994. La CNUDM couvre tous les domaines relatifs au droit de la mer, de l'exploitation de ses ressources, qu'elles soient biologiques, génétiques ou minérales, à la navigation.[2] Afin de comprendre pourquoi et comment la CNUDM est applicable aux RGM hors zones, un bref historique ainsi que les buts de cette convention sont tout d'abord exposés, puis la terminologie des différentes zones maritimes définies est examinée (II).

237. — Suite à la signature de la CNUDM en 1982, différents traités du domaine des affaires maritimes ont été adoptés. Deux d'entre eux sont particulièrement importants, car il modifie pour le premier, et complète pour le second, la CNUDM. Ainsi ils constituent de bons exemples d'amendements et d'instruments indépendants relatifs à la CNUDM. Il s'agit de l'Accord relatif à l'application de la Partie XI de la Convention des Nations Unies sur le droit de la mer du 10 décembre 1982 et de l'Accord sur les stocks chevauchants et les grands migrateurs. L'importance de ces deux accords relatifs à l'application de la CNUDM découle du fait qu'ils ont été négociés dans le but de rectifier des problèmes ou des omissions identifiés dans le régime juridique de la CNUDM.[3] Ces deux Accords pourraient servir d'exemples à un nouvel accord sur l'exploitation des RGM hors zones (III). C'est à cette fin qu'ils sont pertinents pour cette thèse, au même titre que le Traité sur l'Antarctique qui est indépendant de la CNUDM (IV). Finalement, les commissions internationales et régionales des pêches et leur rôle dans le système de la gestion des océans seront étudiés (V).

1 Pancracio, 2010, p. 29.
2 Salpin, 2013, p. 150.
3 Harrison, 2011, pp. 85–86.

 | DOI 10.1163/9789004352094_011

II La Convention des Nations Unies sur le droit de la mer (CNUDM)

A *Historique et buts*

238. — Le principe de liberté des mers, issu de la coutume,[4] a longtemps prévalu sur les océans. Il a été consacré et codifié dans les Conventions de Genève[5] de 1958.[6] Mais le droit « classique » de la mer a, jusque dans les années 1970, été dicté par les États possédant une flotte maritime. La situation a commencé à évoluer avec la fin du colonialisme et l'avènement de nouveaux États en développement. Ceux-ci souhaitant également obtenir une partie des bénéfices, le droit de la mer a peu à peu fait l'objet d'une mutation.[7]

239. — Tant que la mer était principalement utilisée pour la navigation et la pêche, les puissances maritimes avaient intérêt à ce que la mer territoriale soit limitée au minimum[8] et que le principe de liberté des océans soit étendu à son maximum.[9] L'essor technologique, permettant l'exploitation des ressources pétrolières du sous-sol, ainsi que l'explosion démographique, qui nécessite une augmentation des ressources alimentaires, ont modifié le point de vue des États côtiers, dont les grandes puissances maritimes font partie. Ainsi, les États-Unis, suivis par les pays d'Amérique latine, ont déclaré leur souveraineté sur le plateau continental à la fin des années 1940.[10] Ce principe fut consacré par la Convention sur le plateau continental en 1958.[11] En revanche, la colonne d'eau demeurait soumise au principe de liberté de la mer.[12]

---

4 Pour plus de détails sur l'évolution de la coutume relative au droit de la mer, voir : Caminos, 1985, pp. 53–58.

5 Le terme *Conventions de Genève* couvre quatre conventions : la Convention sur la haute mer, conclue à Genève le 29 avril 1958 (RS 0.747.305.12) ; la Convention sur le plateau continental, conclue à Genève le 29 avril 1958 (RS 0.747.305.13) ; la Convention sur la mer territoriale et la zone contiguë, conclue à Genève le 29 avril 1958 (RS 0.747.305.11) ; la Convention internationale sur la pêche et la conservation des ressources biologiques de la haute mer, conclue à Genève le 29 avril 1958 (RS 0.923.05). À noter que ces conventions n'ont obtenu qu'un faible taux de participation et que, par conséquent, elles ne liaient juridiquement que peu d'États. Caminos, 1985, p. 75.

6 Dupuy/Vigne, 1985, p. XIV.

7 Dupuy/Vigne, 1985, p. XV ; voir aussi : de Marffy, 1985, p. 123 ; Pancracio, 2010, p. 30 ; Tanaka, 2015, p. 25.

8 La mer territoriale ne s'étendait que sur une largeur de 3 milles.

9 Dupuy/Vigne, 1985, p. XV.

10 Bennouna, 1985, p. 4 ; voir aussi : Pancracio, 2010, p. 33 ; Rothwell/Stephens, 2016, p. 11 ; Tanaka, 2015, pp. 21–22 ; Lucchini/Voelckel, 1996, pp. 415–418.

11 Art. 2 Convention sur le plateau continental.

12 Art. 3 Convention sur le plateau continental et art. 1–2 Convention sur la haute mer.

240. — À la fin des années 1960, suite à la déclaration par l'assemblée générale des Nations Unies considérant le fond des océans comme « l'héritage commun de l'humanité », il fallut convoquer une conférence pour définir géographiquement le plateau continental.[13] Il apparut inévitable aux Nations Unies qu'une révision du droit de la mer dans son ensemble était nécessaire.[14] Les négociations furent longues et difficiles,[15] d'autant qu'elles réunissaient des groupes[16] de pays dont les intérêts s'enchevêtraient parfois de manière très complexe.[17] Bien que les États participants souhaitaient élaborer une convention couvrant tous les domaines du droit de la mer, les divisions profondes subsistant entre eux lors de la rédaction de la CNUDM expliquent les limites de son contenu.[18] La CNUDM fut adoptée en 1981 par un vote majoritaire marqué par le refus des États-Unis et l'abstention de plusieurs pays d'Europe occidentale.[19] Elle fut ouverte pour signature à partir de décembre 1982 et devait entrer en vigueur[20] douze mois après la 60e ratification.[21] La partie sur la Zone et son exploitation[22] ne convenait pas aux États industrialisés,[23] entre autres pour des raisons financières.[24] Il fallut finalement, en 1994, l'adjonction à la convention de l'Accord relatif à l'application de la Partie XI de la Convention des Nations Unies sur le droit de la mer du 10 décembre 1982 (Accord relatif

13 Dupuy/Vigne, 1985, p. XVI ; voir aussi : Bennouna, 1985, p. 4.

14 En raison principalement de la présence de nouveaux États issus de la décolonisation et dont les intérêts divergeaient de ceux des grandes puissances maritimes jusqu'alors toutes puissantes. Dupuy/Vigne, 1985, p. XVI.

15 Elles n'aboutirent qu'en 1982.

16 Parmi les principaux groupes figurent : les États côtiers, les États sans littoral, les pays géographiquement désavantagés, les pays géographiquement proches, les pays industrialisés, les pays en développement, les cinq puissances navales (USA, URSS, France, GB, Japon) ; voir aussi : Oxman, 1985, pp. 149–150 ; voir aussi : Lucchini/Voelckel, 1990, pp. 83–84.

17 Dupuy/Vigne, 1985, p. XVII.

18 Dupuy/Vigne, 1985, pp. XVIII–XIX.

19 Tanaka, 2015, p. 29.

20 Art. 308 al. 1 CNUDM.

21 Le fait qu'aucune réserve ou exception autres que celles expressément autorisées par certains articles ne peuvent être émises et que seules les déclarations ne visant pas à exclure ou à modifier l'effet juridique des dispositions de la convention sont autorisées (art. 309–310 CNUDM) a eu pour conséquence la lenteur de la ratification du traité par les États. Rothwell/Stephens, 2016, pp. 17–18 ; voir aussi : Pastor Ridruejo, 1998, pp. 235 et 261.

22 Partie XI CNUDM.

23 Avec les États-Unis à la tête du mouvement.

24 Rothwell/Stephens, 2016, pp. 17–18 ; voir aussi : Pastor Ridruejo, 1998, pp. 235 et 261 ; Churchill/Lowe, 1999, p. 19.

à l'application de la Partie XI CNUDM)[25] pour que la situation se débloque et que la CNUDM soit ratifiée par la majeure partie des pays[26] de la communauté internationale.[27]

241. — Depuis 1984, le droit de la mer est à l'agenda de l'Assemblée générale de l'ONU.[28] Les résolutions de cette dernière n'ont pas force contraignante à moins d'être le reflet de la coutume internationale.[29] Elles peuvent également avoir un impact important sur la pratique des États en générant de la coutume internationale ainsi qu'en stimulant les négociations de traités internationaux.[30] Différentes commissions et groupes de travail ont été constitués à l'Assemblée générale de l'ONU. Ils traitent des questions relatives au droit de la mer et ont pour tâche de développer des arrangements relatifs à la gouvernance de la haute mer. En 1999, le Processus consultatif informel ouvert à tous sur les océans et le droit de la mer (UNICPOLOS) a été créé. Depuis 2004, l'Assemblée générale de l'ONU se penche plus particulièrement sur les questions relatives à la conservation et à l'exploitation durable de la biodiversité marine dans les zones situées au-delà de la juridiction nationale.[31]

242. — En 2004, un groupe de travail spécial officieux à composition non limitée a vu le jour, chargé d'étudier les questions relatives à la conservation et à l'exploitation durable de la biodiversité marine dans les zones situées au-delà de la juridiction nationale.[32] Le groupe de travail s'est réuni à neuf reprises entre 2006 et 2015.[33] Depuis 2013, l'Assemblée générale de l'ONU réfléchit et travaille à la mise en place d'un instrument juridique contraignant couvrant notamment la problématique de l'exploitation des RGM hors zones.[34]

B *Les zones maritimes*

1 Les zones sous juridiction et les zones hors juridiction nationale

243. — Les océans sont découpés en plusieurs zones auxquelles s'appliquent des régimes juridiques différents. Elles se divisent en deux grandes catégories :

---

25 Accord relatif à l'application de la Partie XI de la Convention des Nations Unies sur le droit de la mer du 10 décembre 1982, conclu à New York le 28 juillet 1994 (RS 0.747.305.151).

26 Exceptés entre autres les États-Unis, Israël, la Turquie et le Venezuela qui ne sont toujours pas parties.

27 Rothwell/Stephens, 2016, pp. 18–19 ; voir aussi : Pastor Ridruejo, 1998, p. 235.

28 Rothwell/Stephens, 2016, p. 527.

29 *Licéité de la menace ou de l'emploi d'armes nucléaires*, avis consultatif, C.I.J. Recueil 1996, § 70.

30 Rothwell/Stephens, 2016, p. 528.

31 Doc. ONU A/RES/59/24 ; voir aussi : Rothwell/Stephens, 2016, p. 510.

32 Doc. ONU A/RES/59/24 ; voir aussi : Rothwell/Stephens, 2016, p. 510.

33 Doc. IISD, 11.04.2016, pp. 2–3.

34 Doc. ONU A/RES/69/292 ; voir aussi : Doc. ONU A/RES/68/70, pp. 35–39.

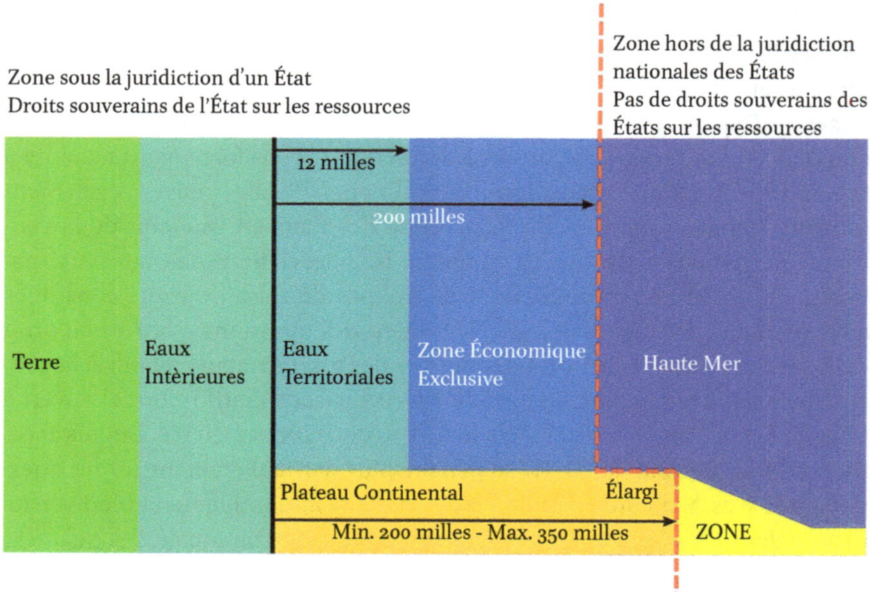

FIGURE 3 *Les différentes zones marines.*

les zones sous la juridiction nationale d'un État[35] et les zones hors de la juridiction nationale des États (Figure 3).

2 Les zones sous juridiction nationale

a *Les eaux intérieures et la mer territoriale*

244. — Les eaux intérieures[36] sont constituées des ports, des eaux constituant des voies d'accès aux ports, des rades ainsi que des eaux[37] comprises entre la laisse de basse mer[38] et le rivage.[39] Si la largeur de la mer territoriale a longtemps été problématique,[40] les limites instituées par la CNUDM sont acceptées aujourd'hui par la majeure partie des États.[41] Selon la CNUDM, chaque État

35 Il existe d'autres espaces marins placés sous la juridiction d'un État que ceux développés ci-après, entre autres : la zone contiguë (Partie II Section 4 CNUDM), les détroits servant à la navigation internationale (Partie III CNUDM), les États archipels (Partie IV CNUDM), les îles (Partie VIII CNUDM), les mers fermées ou semi-fermées (Partie IX CNUDM). Ils sont soumis à des régimes juridiques particuliers. Ces régimes n'ayant pas de rapport direct avec le sujet de cette thèse, ils ne seront pas abordés ici.

36 Art. 8 CNUDM.

37 Criques, calanques, petites baies, etc.

38 « Ligne à laquelle se retirent les eaux aux marées les plus basses. » Lucchini/Voelckel, 1990, pp. 177–178 ; voir aussi : Dupuy, 1985, La mer, p. 233.

39 Dupuy, 1985, La mer, p. 221 ; voir aussi : Pancracio, 2010, pp. 122–123 ; Tanaka, 2015, p. 78.

40 Lucchini/Voelckel, 1990, pp. 169–175 ; voir aussi : Pastor Ridruejo, 1998, p. 236.

41 Rothwell/Stephens, 2016, p. 74.

côtier a le droit de fixer la limite de sa mer territoriale, mais la largeur de celle-ci ne doit pas dépasser 12 milles marins mesurés à partir de la ligne[42] de base.[43]

245. — L'État côtier dispose de droits de souveraineté sur ses eaux intérieures et sur sa mer territoriale.[44] En ce qui concerne la recherche scientifique marine, l'État côtier a le droit exclusif de réglementer, d'autoriser et de mener des recherches scientifiques dans sa mer territoriale. En particulier, la recherche ne peut être entreprise qu'avec son consentement exprès.[45]

b *La Zone économique exclusive* (ZEE)

246. — La notion de ZEE constitue l'une des innovations majeures apportées par la CNUDM. Elle avait à l'origine été revendiquée par certains pays d'Amérique latine, qui souhaitaient voir leur souveraineté étendue à 200 milles des côtes, puis suivie par de nombreux États côtiers, y compris les grandes puissances maritimes.[46] La ZEE est située au-delà et de manière adjacente à la mer territoriale.[47] Elle s'étend au maximum à 200 milles[48] marins des lignes de base.[49] Les ZEE représentent dans les années 2010 8% de la surface de la Terre et 90% des prises mondiales de poissons.[50]

247. — Sur cet espace, les États côtiers n'ont pas la souveraineté dans sa plénitude, mais un certain nombre de droits déterminés et énumérés[51] par la CNUDM.[52] Les prérogatives les plus importantes conférées aux États côtiers consistent en des « droits souverains aux fins d'exploration et d'exploitation de conservation et de gestion des ressources naturelles, biologiques ou non biologiques, des eaux surjacentes aux fonds marins, des fonds marins et de leur sous-sol, ainsi qu'en ce qui concerne d'autres activités tendant à l'exploration et à l'exploitation de la zone à des fins économiques, telles que la production

---

42 La ligne de base normale est celle qui se confond avec la laisse de basse mer (Art. 5 CNUDM). Mais lorsque la côte est particulièrement échancrée et découpée ou s'il y a de nombreuses îles le long du rivage, certains États utilisent les lignes de base droites (Art. 7 CNUDM), reliant des points appropriés, pour mesurer la largeur de la mer territoriale. Dupuy, 1985, La mer, pp. 233–234 ; voir aussi : Pancracio, 2010, pp. 155–156 ; Churchill/Lowe, 1999, pp. 33–35.

43 Art. 3 CNUDM.

44 Art. 2 al. 1 CNUDM et art. 245 CNUDM ; par conséquent, il dispose également du droit de souveraineté sur les ressources génétiques. Noiville, 1997, p. 366.

45 Rothwell/Stephens, 2016, pp. 353–354.

46 Dupuy, 1985, La mer, pp. 242–243 ; voir aussi : Tanaka, 2015, pp. 25 et 127–129.

47 Art. 55 CNUDM.

48 Ainsi la ZEE fait en réalité 188 milles de largeur puisqu'il convient d'y soustraire les 12 milles de mer territoriale. Dupuy, 1985, La mer, p. 249.

49 Art. 57 CNUDM ; cela représente environ 370 km à partir des lignes de base. Tanaka, 2015, p. 129.

50 Pancracio, 2010, pp. 170–171.

51 Art. 56 CNUDM.

52 Dupuy, 1985, La mer, p. 245 ; voir aussi : Tanaka, 2015, pp. 6–7.

d'énergie à partir de l'eau, des courants et des vents ».[53] D'autres droits de juridiction s'y ajoutent pour ce qui relève de la mise en place d'îles artificielles, d'installations et d'ouvrages, de la recherche scientifique marine, de la protection et de la préservation du milieu marin.[54] L'État a ainsi le droit souverain d'organiser l'exploration et l'exploitation des ressources naturelles de la ZEE et la possibilité de restreindre, voire d'interdire les activités de pêche étrangère dans le but de favoriser sa propre population de pêcheurs.[55] Ce droit est exclusif.[56]

248. — En ce qui concerne la recherche scientifique, l'État côtier a le droit de réglementer, d'autoriser et de mener des recherches scientifiques marines dans sa ZEE.[57] La recherche scientifique ne peut ainsi être menée qu'avec son consentement.[58] En principe, l'État côtier est tenu de consentir à ce que d'autres États ou organisations internationales réalisent des recherches scientifiques dans sa ZEE.[59] Il peut néanmoins refuser à certaines conditions,[60] entre autres si la recherche a une incidence sur l'exploitation des ressources naturelles de la ZEE.[61] Les États et les organisations internationales qui font des recherches scientifiques dans la ZEE doivent satisfaire à un certain nombre de conditions.[62] Ils ont ainsi l'obligation de garantir à l'État côtier de pouvoir participer aux recherches s'il le souhaite,[63] de lui fournir, sur demande, des échantillons et des données[64] et de rendre les résultats des recherches disponibles dès que possible.[65]

c *Le plateau continental*

249. — Géographiquement, le plateau continental constitue le prolongement du continent sous la mer. Sa largeur varie en moyenne de 67 à 75 kilomètres,

---

53 Art. 56 al. 1 let. (a) CNUDM ; L'État côtier dispose également du droit d'exploitation exclusif sur les ressources génétiques. Noiville, 1997, p. 367 ; voir aussi : Lehmann, 2007, pp. 38–39.

54 Art. 56 al. 1 let. (b) CNUDM.

55 Rothwell/Stephens, 2016, pp. 91–92 ; voir aussi : Fleischer, 1985, p. 901 ; Lucchini/Voelckel, 1990, p. 219 ; Le Hardy, 2002, p. 54.

56 Cela a pour conséquence que si l'État côtier ne fait pas usage de son droit, personne ne peut s'arroger le droit d'entreprendre des activités d'exploitation dans la ZEE sans son consentement exprès. Pancracio, 2010, p. 203 ; voir aussi : Le Hardy, 2002, p. 54.

57 Art. 246 al. 1 CNUDM ; voir aussi : Rothwell/Stephens, 2016, pp. 354–355.

58 Art. 246 al. 2 CNUDM.

59 Art. 246 al. 3 CNUDM.

60 Art. 246 al. 5 CNUDM.

61 Art. 246 al. 5 let. (a) CNUDM.

62 Dont la liste se trouve à l'art. 249 CNUDM.

63 Art. 249 al. 1 let. (a) CNUDM.

64 Art. 249 al. 1 let. (c) CNUDM.

65 Art. 249 al. 1 let. (e) CNUDM.

mais il est parfois inexistant, comme le long de la Côte d'Azur, ou peut atteindre 500 kilomètres comme au large de l'Argentine et l'Australie. Le plateau continental atteint 64 mètres de profondeur en moyenne et son inclinaison est faible jusqu'à une rupture de pente qui marque le début du talus continental. Le plateau continental représente environ 7.5% de la surface des océans.[66]

250. — Selon l'article 76 al. 1 CNUDM, « [l]e plateau continental d'un État côtier comprend les fonds marins et leur sous-sol au-delà de sa mer territoriale, sur toute l'étendue du prolongement naturel du territoire terrestre de cet État jusqu'au rebord externe de la marge continentale, ou jusqu'à 200 milles marins des lignes de base à partir desquelles est mesurée la largeur de la mer territoriale, lorsque le rebord externe de la marge continentale se trouve à une distance inférieure ». Tous les États côtiers ont droit à un plateau continental de 200 milles, indépendamment de la morphologie et de la composition des fonds.[67] Dans certains cas et à certaines conditions,[68] ils peuvent demander à ce que celui-ci soit élargi. Cette zone, qui s'appelle le « plateau continental étendu », commence à la frontière du plateau continental, c'est-à-dire à 200 milles des lignes de base et s'étend jusqu'à un maximum de 350 milles.[69] Les frontières de ce dernier doivent être communiquées à la Commission des limites du plateau continental,[70] qui émet alors ses recommandations.[71]

251. — Comme pour la ZEE, les États côtiers n'ont pas la souveraineté sur leur plateau continental, mais disposent de droits souverains dans certains domaines précis, en particulier de droits exclusifs sur l'exploration et l'exploitation des ressources naturelles du plateau continental.[72] Ces droits sont indépendants de toute occupation ou proclamation expresse.[73] Les ressources concernées sont les ressources minérales ainsi que les ressources biologiques sédentaires, « c'est-à-dire les organismes qui, au stade où ils peuvent être pêchés, sont soit immobiles sur le fond ou au-dessous du fond, soit incapables de se déplacer autrement qu'en restant constamment en contact avec le fond ou le sous-sol ».[74]

252. — Sur le plateau continental étendu, l'État côtier a également un droit souverain sur les ressources biologiques,[75] mais uniquement les ressources

66 Pulvenis, 1985, pp. 279–280.

67 Rothwell/Stephens, 2016, p. 114.

68 Art. 76 al. 4 à 9 CNUDM.

69 Pancracio, 2010, pp. 207–209.

70 La Commission est composée de 21 membres : experts en géologie, géophysique, hydrographie, élus pour une durée de cinq ans par les États parties à la CNUDM.

71 Art. 76 al. 8 CNUDM.

72 Art. 77 al. 1 et 2 CNUDM ; L'État côtier dispose également du droit d'exploitation exclusif sur les ressources génétiques. Noiville, 1997, p. 367 ; voir aussi : Lehmann, 2007, pp. 38–39.

73 Art. 77 al. 3 CNUDM.

74 Art. 77 al. 4 CNUDM ; voir aussi : Lehmann, 2007, pp. 39–41.

75 Rothwell/Stephens, 2016, pp. 123–124.

biologiques sédentaires puisque les ressources biologiques de la colonne d'eau tombent sous le régime de la liberté de la haute mer.[76] Par contre, les ressources minérales du plateau continental étendu doivent être partiellement partagées avec les autres États, sous la forme d'une contribution en espèces versée à l'Autorité internationale des fonds marins,[77] à l'exception des pays en développement qui sont des importateurs nets de minéraux[78] tirés de leur propre plateau continental étendu.[79]

253. — La situation, pour la recherche scientifique, est similaire à celle de la ZEE. L'État côtier a le droit de réglementer, d'autoriser et de mener des recherches scientifiques marines sur son plateau continental.[80] Il est en principe tenu d'accepter que d'autres États ou organisations internationales fassent des recherches sur son plateau continental[81] et il n'est en droit de refuser qu'à certaines conditions.[82] Sur le plateau continental étendu en revanche, l'État côtier ne peut refuser d'accorder son consentement à l'exécution d'un projet de recherches scientifiques. L'incidence directe de telles recherches sur l'exploration et l'exploitation des ressources naturelles n'est pas une justification suffisante pour que l'État côtier puisse refuser son consentement.[83] Comme dans la ZEE, les États et les organisations internationales doivent satisfaire aux obligations de l'article 249 CNUDM pour effectuer des recherches scientifiques sur le plateau continental.

3 Les zones hors juridiction nationale

a *La Zone et la haute mer*

254. — Les espaces marins situés au-delà de la juridiction nationale représentent près de 50% de la surface totale de la terre[84] et la majeure partie des océans.[85] Ceux-ci sont composés de deux espaces, la Zone et la haute mer.[86]

76 Churchill/Lowe, 1999, p. 156 ; voir aussi : Van Dyke, 1995, pp. 221–222.

77 Art. 82 al. 1 CNUDM ; voir aussi : Pancracio, 2010, p. 210 ; Rothwell/Stephens, 2016, p. 124 ; Lévy, 2005, p. 115.

78 Un pays est un importateur net de minéraux lorsque ses importations brutes de minéraux sont supérieures à ses exportations brutes de minéraux. www.leconomiste.com/article/les-importateurs-de-produits-alimentaires-et-le-gatt-premiere-partie-le-prix-des-subventions.

79 Art. 82 al. 3 CNUDM ; voir aussi : Rothwell/Stephens, 2016, pp. 124–125.

80 Art. 246 al. 1 CNUDM ; voir aussi : Rothwell/Stephens, 2016, pp. 354–355.

81 Art. 246 al. 3 CNUDM.

82 Art. 246 al. 5 CNUDM.

83 Art. 246 al. 6 CNUDM.

84 Druel/Rochette/Billé et al., 2013, p. 5.

85 De Fontaubert, 2001, p. 3.

86 Chiarolla, 2014, p. 172.

b *La Zone*

255. — Les grands fonds marins de la Zone se trouvent au-delà des limites des plateaux continentaux des États côtiers. La Zone constitue 50% de la surface du sol de la Terre[87] et environ 60% des fonds marins.[88] La Zone est définie dans la CNUDM comme « les fonds marins et leur sous-sol au-delà des limites de la juridiction nationale ».[89] Sur le plan horizontal, ce sont les limites des juridictions nationales, le plateau continental et, en l'absence de celui-ci, la ZEE qui fixent les limites externes de la Zone (Figure 4). Sur le plan vertical, la limite est fixée où la haute mer débute. La Zone se limite au sol et au sous-sol des fonds marins et ne comprend pas les eaux.[90]

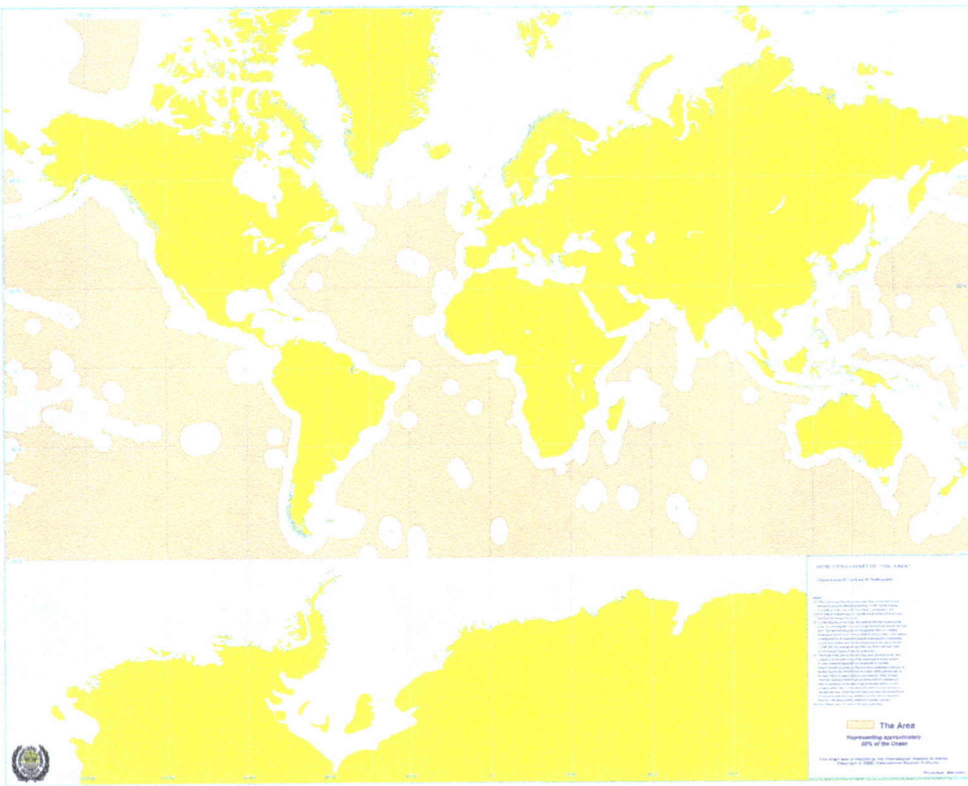

FIGURE 4 *La Zone* (*en rose*).
« www.isa.org.jm/files/documents/EN/Areamap.pdf » (consulté le 20.03.17).

---

87 Pancracio, 2010, p. 335.
88 Churchill/Lowe, 1999, p. 239.
89 Art. 1 al. 1 1 CNUDM.
90 Art. 135 CNUDM ; voir aussi : Lévy, 1985, pp. 510–511.

256. — La CNUDM fixe un régime juridique propre et particulier à cet espace qui a été consacré « patrimoine commun de l'humanité » et dont l'exploitation des ressources minérales doit être faite au profit de l'humanité tout entière.[91]

c La haute mer

257. — La superficie de la haute mer a été considérablement réduite durant le siècle passé en raison de l'extension de la souveraineté par les États côtiers, notamment en raison de l'élargissement de la mer territoriale à 12 milles, puis de l'avènement de la ZEE. Néanmoins, la haute mer constitue encore 70% de la superficie totale des océans (Figure 5).[92] Elle inclut les parties de la mer n'étant comprises ni dans les eaux intérieures, ni dans la mer territoriale, ni dans la ZEE d'un État, ni dans les eaux archipélagiques.[93] En d'autres termes, la haute mer est la partie des océans sur laquelle les États côtiers n'ont ni souveraineté, ni droits souverains.[94]

258. — Dans la mesure où aucun État n'a de souveraineté ou de droits souverains sur la haute mer, il est important de déterminer quel droit est applicable aux navires scientifiques qui exploitent les ressources génétiques marines. En

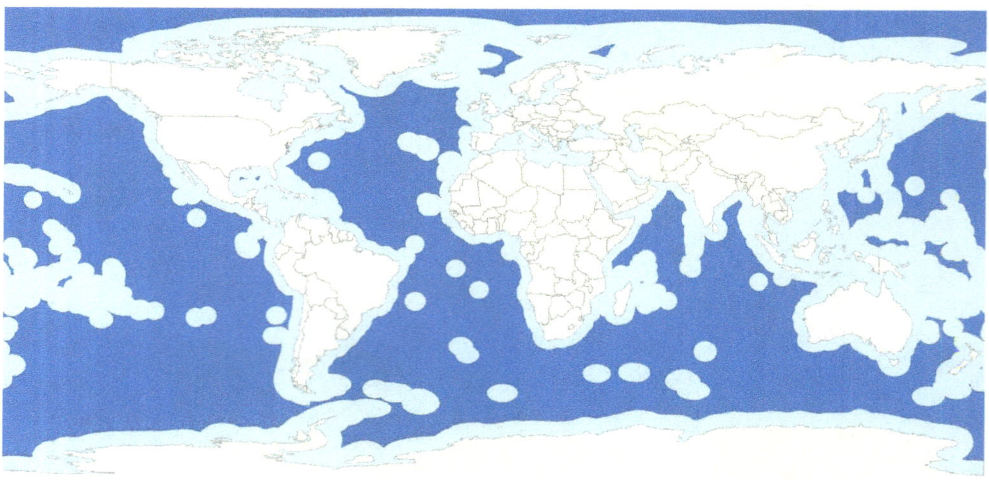

FIGURE 5 *La haute mer (en bleu foncé).* www.globaloceancommission.org/worldwide-survey-reveals-public-support-for-single-global-governance-of-our-oceans/ (consulté le 23.11.15).

91 Voir *infra* § 296 ss.

92 Pancracio, 2010, p. 286.

93 Art. 86 CNUDM ; voir aussi : Fleischer, 1985, p. 821 ; Pancracio, 2010, p. 287.

94 Pancracio, 2010, p. 287.

haute mer, les navires sont soumis à l'ordre juridique de l'État dont le bateau bat pavillon.[95] Cette soumission se fait par l'immatriculation du navire auprès d'un État.[96] L'État de pavillon a l'obligation de surveiller ses navires et d'exercer sa juridiction ainsi que son contrôle aux niveaux administratif, technique et social.[97]

III Les accords relatifs à l'application de la Convention des Nations Unies sur le droit de la mer

A *L'Accord relatif à l'application de la Partie XI de la Convention des Nations Unies sur le droit de la mer du 10 décembre 1982*

259. — En 1993, juste avant que n'intervienne la 60e ratification de la CNUDM,[98] les États-Unis, qui ne l'avaient pas encore ratifiée, exercèrent une pression diplomatique afin que le régime de la Zone soit révisé et que la CNUDM n'entre pas en vigueur telle quelle. Plusieurs grandes puissances maritimes craignaient que l'Entreprise[99] ne contrôle l'ensemble des espaces d'exploitation de la Zone. De nouvelles négociations furent ainsi engagées et aboutirent à l'Accord relatif à l'application de la Partie XI CNUDM,[100] qui fut annexé à la CNUDM.[101]

260. — Bien qu'il porte le nom d'« Accord », l'Accord relatif à l'application de la Partie XI CNUDM n'est pas un instrument d'application de la CNUDM, mais constitue un amendement[102] de celle-ci.[103] Ces deux textes doivent être interprétés et appliqués comme un seul instrument. En cas de divergences entre les deux textes, les dispositions de l'Accord relatif à l'application de la

95 Momtaz, 1985, p. 353 ; voir aussi : Lucchini/Voelckel, 1990, p. 282.

96 Art. 91 CNUDM.

97 Art. 94 CNUDM.

98 Ce qui aurait eu pour conséquence son entrée en vigueur.

99 L'Entreprise est l'organe censé mener les activités d'exploration et d'exploitation dans la Zone, ainsi que mener et contrôler les activités de transport, de traitement et de commercialisation des minéraux tirés de la Zone. Art. 170 al. 1 CNUDM et art. 153 al. 2 let. (a) CNUDM.

100 Doc. ONU A/RES/48/263.

101 Pancracio, 2010, p. 338 ; voir aussi : Tuerk, 2010, pp. 166–169 ; Harrison, 2011, p. 86.

102 Pastor Ridruejo, 1998, p. 262 ; voir aussi : Harrison, 2011, pp. 92–93 ; Scovazzi, 2000, p. 125 ; Nelson, 1995, pp. 192–193 ; Freestone/Oude Elferink, 2005, p. 185.

103 Harrison, 2011, pp. 90–91 ; voir aussi : Art. 1 et 4 Accord relatif à l'application de la Partie XI CNUDM.

Partie XI CNUDM priment.[104] La CNUDM est de ce fait indirectement modifiée par l'Accord relatif à l'application de la Partie XI CNUDM.[105] Tous les États Parties qui consentent à être liés à la CNUDM le sont également à l'Accord relatif à l'application de la Partie XI CNUDM.[106]

261. — Grâce à ces différentes modifications, le processus de ratification a été relancé. La CNUDM est entrée en force le 16 novembre 1994 et l'Accord relatif à l'application de la Partie XI CNUDM le 28 juillet 1996. En 2016, 168 pays avaient ratifié la CNUDM et 150 l'Accord relatif à l'application de la Partie XI CNUDM.[107]

B *L'Accord aux fins de l'application des dispositions de la Convention des Nations Unies sur le droit de la mer du 10 décembre 1982 relative à la conservation et à la gestion des stocks de poissons chevauchants et des stocks de poissons grands migrateurs (1995)*

262. — Contrairement à l'Accord relatif à l'application de la Partie XI CNUDM, l'Accord sur les stocks chevauchants et les grands migrateurs n'est pas un amendement à la CNUDM, mais bien un instrument indépendant. Il ne modifie pas la CNUDM, mais la complète. Les États qui souhaitent y être liés ne sont pas contraints d'être parties à la CNUDM.[108] L'Accord sur les stocks chevauchants et les grands migrateurs modifie la conception traditionnelle de la pêche en haute mer[109] sur la question de la liberté de la pêche.[110] Avant l'Accord sur les stocks chevauchants et les grands migrateurs, la CNUDM ne prévoyait aucun droit pour les États côtiers de conserver des ressources halieutiques[111] au-delà de la ZEE.[112] Cet accord[113] a amélioré et complété le régime des ZEE[114] en reconnaissant d'une manière générale la notion d'intérêt

104 Art. 2 al. 1 Accord relatif à l'application de la Partie XI CNUDM; voir aussi : Rothwell/Stephens, 2016, p. 19 ; voir aussi : Aust, 2013, p. 243.

105 Harrison, 2011, p. 91 ; voir aussi : Aust, 2013, p. 243.

106 Art. 4 al. 1 Accord relatif à l'application de la Partie XI CNUDM.

107 « www.un.org/depts/los/reference_files/chronological_lists_of_ratifications.htm » (état au 20.03.2017) ; Le contenu de cet accord sera traité au § 306.

108 Harrison, 2011, pp. 103–104.

109 Art. 116–119 CNUDM.

110 Boyle, 2006, p. 47 ; voir aussi : Harrison, 2011, p. 104.

111 Relatif à la pêche.

112 Excepté pour les poissons anadromes, originaires des eaux douces du continent.

113 Doc. ONU A/RES/47/192.

114 Partie V CNUDM.

spécial de l'État côtier. Il impose aux navires de pêche étrangers qui effectuent des prises dans les parties de la haute mer adjacentes à une ZEE de respecter des normes définies en coopération avec les États côtiers et les commissions internationales de pêche compétentes.[115] D'une manière plus générale, l'accord tend à promouvoir la conservation et la gestion des pêches hauturières.[116]

IV Le Traité sur l'Antarctique

263. — La CNUDM ne comprend qu'une seule disposition[117] concernant directement les « zones recouvertes par les glaces ».

264. — L'adoption du Traité sur l'Antarctique, entré en vigueur en 1961,[118] a permis de modérer les revendications de souveraineté sur l'Antarctique et de favoriser les collaborations entre les pays signataires, en assurant un développement dynamique de l'Antarctique et en encourageant les États concernés à exercer une sorte de gestion commune du sixième continent et de son océan.[119] Les activités à finalité militaire sont interdites sur l'Antarctique et l'océan austral.[120] Ce traité prévoit plus particulièrement de consacrer ce continent à la recherche scientifique pour une période limitée.[121] Mais cette activité reste

115 Pancracio, 2010, pp. 185–186 ; voir aussi : Lucchini/Voelckel, 1996, p. 679 ; Pastor Ridruejo, 1998, p. 251.

116 Principalement : le principe d'une gestion orientée vers la durabilité de la gestion et de l'exploitation des stocks (Accord sur les stocks chevauchants et les grands migrateurs, art. 5), l'encouragement à pratiquer une pêche responsable (Accord sur les stocks chevauchants et les grands migrateurs, art. 6), l'obligation de collaboration et de coordination entre les États côtiers, leurs ZEE et les États pêchant en haute mer (Accord sur les stocks chevauchants et les grands migrateurs, art. 7), l'obligation pour l'État de pavillon d'exercer un contrôle effectif sur ses navires pratiquant la pêche en haute mer sur les stocks concernés (Accord sur les stocks chevauchants et les grands migrateurs, art. 8) ; voir aussi : de Marffy, 2005, pp. 29–31.

117 Art. 234 CNUDM.

118 Ce traité a été ouvert à l'adhésion de tous les États membres des Nations Unies et n'a pas été limité dans le temps. van der Essen, 1985, p. 485 ; voir aussi : Pancracio, 2010, pp. 289–290.

119 Art. IV et IX Traité sur l'Antarctique ; voir aussi : van der Essen, 1985, pp. 486–488.

120 Art. I Traité sur l'Antarctique.

121 Pancracio, 2010, p. 290.

en pratique réservée à un *club* d'États,[122] les membres de la Réunion des parties Consultatives du Traité de l'Antarctique.[123]

265. — La liberté de la pêche[124] ainsi que les règles de la CNUDM en général s'appliquent à l'Antarctique,[125] car le traité ne doit pas porter atteinte « aux droits ou à l'exercice des droits reconnus à tout État par le droit international en ce qui concerne les parties de la haute mer se trouvant dans la région ainsi délimitée ».[126]

266. — Le Traité sur l'Antarctique constitue la première manifestation du concept de « développement durable », visant à mettre en place une utilisation rationnelle des ressources tout en préservant l'équilibre de l'écosystème qui couvre l'ensemble du milieu marin dans ses rapports avec ses ressources.[127] Le continent Antarctique, la mer Australe et leurs ressources bénéficient donc aujourd'hui d'un régime de protection satisfaisant, réunissant la majeure partie des éléments fondamentaux constitutifs d'une politique de gestion rationnelle et de conservation d'une zone internationale et de ses ressources.[128]

V Les commissions internationales et régionales des pêches

267. — De nombreuses commissions des pêches ont vu le jour, pour la majorité après la Seconde Guerre mondiale.[129] Elles ont été créées par les États intéressés par l'intermédiaire d'accords internationaux.[130] Ces commissions ont pour but de gérer soit des espèces animales[131] particulières, soit des régions géographiques de pêche données.[132] Les compétences de ces commissions diffèrent considérablement, mais elles ont en principe toutes pour but commun d'organiser l'exploitation optimale des ressources halieutiques.[133] Certaines d'entre elles

---

122 Argentine, Australie, Belgique, Chili, France, Japon, Nouvelle-Zélande, Norvège, Afrique du Sud, Russie, Grande-Bretagne, États-Unis. Introduction Traité sur l'Antarctique.

123 Pancracio, 2010, p. 290.

124 van der Essen, 1985, p. 487.

125 Lohan/Johnston, 2003, p. 15.

126 Art. VI Traité sur l'Antarctique.

127 Le Hardy, 2002, p. 369.

128 Mahiou, 2009, p. 504.

129 Churchill/Lowe, 1999, p. 286 ; voir aussi : Beer-Gabel/Lestang, 2003, pp. 6–7 et 11.

130 Le Hardy, 2002, p. 29.

131 Baleines, thons, phoques, etc.

132 Atlantique nord, Pacifique nord, Méditerranée, etc.

133 Beer-Gabel/Lestang, 2003, p. 50.

tentent également de promouvoir la gestion et la conservation des espèces et des régions dont elles s'occupent, mais toujours dans le but d'organiser une exploitation optimale et de maximiser les bénéfices.[134] Ces commissions sont dotées de compétences normatives leur permettant de réguler les activités de leurs membres, comme fixer des périodes de pêche, des niveaux de capture, voire imposer des interdictions.[135] Mais leur autorité ne s'étend qu'aux entreprises de pêche de leurs États membres.[136] Ceux-ci sont liés par les décisions prises par la commission en question, à moins qu'ils n'aient fait objection à la mesure au moment de son entrée en vigueur.[137] Les États tiers, eux, conservent toute leur autonomie, ce qui génère des problèmes quant à la gestion des stocks.[138] Il faut ainsi essayer de convaincre ces États de devenir membres des commissions régionales, mais les moyens d'encouragement ou de coercition[139] pour atteindre ce but ne sont pas toujours simples à mettre en œuvre.[140]

268. — Quatre commissions principales s'occupent de régions situées en haute mer ;[141] l'organisation des pêches de l'Atlantique nord-ouest (NAFO),[142] la commission des pêches de l'Atlantique du nord-est,[143] la commission générale des pêches pour la Méditerranée[144] et la commission pour la conservation de la faune et de la flore marines de l'Antarctique (CCAMLR).[145] Le rôle et le fonctionnement des commissions sont propres à chacune. La NAFO, par exemple, a pour fonction de gérer les pêcheries de la haute mer de la région nord-ouest de l'Atlantique, y compris les stocks chevauchants et la recherche scientifique. Les membres de la NAFO sont liés par les mesures prises par l'organisation, à moins que ceux-ci les dénoncent dans un délai donné. Afin de

134 Beer-Gabel/Lestang, 2003, pp. 50–53.
135 Beer-Gabel/Lestang, 2003, pp. 63–64.
136 Churchill/Lowe, 1999, pp. 286–287.
137 Le Hardy, 2002, p. 116.
138 Les stocks de poissons ou de crustacés peuvent potentiellement être décimés par les pêcheurs des États tiers.
139 Par exemple des mesures de coopération politique ou des sanctions économiques. Le Hardy, 2002, p. 348.
140 Le Hardy, 2002, pp. 348–349.
141 Churchill/Lowe, 1999, p. 297.
142 Créée en 1978.
143 Créée en 1980.
144 Créée en 1949.
145 Créée en 1980.

contrôler que les décisions prises soient respectées, la NAFO dispose d'inspecteurs qui réalisent des contrôles sur les navires de pêche et signalent aux pays du pavillon les éventuelles violations constatées. L'État dont le navire bat pavillon est alors responsable d'enquêter et de faire cesser la violation.[146] La zone de compétence de la CCAMLR quant à elle s'étend à toutes les surfaces océaniques au-delà du 60e parallèle sud. La CCAMLR est responsable de coordonner la recherche sur les ressources marines de l'Antarctique, d'adopter des mesures de conservation et de gestion des ressources en établissant, par exemple, des quotas de pêche ou en désignant des espèces[147] protégées.[148] Malgré le nombre élevé de commissions existantes, de nombreuses régions de la haute mer ne sont gérées par aucune de ces dernières.[149]

269. — Aujourd'hui, les commissions internationales des pêches ne traitent pas de questions relatives à l'exploitation des RGM hors zones. Leurs décisions n'ont qu'un impact indirect dans le domaine de la protection de la biodiversité marine. La troisième partie de ce travail permettra d'étudier dans quelle mesure ces commissions pourraient être impliquées dans l'exploitation des RGM hors zones.[150]

VI Conclusion

270. — Le champ d'application de la CNUDM s'étend à toutes les ressources marines.[151] Elle est, par conséquent, également applicable aux RGM hors zones. Les Chapitres 8 et 9 analyseront quels sont les régimes existants et lequel est applicable aux ressources qui nous intéressent. Plus que leur contenu, c'est la forme de l'Accord relatif à l'application de la Partie XI CNUDM et de celui sur les stocks chevauchants et les grands migrateurs qui nous intéressent, car ils peuvent servir de modèle en cas d'amendement de la CNUDM ou de création d'un nouveau traité propre aux RGM hors zones. Quant au Traité sur l'Antarctique, il ne dispose pas de dispositions propres à l'exploitation des RGM hors zones et renvoie à la CNUDM. Par contre, les principes de développement

146 Churchill/Lowe, 1999, pp. 297–298.

147 Les mammifères marins sont hors du champ de compétence de la CCAMLR. Ceux-ci sont gérés par d'autres organisations spécifiques aux espèces.

148 Churchill/Lowe, 1999, p. 298 ; voir aussi : Beer-Gabel/Lestang, 2003, pp. 125–126.

149 Churchill/Lowe, 1999, p. 297.

150 Voir *infra* § 444 ss.

151 Salpin, 2013, p. 150 ; voir aussi : *supra* § 236.

durable, d'utilisation rationnelle de l'environnement et de la biodiversité sont des points importants qui devraient être repris en cas d'amendement de la CNUDM ou de la création d'un nouveau traité propre aux RGM hors zones. Quant aux commissions internationales et régionales des pêches, elles pourraient jouer un rôle dans la mise en place de mesures de *soft law*.[152]

152 Voir *infra* § 444 ss.

CHAPITRE 8

Les régimes juridiques des ressources marines en dehors de la juridiction nationale des États

I Introduction

271. — L'exploitation des RGM hors zones est soumise à différents régimes prévus par la CNUDM en fonction de la nature de ces ressources. Afin de déterminer, au Chapitre 9, quel régime s'applique aux ressources génétiques marines de la haute mer, des grands fonds marins et de leurs sous-sols, nous examinerons les réglementations de la recherche scientifique marine (II), des ressources biologiques (III), des ressources minérales (IV) et des ressources archéologiques (V) ; cette démarche permettra également d'étudier dans la Partie 3 s'il est opportun d'amender la CNUDM et d'appliquer un autre de ces régimes à l'exploitation des RGM hors zones.

II La réglementation de la recherche scientifique marine

A *Historique de la recherche scientifique marine*

272. — Bien qu'aujourd'hui la recherche scientifique marine soit une activité exercée dans tous les océans, sa pratique à grande échelle est relativement récente. Jusqu'au milieu du XXe siècle, la technologie marine était assez limitée et ne permettait pas vraiment d'explorer et d'exploiter[1] ce milieu. En 1943, Jean-Jacques Cousteau et Émile Gagnan inventent le scaphandre autonome, offrant de nouvelles perspectives pour l'exploration et l'exploitation du milieu marin. Des progrès spectaculaires ont été réalisés dans la construction d'engins amphibies qui ont permis une exploration plus intensive des fonds marins.[2]

273. — Jusque dans les années 1950, le droit coutumier réglait le domaine de la recherche scientifique marine, aucun traité ne couvrant cette problématique. En 1958, ce sujet est traité pour la première fois dans la Convention de

1 À l'exception de l'industrie de la pêche.

2 Pancracio, 2010, p. 368.

 | DOI 10.1163/9789004352094_012

Genève[3] sur le plateau continental.[4] Il est ensuite plus largement développé dans la partie XIII de la CNUDM.

B *Définition de la recherche scientifique marine*

274. — Les États n'ayant pas réussi à s'entendre sur ce point lors de la rédaction de la CNUDM, il n'existe pas de définition de la recherche scientifique marine dans ce traité. De manière générale, il est possible de définir la recherche scientifique marine comme l'étude scientifique de l'environnement marin et de ses organismes dans le but d'augmenter les connaissances humaines sur l'océan.[5] La recherche scientifique marine couvre ainsi les disciplines suivantes : la biologie, la chimie, la physique, la géologie, la géophysique, la météorologie, la climatologie et l'hydrographie.[6]

C *La recherche fondamentale et la bioprospection*

275. — Il est possible de distinguer deux types de recherches : la recherche fondamentale, appelée aussi recherche pure, et la recherche appliquée, la bioprospection.[7] La recherche fondamentale doit être comprise comme la recherche conduite dans un but pacifique, visant à augmenter les connaissances de l'environnement marin au bénéfice de l'humanité tout entière, alors que la recherche appliquée a pour but d'explorer et d'exploiter des ressources.[8] Deux critères permettent de distinguer ces deux types de recherches : la finalité économique et la publicité.

276. — La recherche fondamentale ne vise pas en premier lieu la rentabilité économique, bien que les données et les résultats récoltés puissent avoir une valeur commerciale. À titre d'exemple, la recherche scientifique marine fondamentale couvre les recherches menées dans le but de mieux comprendre l'écologie des évents hydrothermaux ou d'établir l'évolution des relations entre les bactéries des fumeurs noirs et des autres organismes environnants, ou de comprendre comment les êtres vivants se sont adaptés aux conditions extrêmes de

3 Art. 5 § 8 Convention sur le plateau continental.

4 Doc. ONU, 2011, pp. 1–2.

5 Tanaka, 2015, p. 360 ; voir aussi : Doc. ONU A/62/66, p. 67.

6 Wegelein, 2005, pp. 12–16.

7 De la Fayette, 2009, p. 270 ; voir aussi : Tanaka, 2015, p. 361; Kirchner, 2010, p. 121 ; Churchill/Lowe, 1999, pp. 405–406.

8 La bioprospection peut également être conduite dans un but pacifique, mais rien ne l'y oblige. Tanaka, 2015, p. 361 ; voir aussi : Churchill/Lowe, 1999, pp. 405–406.

cet environnement.[9] Les résultats de la recherche fondamentale font en principe l'objet d'une publication.[10]

277. — La bioprospection peut être définie comme « l'exploration de la biodiversité en vue de récolter des ressources génétiques ayant une valeur commerciale. [...] Cette approche ne correspond pas aux principes sur lesquels repose le régime de la recherche scientifique marine énoncé dans la Convention de 1982, qui ne prévoit pas que les résultats de la recherche soient sujets à des droits de propriété ou passibles des règles de confidentialité. Ils doivent faire l'objet de publicité ».[11] Le but premier de la bioprospection est la récolte d'informations, de données et d'échantillons pour des raisons essentiellement économiques. L'exploitation des ressources minérales, de la pêche ou des ressources génétiques en sont trois exemples.[12] Les résultats de la recherche appliquée sont en général gardés secrets.[13]

278. — Selon les travaux préparatoires de la CNUDM, le terme de recherche scientifique marine couvre toutes les études et les travaux expérimentaux dans le domaine marin, à l'exclusion de l'exploration industrielle et des autres activités visant directement à exploiter les ressources marines.[14] Quant à la doctrine, elle est divisée sur le point de savoir si le terme de recherche scientifique marine couvre ces deux types de recherches,[15] ou si seule la recherche pure équivaut à la recherche scientifique marine.[16] Compte tenu des travaux préparatoires de la CNUDM[17] et dans la mesure où la bioprospection est une activité d'investigation commerciale, elle n'est pas couverte par le terme de recherche scientifique marine.[18]

279. — En pratique, il est difficile de distinguer la recherche menée dans le but unique d'un bénéfice général et d'une augmentation des connaissances du

---

9 Glowka, 1996, p. 172.

10 Caflisch/Piccard, 1978, pp. 850–851 ; voir aussi : Tanaka, 2015, p. 361 ; Drankier/Oude Elferink/Visser et al., 2012, p. 416 ; Broggiato, 2011, p. 37.

11 De Marffy, 2005, p. 67 ; voir aussi : Doc. CDB UNEP/CBD/COP/5/INF/7, II A 6.

12 Glowka, 1996, p. 172.

13 Caflisch/Piccard, 1978, pp. 850–851 ; voir aussi : Tanaka, 2015, p. 361.

14 Doc. ONU A/Conf.62/C.3/L.17.

15 Salpin, 2013, pp. 155–156 ; voir aussi : Tanaka, 2015, p. 361 ; Tanaka, 2008, pp. 132–133 ; A/62/66, p. 67 ; Salpin/Germani, 2007, p. 16 ; Jorem/Tvedt, 2014, pp. 329–331 ; Broggiato, 2011, p. 37.

16 Glowka, 1996, p. 173 ; voir aussi : Kirchner, 2010, pp. 121 et 124 ; Doc. ONU A/62/66, pp. 49–50 ; Doc. OSASTT UNEP/CBD/SBSTTA/8/INF/3/Rev.1, p. 13 ; Armas-Pfirter, 2009, p. 299.

17 Doc. ONU A/Conf.62/C.3/L.17.

18 Glowka, 1996, p. 173 ; voir aussi : Kirchner, 2010, pp. 121 et 124 ; Doc. ONU A/62/66, pp. 49–50 ; Doc. OSASTT UNEP/CBD/SBSTTA/8/INF/3/Rev.1, p. 13 ; Armas-Pfirter, 2009, p. 299.

monde marin, de la recherche menée en vue d'une exploitation commerciale future des résultats trouvés.[19]

280. — Nous rejoignons le point de vue d'une partie de la doctrine,[20] selon laquelle la recherche scientifique marine doit être caractérisée par son ouverture, la dissémination des données récoltées, l'échange d'échantillons entre les chercheurs ainsi que la publication et la diffusion de ses résultats.[21] Lorsque le but premier de la recherche consiste en des objectifs commerciaux, il est possible de conclure que le régime de la recherche scientifique marine de la CNUDM n'est plus applicable. La récolte de ressources génétiques marines dans le but de créer des produits ou des procédés brevetables et commercialisables n'est donc pas soumise à ce régime.[22]

D *Les dispositions de la Convention des Nations Unies sur le droit de la mer relatives à la recherche scientifique marine*

281. — La recherche scientifique marine au-delà des zones de la juridiction nationale des États est régie par les principes généraux de la partie XIII de la CNUDM ainsi que par les dispositions spécifiques concernant la haute mer et la Zone.[23]

282. — La CNUDM reconnaît un droit[24] à effectuer des recherches scientifiques marines.[25] Les États sont encouragés à mener ces recherches en collaboration avec les autres États et les organisations internationales,[26] à publier et communiquer les informations récoltées et les connaissances acquises.[27] La recherche doit être menée à des fins exclusivement pacifiques[28] et ne doit pas gêner de manière injustifiée les autres utilisations légitimes de la mer compatibles avec la CNUDM.[29] Les chercheurs effectuant de la recherche scientifique

---

19 Scovazzi, 2000, pp. 214–215 ; voir aussi : Kirchner, 2010, p. 122 ; Canal-Forgues, 2003, p. 105 ; Tanaka, 2008, p. 133 ; Doc. ONU A/60/63/Add.1, p. 58.

20 Glowka, 1996, p. 173 ; voir aussi : De la Fayette, 2009, pp. 270–271 ; Kirchner, 2010, pp. 121 et 124 ; Arico/Salpin, 2005, p. 16.

21 Glowka, 1996, p. 172.

22 Art. 87 al. 1 let. f et 143 CNUDM ; voir aussi : Arico/Salpin, 2005, pp. 33–34 ; Doc. OSASTT UNEP/CBD/SBSTTA/8/INF/3/Rev.1 pp. 11 et 14 ; Armas-Pfirter, 2006, p. 23.

23 Doc. ONU, 2011, pp. 16–17.

24 Art. 238 CNUDM.

25 Sous réserve de certains droits dont sont titulaires les États sur des espaces spécifiques. Pancracio, 2010, p. 377.

26 Art. 242 et 243 CNUDM.

27 Art. 244 CNUDM.

28 Art 240 let. (a) CNUDM.

29 Art. 240 let. (c) CNUDM.

marine doivent respecter les obligations générales des États : protection et préservation du milieu marin, prévention, réduction et contrôle de la pollution du milieu marin et mise en œuvre des mesures nécessaires à la conservation des ressources de la haute mer.[30] Les États qui ont les moyens techniques et financiers les plus importants sont encouragés à aider les pays en développement à participer à la recherche scientifique marine et à acquérir les moyens de mener de telles recherches seuls grâce au transfert des techniques marines.[31] En revanche, la recherche scientifique marine ne peut pas constituer le fondement juridique d'une revendication sur une partie du milieu marin ou de ses ressources.[32]

283. — En haute mer, tous les États et les organisations internationales ont le droit de mener des recherches scientifiques.[33] Seules quelques limitations à ce droit existent, notamment celle de ne pas entraver la navigation internationale.[34]

284. — Dans la Zone, les États et les organisations internationales ont le droit de mener des recherches scientifiques,[35] mais ils doivent se soumettre aux dispositions de la Partie XI CNUDM.[36] Les recherches scientifiques doivent notamment être menées à des fins pacifiques et dans l'intérêt de l'humanité entière.[37] L'Autorité internationale des fonds marins doit promouvoir et encourager la recherche scientifique marine dans la Zone ; elle peut également mener des recherches scientifiques dans cet espace.[38] Les États parties qui effectuent des recherches scientifiques dans la Zone sont appelés à favoriser la coopération internationale en matière de recherche scientifique marine en participant à des programmes internationaux et en encourageant les échanges en collaboration avec l'Autorité internationale des fonds marins et les autres États, en particulier ceux en développement. Ils doivent également s'assurer que les résultats des recherches, lorsqu'ils sont disponibles, soient diffusés par

30 Respectivement : art. 192 CNUDM ; art. 194 CNUDM ; art. 117 CNUDM et en général : Jorem/Tvedt, 2014, p. 324.

31 Partie XIV CNUDM.

32 Art. 241 CNUDM.

33 Art. 87 let. (f) et 257 CNUDM ; voir aussi : Drankier/Oude Elferink/Visser et al., 2012, p. 404 ; Doc. ONU, 2011, pp. 17–18.

34 Art. 261 CNUDM ; Rothwell/Stephens, 2016, p. 360.

35 Art. 256 CNUDM.

36 Rothwell/Stephens, 2016, p. 361; voir aussi : Oude Elferink, 2007, pp. 154–155 ; Drankier/Oude Elferink/Visser et al., 2012, p. 404 ; Doc. ONU, 2011, p. 18.

37 Art. 143 al. 1 CNUDM.

38 Art. 143 al. 2 CNUDM.

le biais de l'Autorité internationale des fonds marins ou d'autres mécanismes internationaux.[39]

E *Les autres instruments de réglementation et la recherche scientifique marine*

285. — En plus des dispositions qui existent dans la CNUDM, il existe d'autres instruments régionaux et globaux importants pour la recherche scientifique dans les océans, notamment : l'Accord sur les stocks chevauchants et les grands migrateurs, le Traité sur l'Antarctique ou la Convention internationale pour la réglementation de la chasse à la baleine.[40]

III La réglementation des ressources biologiques (pêche)

A *Définition et évolution du domaine de la pêche*

286. — La pêche est depuis toujours l'une des principales activités menées en mer.[41] Selon le droit coutumier, qui a ensuite été codifié dans différents traités, la liberté de la pêche est le principe qui régit encore aujourd'hui cette activité en haute mer.

287. — En droit international et dans la pratique des États,[42] l'emploi du terme pêche ne se limite pas à la prise de poissons. Le terme pêche désigne, dans ce domaine, toute activité d'exploitation de ressources biologiques[43] se trouvant dans les océans ou en dépendant.[44] Ce point de vue est néanmoins parfois controversé, en particulier lorsqu'il est question de pêche à des fins scientifiques.[45]

288. — L'industrie halieutique a considérablement accru son efficacité depuis la fin des années 1950 grâce aux différentes avancées techniques.[46] Ces progrès ont conduit à la surexploitation des ressources halieutiques et à une pêche à outrance.[47] La production est passée de 27 à 80 millions de tonnes de

39 Art. 143 al. 3 CNUDM ; voir aussi : Salpin, 2013, p. 176.
40 Rothwell/Stephens, 2016, pp. 361–363.
41 de Marffy, 2005, p. 27.
42 Fleischer, 1985, p. 900.
43 Les ressources biologiques couvrent tous les organismes vivants.
44 Fleischer, 1985, p. 822.
45 Takei, 2013, pp. 38–39 ; voir aussi : Jorem/Tvedt, 2014, pp. 325–326.
46 Utilisation de sonars, chaluts flottants, navires-usines permettant le conditionnement du poisson en mer, etc.
47 Ros, 2000, p. 362 ; Beer-Gabel/Lestang, 2003, p. 5.

1958 à 1980.[48] Une prise de conscience a néanmoins émergé dans les années 1990, tendant à essayer de limiter l'impact de la pêche sur l'environnement et à protéger l'équilibre des écosystèmes en mettant en place des mécanismes pour une pêche durable, tout en développant paradoxalement des techniques et des engins de pêche plus performants.[49]

B *Les normes d'exploitation des ressources biologiques de la haute mer dans la Convention des Nations Unies sur le droit de la mer*

289. — Chaque État a le droit d'exercer le principe coutumier de liberté de la pêche en haute mer consacré dans l'article 116 CNUDM. Il doit néanmoins tenir compte des intérêts des autres États et des droits reconnus par la CNUDM concernant les activités menées dans la Zone,[50] de ses obligations conventionnelles,[51] des droits et obligations ainsi que des intérêts des États côtiers.[52] La liberté de la pêche n'est pas une liberté individuelle, mais une liberté accordée aux États qui ont le droit d'autoriser leurs ressortissants à en faire usage.[53]

290. — La liberté de pêche en haute mer est réglementée dans le but de protéger les espèces et d'organiser une gestion rationnelle des ressources afin d'assurer une exploitation durable. Ces limitations figurent dans la CNUDM aux articles 117 et suivants.[54] La liberté de la pêche en haute mer est, entre autres, assortie de l'obligation de prendre des mesures relatives à la conservation des ressources biologiques de la haute mer ou de collaborer en ce sens avec d'autres États.[55] La volonté de responsabiliser les États qui doivent gérer les ressources de la haute mer dans un but de conservation est ici manifeste.[56]

291. — Afin d'optimiser la conservation et la gestion des ressources biologiques, la CNUDM prévoit que les États doivent négocier entre eux en vue de prendre les mesures utiles. Le cas échéant, ils doivent collaborer à la mise en place d'organisations des pêches régionales et sous-régionales.[57]

292. — Les États sont également responsables de maintenir ou de rétablir les stocks des espèces exploitées, cela en s'assurant que l'application de ces mesures de conservation n'engendre pas de discriminations à l'encontre des

48 Bennouna, 1985, p. 13.
49 Ros, 2000, p. 362.
50 Art. 87 CNUDM.
51 Art. 116 al. 1 let. a CNUDM.
52 Art. 116 al. 1 let. b CNUDM.
53 Fleischer, 1985, pp. 941–942.
54 Pancracio, 2010, p. 323.
55 Fleischer, 1985, pp. 943–944.
56 Pancracio, 2010, p. 323.
57 Art. 118 CNUDM.

pêcheurs, quelle que soit leur nationalité.[58] Mais l'article 119 CNUDM n'émet que des recommandations. La formulation utilisée reste très vague et peu contraignante. Aucune obligation n'est faite aux États quant à l'application des normes qui ne sont que des recommandations minimales. Cependant, à travers l'article 119 CNUDM, la communauté internationale précise néanmoins l'importance des organisations régionales dans la mise en œuvre du droit sur les ressources biologiques marines.[59]

C *La situation juridique des ressources biologiques aujourd'hui*

293. — Le droit de la pêche a énormément évolué depuis les années 1970. L'activité de pêche, qui était principalement régulée au niveau international par le principe de liberté de la pêche, est aujourd'hui plus largement gérée par les États côtiers.[60] Compte tenu de la création de la ZEE ainsi que des nombreuses conventions,[61] codes de conduite et directives qui entourent les activités de pêche en haute mer, le régime de la liberté de pêche est tellement encadré que sa pérennité suscite des doutes au sein de la doctrine.[62] Vingt-cinq commissions internationales de pêche œuvrent pour la gestion des ressources biologiques de la haute mer.[63] Les États côtiers ont également obtenu de plus en plus de droits sur les ressources halieutiques au-delà de leurs juridictions nationales. Ils ont entre autres étendu leur souveraineté sur celles-ci par le biais de compétences de protection visant à lutter contre la surpêche.[64] Ainsi, les pays côtiers adoptent un comportement de plus en plus offensif face à la protection des ressources marines. Ils souhaitent pouvoir disposer de ces ressources en interdisant toute concurrence.[65]

294. — La CNUDM ne prévoit qu'une mesure de principe concernant la nécessité de protéger les ressources biologiques de la haute mer et n'interdit pas certains types de pêches ou de filets.[66] La raréfaction des ressources

---

58 Art. 119 al. 3 CNUDM.

59 Le Hardy, 2002, pp. 327–328.

60 Churchill/Lowe, 1999, p. 321 ; voir aussi : Beer-Gabel/Lestang, 2003, p. 5.

61 Une trentaine environ, Pancracio, 2010, p. 323.

62 Pancracio, 2010, pp. 297 et 334 ; voir aussi : Lucchini, Préface, in Beer-Gabel/Lestang, 2003, p. 2.

63 Pancracio, 2010, pp. 323–324.

64 Entre autres par le biais de l'Accord sur les stocks chevauchants et les grands migrateurs ; voir aussi : Pancracio, 2010, pp. 323–325 ; Le Hardy, 2002, pp. 127 ss.

65 Le Hardy, 2002, p. 68 ; voir aussi : Beer-Gabel/Lestang, 2003, p. 5.

66 En particulier: la pêche aux filets maillants dérivants responsable de la mort de nombreux cétacés et tortues de mer, le chalutage en eau profonde qui menace certaines espèces de poissons très lents à se reproduire et détruit des écosystèmes vulnérables entiers (tels que

halieutiques, l'augmentation et l'intensification des campagnes de pêche exigent que la liberté de la pêche en haute mer soit limitée par des conventions contraignantes et des actions volontaires[67] ceci afin d'assurer à long terme la préservation et le renouvellement des stocks.[68] L'efficacité de ces méthodes est pourtant conditionnée par la volonté et la possibilité des États d'effectuer des contrôles rigoureux relatifs au respect de l'application de ces différents instruments.[69]

295. — L'état de santé des pêcheries se détériore depuis les années 1960 malgré les tentatives de solutions qui ont démontré non seulement l'absence de connaissances scientifiques suffisantes des ressources biologiques, mais également le laxisme des États à contrôler les navires battant leur pavillon et à imposer les mesures adoptées au niveau international.[70] À cela s'ajoute le problème grandissant des pêches illégales.[71] En effet, le risque de surpêche est l'un des dangers principaux qui menacent aujourd'hui les ressources biologiques.[72] La notion de liberté de la pêche n'est plus en adéquation avec la situation de la haute mer du XXIe siècle. Les technologies limitant le libre accès aux ressources biologiques de la haute mer existent, il importe que les États montrent une réelle volonté politique de les appliquer en ce sens.[73]

IV La réglementation des ressources minérales

A *Le régime de la Zone*

296. — Le régime de la Zone est une nouveauté apportée par la CNUDM en 1982. Ce régime, voulu principalement par les pays en développement, met en exergue le principe de « patrimoine commun de l'humanité ».

297. — Le régime applicable à la Zone[74] et à ses ressources[75] a initialement été créé pour encadrer l'exploitation des nodules polymétalliques, seule

---

monts sous-marins, récifs de coraux d'eaux froides ou évents hydrothermaux). Rothwell/Stephens, 2016, pp. 337–339.

67 Codes de conduite et directives.

68 Elles ne seront peut-être pas suffisantes.

69 Pancracio, 2010, p. 325 ; voir aussi : Barkin/DeSombre, 2013, pp. 14–15.

70 de Marffy, 2005, p. 34 ; voir aussi : Rothwell/Stephens, 2016, p. 337.

71 Beer-Gabel/Lestang, 2003, pp. 131–133, 135–136 et 158; voir aussi : Barkin/ DeSombre, 2013, pp. 15–16.

72 Barkin/DeSombre, 2013, pp. 18–19.

73 Gjerde, 2006, Fisheries Management, p. 304.

74 Voir *supra* § 255 ss.

75 Partie XI CNUDM.

ressource de la Zone considérée à l'époque comme susceptible d'exploitation dans un avenir proche.[76] C'est en raison de la potentielle valeur commerciale de ces ressources qu'un régime particulier a été institué.[77] Ce n'est que plus tard, avec la découverte des ressources hydrothermales, que d'autres ressources minérales ont été visées par ce régime.[78] À titre d'exemple, les encroûtements cobaltifères de ferromanganèse se trouvant le long des pentes des volcans sous-marins intéressent aujourd'hui l'industrie.[79]

298. — De prime abord, le champ d'application du régime de la Zone semble vaste.[80] Mais il est en réalité limité à certains types de ressources. En effet, seules les ressources minérales solides, liquides ou gazeuses se trouvant dans la Zone, sur les fonds marins ou dans leurs sous-sols, sont couvertes par ce régime.[81] Les autres ressources « non vivantes » des océans, telles que les sources d'énergies,[82] ne sont pas couvertes par ce régime et sont librement exploitables.[83] Sur le plan spatial, le régime de la Zone n'est applicable qu'aux sols et aux sous-sols des fonds marins et il n'affecte pas le régime juridique des eaux surjacentes ou celui de l'espace aérien situé au-dessus de la Zone.[84]

299. — Le régime de la Zone est l'expression de différentes volontés politiques des États parties concernant l'exploitation des ressources minérales dans les années 1970–1980. Les pays en développement voulaient créer un nouvel ordre économique dont ce régime devait être la première illustration. D'un autre côté, les pays industrialisés souhaitaient développer l'exploitation d'une nouvelle source de minéraux dont ils étaient les principaux consommateurs.[85] S'ajoutait à cela l'idée d'une exploitation égalitaire permettant la participation des pays en développement par le biais du principe de « patrimoine commun de l'humanité »[86] et l'encouragement à la participation effective de l'exploitation.[87] Les principes contenus dans la CNUDM, et particulièrement le régime

76 Lévy, 1985, pp. 514–515.

77 Higgins, 1991, pp. 176–178 ; voir aussi : Noiville, 1997, p. 176.

78 Lévy, 1985, pp. 514–515.

79 Rothwell/Stephens, 2016, p. 131.

80 Art. 134 al. 1 CNUDM.

81 Art. 133 let. (a) CNUDM ; voir aussi : Lévy, 1985, pp. 514–515 ; Orrego Vicuña, 1985, p. 558.

82 Courants, vagues, vents, etc. Au contraire de la situation qui prévaut dans la ZEE. Art. 56 al. 1 let. (a) CNUDM.

83 Rothwell/Stephens, 2016, p. 313.

84 Art. 135 CNUDM ; voir aussi Lévy, 1985, p. 511.

85 Lévy, 1985, p. 539.

86 Voir *supra* § 116 ss.

87 Lévy, 1985, pp. 539–540.

de la Zone, reflètent ces différents points de vue.[88] Ainsi, la communauté internationale a décidé, à travers la CNUDM, d'établir un régime juridique plaçant la Zone hors de toute souveraineté nationale, empêchant toute appropriation de l'espace et des ressources minérales qui s'y trouvent par un État, une personne physique ou une personne morale.[89] Ainsi, « [a]ucune revendication, aucun exercice de souveraineté ou de droit souverain, ni aucun acte d'appropriation n'est reconnu »[90] sur et dans la Zone.

300. — La Zone doit être gérée par la communauté internationale au nom de l'humanité tout entière.[91] Les activités menées dans celle-ci le sont dans un intérêt commun, sans tenir compte de la situation géographique des États, mais en prenant en considération tout particulièrement le besoin des États en développement.[92] La Zone et ses ressources sont le « patrimoine commun de l'humanité ».[93] Elle est ouverte à une utilisation par tous les États, à des fins exclusivement pacifiques.[94]

301. — Le régime de la Zone comporte un certain nombre de dispositions propres à régler des problèmes bien spécifiques. Il est d'abord demandé que le transfert des techniques et des connaissances scientifiques relatives aux activités menées dans la Zone soit effectué au profit des pays en développement et de l'Entreprise.[95] Cet objectif doit être atteint par le biais de programmes facilitant l'accès aux techniques pertinentes, mais aussi par des mesures visant à assurer le progrès des techniques et permettant au personnel des pays en développement ainsi que de l'Entreprise de bénéficier de formations aux sciences et techniques marines.[96]

302. — Il est ensuite attendu des États qu'ils prennent les mesures nécessaires afin de protéger efficacement le milieu marin des effets nocifs que les activités menées dans la Zone pourraient engendrer sur celui-ci. Dans cette perspective, les États doivent prévenir, réduire et maîtriser la pollution du milieu marin. Sont en particulier visées les techniques nocives de forage, dragage, excavation, élimination des déchets, construction, exploitation et entretien des installations utilisées pour les activités conduites dans la Zone.[97]

88 Orrego Vicuña, 1985, p. 558.
89 Art. 137 al. 1 CNUDM.
90 Art. 137 al. 1 CNUDM.
91 Art. 137 al. 2 CNUDM; voir aussi : Pancracio, 2010, p. 336.
92 Art. 140 CNUDM.
93 Art. 136 CNUDM.
94 Art. 141 CNUDM.
95 Organe de l'Autorité internationale des fonds marins. Art. 158 al. 2 CNUDM.
96 Art. 144 CNUDM.
97 Art. 145 let. (a) CNUDM.

Les États doivent également protéger et conserver les ressources naturelles et prévenir les dommages à la faune et à la flore marines.[98] En cas d'urgence, les opérations relatives à l'exploitation de la Zone peuvent être modifiées ou suspendues afin de prévenir tout dommage grave porté au milieu marin.[99] De plus, l'exploitation de certains espaces de la Zone doit être exclue s'il y a de sérieuses raisons de penser qu'une telle activité engendrerait un risque de dommage grave pour le milieu marin.[100] En raison de la nature intégrée du milieu marin, sa protection par ces dispositions ne se limite pas au fond marin et à ses sous-sols au-delà des limites de juridiction des États, mais s'applique à l'ensemble du milieu marin, y compris à la colonne d'eau et aux espaces sous juridiction d'États.[101]

B *L'Autorité internationale des fonds marins*

303. — L'Autorité internationale des fonds marins est une institution internationale, créée par la communauté des États en 1982.[102] Son siège se trouve à Kingston, en Jamaïque.[103] Tous les États parties à la CNUDM en sont membres.[104] Son but est d'organiser et de contrôler les activités relatives aux ressources minérales de la Zone.[105] Elle assume les fonctions suivantes :

- mettre en valeur les ressources de la Zone en les gérant au mieux et en évitant tout gaspillage ;[106]
- veiller à ce que les économies des pays en développement, en particulier dans le domaine de l'extraction minière, ne soient pas défavorisées par l'exploitation des ressources minérales de la Zone, en fixant les prix sur les matières premières ainsi qu'en favorisant la participation des pays en développement aux entreprises d'exploitation de la Zone ;[107]
- favoriser la coopération entre les pays industrialisés et les pays en développement dans le transfert de technologie et des connaissances scientifiques

98 Art. 145 let. (b) CNUDM.
99 Art. 162 al. 2 let. (w) CNUDM.
100 Art. 162 al. 2 let. (x) CNUDM.
101 Orrego Vicuña, 1985, p. 579.
102 Partie XI Section 4 CNUDM ; voir aussi : Churchill/Lowe, 1999, pp. 239–240.
103 Druel/Rochette/Billé, 2013, p. 5.
104 Art. 156 al. 2 CNUDM.
105 Art. 157 al. 1 CNUDM.
106 Art. 150 let. (a) et (b) CNUDM.
107 Art. 150 let. (f) CNUDM ; voir aussi : Pancracio, 2010, p. 337.

afin que les pays en développement puissent à moyen terme participer également activement à l'exploitation de la Zone ;[108]
- répartir les bénéfices tirés de la Zone entre les différents États ;[109]
- protéger et préserver l'environnement marin dans le cadre de l'exploitation des ressources minérales.[110]

304. — L'Autorité internationale des fonds marins est constituée d'une Assemblée, d'un Conseil et d'un Secrétariat, qui en sont les organes principaux.[111] L'Autorité internationale des fonds marins aurait dû exercer ses fonctions par l'intermédiaire de l'Entreprise ;[112] cet organe était censé mener les activités d'exploration et d'exploitation dans la Zone, gérer et contrôler les activités de transport, de traitement et de commercialisation des minéraux tirés de la Zone,[113] mais il a finalement été modifié par l'Accord relatif à l'application de la Partie XI CNUDM et n'a pas encore vu le jour.[114] Dès son entrée en fonction, l'Autorité internationale des fonds marins s'est attelée à l'élaboration d'un cadre réglementaire applicable à la rédaction future de contrats d'exploitation des nodules polymétalliques de la Zone.[115] Elle a ensuite, dès 2003, commencé à travailler sur un Code minier pour l'exploitation des ressources de la Zone autres que les nodules. Mais ces travaux n'ont pas encore abouti.[116] L'Autorité internationale des fonds marins s'est également engagée à aider les pays en développement dans des projets de recherche scientifique marine en créant un fonds d'aide.[117] Bien que le système soit en place, l'Autorité internationale des fonds marins a jusqu'ici été peu testée en pratique et l'on ne dispose pas du recul nécessaire pour évaluer son efficacité.[118]

C *L'exploitation minérale*

305. — Selon le régime de la Zone, les activités peuvent être menées soit par l'Entreprise, les États parties à la CNUDM ou des entreprises d'État, soit par des

108 Art. 150 let. (d) CNUDM.

109 Art. 140 al. 2 CNUDM ; voir aussi : Pancracio, 2010, p. 337.

110 Art. 145 let. (b) CNUDM ; voir aussi : Armas-Pfirter, 2006, p. 11 ; voir aussi : de la Fayette, 2009, p. 275 ; Harrison, 2011, p. 138.

111 Art. 158 al. 1 CNUDM ; voir aussi : Lévy, 2005, pp. 103–106 et 107.

112 Art. 158 al. 2 CNUDM.

113 Art. 170 al. 1 CNUDM et art. 153 al. 2 let. (a) CNUDM.

114 Churchill/Lowe, 1999, pp. 244 et 248.

115 Règlement relatif à la prospection et à l'exploration des nodules polymétalliques dans la Zone.

116 Lévy, 2005, pp. 107–109 et 111–114 ; voir aussi : Pancracio, 2010, pp. 339–340.

117 de la Fayette, 2009, pp. 274–275.

118 Drankier/Oude Elferink/Visser et al., 2012, p. 430.

personnes physiques ou morales relevant des États parties.[119] L'exploitation des ressources minérales de la Zone est divisée en trois phases : la prospection, l'exploration et l'exploitation.[120] La prospection peut être entreprise librement avec seulement quelques limitations portant notamment sur les risques liés à des dommages causés à l'environnement.[121] Le prospecteur doit signaler par écrit à l'Autorité internationale des fonds marins qu'il entreprend de telles démarches et s'engager à respecter les règles de la CNUDM.[122] La prospection ne confère aucun droit au prospecteur sur les ressources et il n'est autorisé à exploiter qu'une quantité jugée raisonnable de minéraux à titre d'échantillon.[123] Afin de pouvoir exploiter les ressources minérales prospectées, le prospecteur doit en faire la demande écrite sous la forme d'un plan proposé à l'Autorité internationale des fonds marins et démontrer qu'il dispose des capacités techniques et financières pour mener à bien cette entreprise.[124] Lorsque le plan est approuvé, un contrat est conclu entre la partie qui souhaite exploiter la ressource et l'Autorité internationale des fonds marins qui lui attribue le droit exclusif[125] d'explorer et d'exploiter l'espace couvert par le plan pour une durée déterminée.[126]

D *Les modifications apportées par l'Accord relatif à l'application de la Partie XI de la Convention des Nations Unies sur le droit de la mer du 10 décembre 1982*

306. — L'adjonction de l'Accord relatif à l'application de la Partie XI CNUDM a entrainé une réduction des droits octroyés aux pays en développement par le régime initial de la Zone.[127] Les pouvoirs de l'Entreprise sont largement limités et celle-ci n'a finalement pas encore vu le jour.[128] Les pouvoirs de l'assemblée

119 Orrego Vicuña, 1985, p. 560.

120 Rothwell/Stephens, 2016, p. 150 ; voir aussi : Orrego Vicuña, 1985, p. 580.

121 Rothwell/Stephens, 2016, p. 150.

122 Art. 2 al. 1 let. a Annexe III CNUDM ; voir aussi : Churchill/Lowe, 1999, p. 248.

123 Art. 2 al. 2 Annexe III CNUDM ; voir aussi : Rothwell/Stephens, 2016, pp. 150–151 ; Churchill/Lowe, 1999, p. 249.

124 Art. 4 al. 2 Annexe III CNUDM ; voir aussi : Rothwell/Stephens, 2016, p. 151.

125 En ce qui concerne les nodules polymétalliques, l'art. 24 Règlement relatif à la prospection et à l'exploration des nodules polymétalliques dans la Zone (adopté le 13 juillet 2000 à Kingston) prévoit « [qu'un] Contractant qui a fait approuver un plan de travail portant uniquement sur l'exploration a préférence et priorité sur les demandeurs qui soumettent un plan de travail portant sur l'exploitation du même secteur et des mêmes ressources ».

126 Rothwell/Stephens, 2016, p. 152 ; voir aussi : Churchill/Lowe, 1999, p. 249.

127 Pancracio, 2010, pp. 338–339.

128 Section 2 Accord relatif à l'application de la Partie XI CNUDM ; voir aussi : Tanaka, 2015, pp. 187–188 et 191–192 ; Pancracio, 2010, pp. 338–339 ; Harrison, 2011, pp. 91–92.

de l'Autorité internationale des fonds marins sont transférés au Conseil de l'Autorité.[129] Les engagements relatifs à l'assistance économique des pays industrialisés au système de la Zone et le transfert des techniques sont réévalués,[130] l'obligation du transfert des techniques étant considérée comme préjudiciable aux droits de propriété intellectuelle par les pays industrialisés.[131] La limitation de l'exploitation des ressources marines au profit des ressources terrestres des pays en développement est abandonnée.[132] Le principe le plus important de la Partie XI CNUDM, celui de « patrimoine commun de l'humanité », est maintenu, promulguant la non-appropriation des ressources minérales de la Zone et l'utilisation de cet espace à des fins pacifiques et au bénéfice de l'humanité tout entière.[133]

E *La Zone aujourd'hui*

307. — Les ressources minérales de la Zone n'ont finalement pas encore été exploitées et le système mis en place n'a pas été réellement utilisé pour l'instant. Plusieurs raisons expliquent que l'exploitation n'en soit qu'à ses prémices. Tout d'abord, en 2009, moins de 10% des fonds marins avaient été cartographiés et les navires permettant des expéditions scientifiques n'étaient pas nombreux. Ensuite, la technologie n'est pas encore suffisamment avancée pour concevoir l'exploitation de ressources minérales à grandes profondeurs, à de fortes pressions et dans des conditions instables.[134] Et finalement, l'exploitation des ressources minérales de la Zone à grande échelle n'aura lieu que lorsque son coût, ainsi que les besoins mondiaux en énergie et en matières premières en feront une activité rentable. Si les ressources minérales terrestres suffisent encore aujourd'hui, il se pourrait que cela ne soit plus le cas d'ici quelques années. L'exploitation des ressources minérales de la Zone commencera alors véritablement.[135]

---

129 Section 3 Accord relatif à l'application de la Partie XI CNUDM ; voir aussi : Pancracio, 2010, pp. 338–339 ; Rigaldies, 1995, p. 250.

130 Section 7 et 5 (2) Accord relatif à l'application de la Partie XI CNUDM ; voir aussi : Rothwell/Stephens, 2016, pp. 18–19 ; Tanaka, 2015, pp. 187–188; Rigaldies, 1995, p. 250 ; Nelson, 1995, pp. 198–200 ; Freestone/Oude Elferink, 2005, pp. 188–189.

131 Tanaka, 2015, p. 188.

132 Section 6(7) Accord relatif à l'application de la Partie XI CNUDM ; voir aussi : Tanaka, 2015, p. 188 ; Churchill/Lowe, 1999, p. 249.

133 Tanaka, 2015, pp. 191–192.

134 Pancracio, 2010, pp. 340–341.

135 Pancracio, 2010, pp. 338 et 340–341 ; Sprankling, 2014, p. 164.

V La réglementation des objets archéologiques

308. — Selon l'article 303 CNUDM, les objets archéologiques ou historiques trouvés en mer bénéficient également d'une protection. Qu'importe la zone dans laquelle les objets sont trouvés, les États ont l'obligation générale de les protéger, de coopérer et de collaborer à cette fin.[136] Quant à l'État côtier, il peut considérer que le retrait du fond de la mer d'un tel objet dans la zone visée constitue une infraction sur son territoire si l'opération est réalisée sans son approbation.[137] Par contre, l'article 303 CNUDM ne doit pas porter atteinte au droit des propriétaires identifiables qui auraient, de fait, un droit de propriété sur l'objet.[138] Cette disposition, censée protéger les objets archéologiques risque, en raison de son troisième alinéa,[139] d'encourager leur commerce plus que leur protection.[140] Finalement, l'article 303 CNUDM ne doit pas porter préjudice aux autres accords internationaux et règles de droit international en la matière.[141]

309. — Pour les objets archéologiques trouvés dans la Zone,[142] comme pour les ressources minérales de cet espace, le principe de l'intérêt public de l'humanité tout entière est privilégié.[143] Trois types d'États sont considérés comme ayant un intérêt préférentiel sur ces objets : l'État ou le pays d'origine, l'État d'origine culturelle et l'État d'origine historique, archéologique.[144]

310. — S'il existe des régimes juridiques pour les ressources archéologiques de la mer territoriale et de la Zone,[145] aucune précision n'est faite concernant les fonds marins situés entre ces deux zones, c'est-à-dire en dessous de la ZEE et sur le plateau continental. Ce vide juridique pourrait représenter un risque pour les ressources archéologiques situées dans ces endroits puisqu'elles

136 Art. 303 al. 1 CNUDM, voir aussi : Scovazzi, 2000, p. 208.

137 Art. 303 al. 2 CNUDM, voir aussi : Scovazzi, 2000, pp. 208–209 ; Scovazzi, 2006, Protection, pp. 122–123.

138 Art. 303 al. 3 CNUDM.

139 Qui prévoit que l'article 303 CNUDM ne doit porter atteinte « ni aux droits des propriétaires identifiables, au droit de récupérer des épaves et aux autres règles du droit maritime, ni aux lois et pratiques en matière d'échanges culturels ». Art. 303 al. 3 CNUDM.

140 Scovazzi, 2000, pp. 210–212.

141 Art. 303 al. 4 CNUDM ; voir aussi : Scovazzi, 2000, p. 212.

142 Art. 149 CNUDM.

143 Scovazzi, 2006, Protection, pp. 123–124 ; voir aussi : Armas-Pfirter, 2009, pp. 299–300.

144 Scovazzi, 2000, p. 209 ; voir aussi : Oude Elferink, 2007, p. 161.

145 Art. 303 al. 2 et 149 CNUDM.

pourraient être considérées comme régies par le principe de liberté, chacun étant libre de s'approprier ces ressources.[146] Pour éviter ce genre de situation, l'Organisation des Nations Unies pour l'éducation, la science et la culture (UNESCO) a adopté la Convention sur la protection du patrimoine subaquatique en 2001,[147] qui vise à protéger les ressources archéologiques subaquatiques dans leur ensemble.[148] Toutefois, cette convention n'a été ratifiée que par une cinquantaine d'États.[149]

VI Conclusion

311. — Les régimes applicables aux différentes ressources et objets issus des zones situées hors de la juridiction nationale des États, établis par la communauté internationale dans la CNUDM, diffèrent les uns des autres. Les enjeux et les conséquences relatifs à l'exploitation d'une ressource biologique ou minérale sont très différents. Le fait d'appliquer l'un ou l'autre de ces régimes juridiques aux RGM hors zones a des conséquences majeures quant aux conditions d'exploitation de celles-ci pour les États et les entreprises exploitantes. C'est la raison pour laquelle ce sujet est un thème de discussion central au sein de l'ONU et que les pays en développement et les pays industrialisés ne font pas la même interprétation de la situation actuelle, comme nous le verrons au Chapitre suivant.

---

146 Scovazzi, 2006, Protection, pp. 124–125.

147 Site de l'UNESCO : « www.unesco.org/new/fr/culture/themes/underwater-cultural-heritage/2001-convention/?q=en%2Fculture%2Fthemes%2Funderwater-cultural-heritage%2F2001-convention%2F » (consulté le 20.03.2017).

148 Scovazzi, 2006, Protection, pp. 128–133.

149 Site de l'UNESCO : « www.unesco.org/eri/la/convention.asp?KO=13520&language=F&order=alpha », (consulté le 20.03.2017).

CHAPITRE 9

Le régime juridique applicable aux ressources génétiques marines

1 Introduction

312. — La bioprospection et l'exploitation des ressources génétiques marines ne sont pas couvertes par le régime de la recherche scientifique.[1] Mais, bien que la CNUDM ne traite spécifiquement ni de la diversité biologique[2] ni des ressources génétiques marines, ces dernières sont couvertes par cette convention. La CNUDM définit le cadre juridique global des activités s'exerçant dans les espaces marins, sous et au-delà des juridictions nationales des États, dans la mesure où elles proviennent d'organismes marins.[3] Cela ressort clairement de son préambule aux termes duquel « il est souhaitable d'établir, au moyen de la Convention, compte dûment tenu de la souveraineté de tous les États, un ordre juridique pour les mers et les océans qui facilite les communications internationales et favorise les utilisations pacifiques des mers et des océans, l'utilisation équitable et efficace de leurs ressources, la conservation de leurs ressources biologiques et l'étude, la protection et la préservation du milieu marin [...] ».[4] La CNUDM est complétée par d'autres instruments spécifiques tels que la CDB.[5]

313. — Des régimes différents sont appliqués selon que les ressources génétiques marines se trouvent sous la juridiction nationale d'un État ou hors de toute juridiction nationale. Pour les ressources génétiques soumises à la juridiction d'un État partie à la CDB et au Protocole de Nagoya, les mécanismes de partage des avantages et des bénéfices prévus par ceux-ci s'appliquent pour autant que l'État en question ait prévu de tels dispositifs.[6] La mer territoriale, la ZEE, ainsi que le plateau continental sont les zones marines sous juridiction

---

1 Voir *supra* § 275 ss.

2 Les questions relatives à la valeur commerciale et la perte de la biodiversité n'étaient pas considérées comme importantes dans les années 1970 lorsque la CNUDM a été négociée. de la Fayette, 2009, p. 224.

3 Salpin, 2013, p. 150 ; voir aussi : Doc. ONU A/60/63/Add.1, p. 57.

4 Préambule CNUDM, § 4.

5 de Marffy, 2005, p. 64.

6 Proelss, 2008, pp. 440–442 ; voir aussi : Doc. ONU A/60/63/Add.1, p. 59.

 | DOI 10.1163/9789004352094_013

nationale des États côtiers.[7] Sur le plateau continental étendu, l'État côtier exerce un droit souverain sur les ressources biologiques sédentaires (II). Le régime juridique applicable aux RGM hors zones est beaucoup plus confus que celui des ressources génétiques situées dans une juridiction nationale.[8] Ni la CNUDM, ni la CDB ne prévoient de régime juridique spécifique pour les ressources génétiques de ces espaces.[9] Il faut finalement distinguer les régimes applicables à la colonne d'eau et aux fonds marins avant d'établir les raisons pour lesquelles le régime actuellement applicable à l'exploitation des RGM hors zones est celui de la liberté de la haute mer sur les ressources biologiques (III).

II Le régime applicable aux ressources génétiques sur un territoire sous juridiction nationale

A *Le régime applicable aux ressources génétiques de la mer territoriale*

314. — La mer territoriale est juridiquement assimilée au territoire de l'État côtier[10] qui a non seulement le droit de souveraineté sur l'exploitation des ressources qui s'y trouvent, mais également le droit exclusif de réglementer, d'autoriser, d'interdire et de mener des recherches scientifiques sur cet espace.[11]

B *Le régime applicable aux ressources génétiques de la Zone Économique Exclusive et du plateau continental*

315. — Dans la ZEE[12] et sur le plateau continental,[13] l'État n'a pas la souveraineté sur l'espace, mais dispose, en vertu de la CNUDM, de droits souverains sur ses ressources minérales et biologiques. Il a le droit exclusif de gérer et d'exploiter les ressources génétiques marines, mais il a également l'obligation de protéger et de préserver le milieu marin.[14] L'État qui dispose du droit de souveraineté sur les ressources peut accorder ou non l'accès aux ressources convoitées et

7 Doc. OSASTT UNEP/CBD/SBSTTA/8/INF/3/REV.1, p. 9 ; voir aussi : Glowka/ Burhenne-Guilmin/Synge et al., 1996, p. 36.

8 Gjerde, 2006, Ecosystems, p. 21.

9 Scovazzi, 2011, pp. 7–8.

10 Art. 2 CNUDM.

11 Noiville, 1997, pp. 366–367.

12 Art. 56 al. 1 let. (a) CNUDM.

13 Art. 77 al. 1 CNUDM.

14 de la Fayette, 2009, pp. 222 et 225 ; voir aussi : Kirchner, 2010, p. 123 ; Doc. ONU A/62/169, p. 14 ; Doc. OSASTT UNEP/CBD/SBSTTA/8/INF/3/REV.1, p. 9 ; Proelss, 2008, pp. 441–442 ; Leary, 2007, pp. 34–35 ; Lehmann, 2007, p. 37 ; Noiville, 1997, p. 367.

demander une contrepartie, financière ou d'autre nature.[15] Par contre, dans la ZEE et sur le plateau continental, bien que l'État côtier dispose également du droit de réglementer, d'autoriser et de mener des recherches scientifiques,[16] ce pouvoir est plus restreint puisque l'État côtier doit consentir[17] à la réalisation de projets de recherche d'autres États dans ces deux zones.[18] Si la bioprospection était assimilée à la recherche scientifique marine, n'importe quel État aurait le droit de prospecter dans la ZEE et sur le plateau continental d'un État côtier qui ne serait en mesure de refuser qu'à des conditions très strictes et spécifiques.[19] Mais cette situation serait assortie de l'obligation de prospecter « en vue d'accroitre les connaissances scientifiques sur le milieu marin dans l'intérêt de l'humanité tout entière »,[20] ce qui n'est pas le but premier des bioprospecteurs. Dans la mesure où le dépôt d'un brevet induit automatiquement la publication de l'invention, le critère « d'accroitre les connaissances de l'humanité tout entière » pourrait néanmoins être considéré comme rempli.[21] En revanche, si la bioprospection est considérée comme l'exploitation des ressources génétiques, l'État côtier a un droit souverain sur ces ressources dans la ZEE et sur le plateau continental.[22]

C *Le régime applicable aux ressources génétiques sur le plateau continental étendu*

316. — La situation des ressources génétiques marines du plateau continental étendu est un peu particulière.[23] En vertu de l'article 77 al. 4 CNUDM, « les organismes vivants qui appartiennent aux espèces sédentaires, c'est-à-dire les organismes qui, au stade où ils peuvent être pêchés, sont soit immobiles sur le fond ou au-dessous du fond, soit incapables de se déplacer autrement qu'en restant constamment en contact avec le fond ou le sous-sol » sont soumis au régime du plateau continental.[24] Ce qui précède n'a pas de conséquences particulières pour l'exploitation des ressources biologiques et de leurs ressources génétiques sur le plateau continental surplombé par la ZEE, dans la mesure où les deux espaces se trouvent sous la juridiction de l'État côtier. Par contre, les

15 Gjerde, 2006, Ecosystems, p. 21 ; voir aussi : Armas-Pfirter, 2006, p. 21 ; Noiville, 1998, p. 67.
16 Art. 246 CNUDM.
17 Art. 246 al. 3 CNUDM.
18 Noiville, 1997, pp. 366–367.
19 Noiville, 1997, p. 369.
20 Art. 246 al. 3 CNUDM.
21 Noiville, 1997, p. 370, Voir aussi : Soons, 1982, p. 167.
22 Art. 56 al. 1 let. (a) CNUDM et art. 77 al. 1 CNUDM.
23 Voir *supra* § 250 ss.
24 Leary, 2007, p. 36 ; voir aussi : Armas-Pfirter, 2006, pp. 19–21.

conséquences sont majeures pour l'exploitation des ressources biologiques et de leurs ressources génétiques qui se trouvent à la fois sur le plateau continental étendu, sur lequel les États côtiers ont un droit souverain pour l'exploitation des ressources sédentaires,[25] et sous la colonne d'eau de la haute mer où les ressources biologiques sont régies par le régime de la liberté de la pêche.[26] En effet, les critères permettant de déterminer ce qu'est une espèce sédentaire sont subjectifs et n'ont que peu, voire pas de rapport avec la taxinomie biologique.[27] Il est en particulier difficile de déterminer si les micro-organismes des sources hydrothermales du plateau continental qui puisent leur nourriture dans les fonds marins, mais qui sont mobiles, doivent être considérés comme des espèces sédentaires ou non et par conséquent à quel régime ils sont soumis.[28] Certains micro-organismes des évents hydrothermaux pourraient être qualifiés de sédentaires alors que d'autres sont clairement mobiles. Cette qualification est donc difficile à établir.[29] En réalité, ce régime ne parait pas du tout adapté à la situation des ressources génétiques marines des sources hydrothermales, son but n'étant pas de régler le statut juridique de ces ressources.[30]

III Le régime applicable aux ressources génétiques en haute mer et sur/dans les fonds marins

A *Le régime de la colonne d'eau*

317. — Le régime applicable aux ressources génétiques de la colonne d'eau ne fait pas débat.[31] Il s'agit de celui de la haute mer.[32] Les ressources génétiques se trouvant dans la colonne d'eau sont par conséquent librement exploitables. Les autres instruments qui complètent ces dispositions sont également applicables tel l'Accord sur les stocks chevauchants et les grands migrateurs.[33] Dans la colonne d'eau, l'exploitation des ressources génétiques marines n'est soumise qu'au droit du pays dont le bateau bat pavillon, celui-ci ayant comme

---

25 Voir *supra* § 250 ss.

26 Art. 87 al. 1 let. (e) CNUDM.

27 Allen, 2001, p. 621 ; voir aussi : Lehmann, 2007, p. 39 ; Doc. ONU A/62/66, p. 64.

28 Korn/Friedrich/Feit, 2003, pp. 38–40 ; voir aussi : Canio, 2011, pp. 5–6 ; Allen, 2001, pp. 617–618 ; Lehmann, 2007, pp. 39–40 Arico/Salpin, 2005, p. 30 ; Leary, 2007, pp. 38–40.

29 Allen, 2001, pp. 627–628 ; Voir aussi : Hayes, 2007, pp. 689–690.

30 Leary, 2007, p. 94 ; voir aussi : Canio, 2011, p. 5.

31 Doc. UNU, 2007, pt 5.1 ; voir aussi, Noiville, 1997, p. 373.

32 Partie VII de la CNUDM et plus particulièrement de l'article 87 al. 1 let. (e) CNUDM et de la Section 2 CNUDM (art. 116–119 CNUDM). Voir aussi : *supra* § 286 ss.

33 de Marffy, 2005, pp. 64–65 ; voir aussi : Armas-Pfirter, 2006, pp. 3 et 19.

limite le respect du principe de liberté de la haute mer[34] dont jouissent tous les États.[35]

B Le régime des fonds marins

1 Une situation tendue

318. — La situation est nettement moins claire en ce qui concerne la réglementation applicable aux ressources génétiques des fonds marins. Les enjeux étant colossaux,[36] les débats concernant cette problématique sont très fréquents et particulièrement tendus[37] au sein d'UNICPOLOS. En se basant sur les mêmes références juridiques, les pays en développement[38] arrivent à des conclusions diamétralement opposées à celle de la majeure partie des pays industrialisés concernant le régime applicable aux ressources génétiques marines.[39] La plupart des pays en développement souhaiteraient le plus souvent que les ressources génétiques marines soient considérées comme le « patrimoine commun de l'humanité » et qu'un régime de partage des bénéfices et des avantages soit établi, alors que les pays industrialisés, dans leur majorité, estiment que les ressources génétiques marines sont soumises au régime de la liberté de la haute mer.[40]

2 L'intérêt des pays en développement : le partage des ressources

319. — Depuis le début des discussions d'UNICPOLOS sur le sujet, la majorité des pays en développement[41] plaident pour le partage des avantages et des bénéfices. Ils estiment que le régime de la Zone[42] et le principe de « patrimoine commun de l'humanité »[43] s'appliquent à l'exploitation des RGM de la Zone.[44]

34 Art. 87 CNUDM.

35 Kirchner, 2010, p. 124.

36 Voir *supra* § 78 ss.

37 Doc. ONU A/62/169 pp. 17–18 ; voir aussi : Doc. ONU A/65/68, pp. 15–16 ; Doc. ONU A/68/399, p. 6 ; Doc. ONU A/61/65, pp. 11 et 21 ; Doc. ONU A/59/122, pp. 27–28.

38 G77 et Chine.

39 Scovazzi, 2011, p. 10 ; voir aussi : Matz-Lück, 2010, p. 63.

40 Zewers, 2008, Héros, p. 3.

41 Voir *supra* § 85 ss.

42 Partie XI CNUDM, voir *supra* § 297 ss.

43 Voir *supra* § 116 ss.

44 Statement on behalf of the G77 and China, 20 January 2015 ; Statement on behalf of the Group of 77 and China, 7 May 2012 ; voir aussi : Statement by Thailand on behalf of the G77 and China, 30 March 2016 ; Statement by Thailand on behalf of G77 and China, 1 April 2016 ; Drankier/Oude Elferink, 2012, p. 187 ; de la Fayette, 2009, p. 225 et 266 ; Allen, 2001, pp. 617–618 ; Doc. ONU A/62/169 p. 17 ; Doc. ONU A/65/68, pp. 15–16 ; Zewers, 2008, Bright

Ce point de vue est défendu par les pays en développement avec les arguments suivants.

320. — La notion de « ressources » dans le régime de la Zone[45] couvre aussi bien les ressources minérales que génétiques marines. Le régime de la liberté de la haute mer est applicable uniquement aux ressources génétiques de la colonne d'eau des zones situées au-delà de la juridiction nationale des États et non pas à la Zone.[46] Conformément à la déclaration 2749 (XXV) de l'Assemblée générale de l'ONU, les ressources des fonds marins et de leurs sous-sols situés au-delà des limites des zones de juridiction nationale des États[47] constituent le « patrimoine commun de l'humanité » et les bénéfices découlant de l'exploitation de ceux-ci doivent être partagés entre tous. Le terme « ressource », tel qu'il est compris ici, englobe aussi bien les ressources minérales que les ressources biologiques[48] et par conséquent les ressources génétiques marines.[49] Le fait que ce principe originellement coutumier ait été codifié dans la CNUDM n'en réduit nullement l'impact et il n'est pas possible « [d']interpréter l'article 133 de la Convention comme excluant de la protection du principe de « patrimoine commun de l'humanité » les ressources génétiques marines des fonds marins en eaux profondes au-delà des zones relevant de la juridiction nationale ».[50] Du reste, lorsque les sources hydrothermales et leurs écosystèmes ont été découverts en 1977, la définition du terme « ressource » pour la Partie XI CNUDM avait déjà été arrêtée.[51] Le « patrimoine commun de l'humanité », y compris le partage juste et équitable des avantages et des bénéfices, englobe ainsi les ressources biologiques de la Zone.[52]

321. — Selon l'article 136 CNUDM, « [l]a Zone et ses ressources sont le patrimoine commun de l'humanité ». Ainsi, le principe de « patrimoine commun de l'humanité » est non seulement applicable aux ressources de la Zone,

---

future, pp. 170–171 ; Doc. ONU A/59/122, p. 27 ; Doc. ONU A/61/65, pp. 10 et 20–21 ; Doc. ONU A/68/399, p. 6 ; Lévy, 2005, p. 24 ; Wright/Rochette/Druel et al., 2016, p. 34 ; Doc. IISD, 11.04.2016, pp. 3–4 et 6–7 ; Doc. IISD, 08.02.2010, pp. 2–5.

45 Partie XI CNUDM.

46 Millicay, 2007, p. 801.

47 Communément appellée la Zone.

48 Le terme ressource n'a en réalité pas été défini dans la déclaration 2749, raison pour laquelle on considère que toutes les ressources sont concernées. de la Fayette, 2009, p. 267.

49 Doc. ONU A/65/68, p. 16 ; voir aussi : Doc. ONU A/59/122, p. 27 ; Salpin, 2013, pp. 179–180 ; Armas-Pfirter, 2006, p. 26.

50 Doc. ONU A/62/169, p. 17.

51 Armas-Pfirter, 2006, p. 26.

52 Doc. ONU A/65/68, p. 15 ; voir aussi : Wright/Rochette/Druel et al., 2016, p. 34.

mais également à la Zone en elle-même ; « [o]n entend par « Zone » les fonds marins et leur sous-sol au-delà des limites de la juridiction nationale ».[53] Or, les termes fonds marins et sous-sol ne sont pas définis dans la CNUDM. Selon les règles relatives à l'interprétation des traités, ces derniers doivent être compris dans leur contexte, à la lumière de leur objet et de leurs buts. Si l'on applique ici ces règles d'interprétation, l'acception générale des termes fonds marins et sous-sol comprend non seulement les ressources minérales, mais également biologiques, qui se trouvent sur ces espaces. Toutes les ressources se trouvant à cet endroit sont incluses.[54] De plus, « [a]ucun État ne peut revendiquer ou exercer de souveraineté ou de droits souverains sur une partie quelconque de la Zone ou de ses ressources, aucun État ni aucune personne physique ou morale ne peut s'approprier une partie quelconque de la Zone ou de ses ressources. Aucune revendication, aucun exercice de souveraineté ou de droits souverains ni aucun acte d'appropriation n'est reconnu ».[55] Par conséquent, les RGM hors zones ne peuvent relever ni de la notion de libre accès, ni de celle de propriété privée, car celles-ci ne sont pas équitables.[56]

322. — Les ressources biologiques des grands fonds marins sont couvertes par le régime de la Zone,[57] car il existe un rapport symbiotique entre les ressources minérales de la Zone et les ressources biologiques du sol, du sous-sol et de la colonne d'eau environnante.[58] De plus, le régime juridique de la Zone est très proche de celui du plateau continental. Or, les ressources biologiques sédentaires du plateau continental, auxquelles, selon une partie de la doctrine, appartiennent les bactéries des évents hydrothermaux,[59] se trouvant sous la colonne d'eau de la haute mer, sont soumises au régime du plateau continental et non à celui de la haute mer. Par analogie avec l'article 77 al. 4 CNUDM, les espèces sédentaires de la Zone devraient donc être soumises au régime de la Zone et non à celui de la haute mer.[60]

323. — Pour les pays en développement, il est clairement établi que le régime de la Zone est directement applicable aux ressources biologiques de la

53 Art.1 al. 1 1) CNUDM.

54 Oude Elferink, 2007, p. 150.

55 Art. 137 al. 1 CNUDM.

56 Doc. ONU A/62/169, p. 17.

57 Partie XI CNUDM.

58 Doc. ONU A/61/65, p. 10 ; voir aussi : Armas-Pfirter, 2006, p. 19 ; Doc. ONU A/59/122, p. 27.

59 Le poulpe vivant et se nourrissant d'organismes issus de sources hydrothermales est lui soumis au régime de la haute mer, car il est capable de nager et de se déplacer vers les eaux de surface si nécessaire. Armas-Pfirter, 2006, pp. 19–21 ; voir aussi : *supra* § 250 ss.

60 Armas-Pfirter, 2009, p. 303 ; Millicay, 2007, p. 802.

Zone.[61] Néanmoins ils estiment nécessaire de le préciser dans un accord de mise en œuvre de la CNUDM.[62] De plus, selon eux, le mandat de l'Autorité internationale des fonds marins devrait être élargi afin que la gestion des ressources génétiques de la Zone y soit intégrée.[63]

324. — Le but premier poursuivi par la majorité des pays en développement n'est pas en soi de clarifier le statut juridique des ressources génétiques marines et de promouvoir la protection de leur diversité, mais de mettre en place un dispositif permettant de réglementer l'accès aux ressources et de fixer le cadre juridique d'un partage des avantages et des bénéfices,[64] ces derniers pouvant être monétaires, mais aussi consister en des transferts de technologie, des mises en commun de résultats, des participations aux programmes scientifiques de recherche ou encore des accès aux bases de données.[65]

325. — Le point de vue soutenu par les pays en développement quant au régime applicable aux RGM hors zones est différent de celui qui prévalait lors la mise en place de la CDB. Au début des années 1990, ils avaient argué que les ressources génétiques situées sur leur territoire, considérées jusqu'alors comme « patrimoine commun de l'humanité » et n'étant rattachées à aucune juridiction, devaient dépendre de la souveraineté de l'État sur lequel elles se trouvaient. En effet, celles-ci faisaient l'objet de brevets et pouvaient représenter une valeur importante.[66] La situation a ensuite été formalisée en ce sens avec l'adoption du Protocole de Nagoya en 2010.[67] Pour les RGM de la Zone, les pays en développement souhaitent au contraire que le principe de « patrimoine commun de l'humanité » soit appliqué, ceci afin de pouvoir profiter des avantages de l'exploitation de ces ressources dont ils ne peuvent assurer l'exploitation eux-mêmes en raison de leurs moyens techniques et financiers insuffisants.[68]

---

61 Contrairement aux pays industrialisés. Voir *infra* § 333 ss.

62 Doc. ONU A/62/169, p. 18 ; voir aussi : Doc. ONU A/65/68, p. 16.

63 Doc. ONU A/61/65, pp. 10 et 21.

64 Doc. ONU A/61/65, pp. 10 et 21 ; voir aussi : Doc. ONU A/62/169, pp. 11 et 18.

65 Doc. ONU A/62/66/Add.2, p. 72.

66 Noiville, 1998, p. 66.

67 Selon René-Jean Dupuy, les pays en développement poursuivent deux objectifs. Premièrement, nationaliser ce qui se trouve sur leur territoire dans la perspective d'une récupération de la propriété sur les ressources et, deuxièmement, l'internationalisation de ce qui se trouve ailleurs, en particulier les richesses non encore affectées. Dupuy, 1985, La Zone, p. 501.

68 Voir *supra* § 85 ss.

326. — À notre avis, contrairement à la position défendue par les pays en développement, le régime juridique de la partie XI CNUDM n'est pas applicable aux ressources génétiques de la Zone pour les raisons suivantes.

327. — En premier lieu, la notion de « ressource » dans la partie sur la Zone[69] ne comprend que les ressources minérales. En effet, la structure du texte de la CNUDM présente différentes parties relatives à chaque espace maritime et ne contient pas de définition générale du terme de « ressource » dans ses premiers articles, mais dit implicitement[70] que les ressources biologiques ne sont pas incluses dans la notion de « ressource » de la partie XI CNUDM.[71] De plus, l'article 133 let. a CNUDM de la Partie XI mentionne exhaustivement « [qu']on entend par « ressources » toutes les ressources minérales solides, liquides ou gazeuses in situ qui, dans la Zone, se trouvent sur les fonds marins ou dans leur sous-sol, y compris les nodules polymétalliques ». Par conséquent, le régime de la Zone ne s'applique pas aux ressources biologiques.[72] Certes, dans le projet CNUDM proposé à Malte en 1971, le terme « ressource » incluait tant les ressources minérales que les ressources biologiques des zones se situant au-delà de la juridiction nationale des États. Mais lors de la troisième conférence sur le droit de la mer (UNCLOS III), les ressources biologiques n'ont finalement pas été intégrées dans le régime de la Zone, cela pour deux raisons. D'abord, la forte diversité biologique de la haute mer et des fonds marins profonds était mal connue à l'époque et son exploitation ne présentait pas d'intérêt pour les États. Deuxièmement, les nations pratiquant la pêche ne souhaitaient pas que les ressources biologiques au-delà de la juridiction nationale des États soient internationalisées. Elles étaient tout au plus disposées à participer à la coopération pour la conservation et la gestion de la pêche au-delà de la juridiction nationale des États.[73] En 1994, lorsque les États ont négocié la révision de la partie XI CNUDM, bien que la communauté internationale ait eu connaissance du potentiel économique des RGM hors zones, personne n'a proposé de modifier l'article 133 CNUDM pour y inclure les ressources biologiques. Selon une partie de la doctrine,[74] les discussions étaient déjà extrêmement tendues

69 Partie XI CNUDM.

70 De par sa structure.

71 Allen, 2001, p. 631.

72 Beslier, 2009, p. 337 ; voir aussi : de la Fayette, 2010, p. 78 ; Bonfanti/Trevisanut, 2011, TRIPS, p. 195 ; Drankier/Oude Elferink/Visser et al., 2012, p. 402 ; Proelss, 2008, p. 423 ; de Marffy, 2005, p. 65 ; Lehmann, 2007, p. 44 ; Allen, 2001, pp. 629–630 ; Millicay, 2007, p. 812 ; Kiss, 1982, p. 209 ; Sprankling, 2014, pp. 160–161.

73 de la Fayette, 2009, p. 268 ; voir aussi : Oude Elferink, 2007, pp. 152–153 ; Allen, 2001, p. 635 ; Wright/Rochette/Druel et al., 2016, p. 34 ; Kirchner-Freis/Kirchner, 2014, p. 385.

74 Drankier/Oude Elferink/Visser et al., 2012, p. 403 ; voir aussi : Hayes, 2007, pp. 688–689.

autour d'un compromis concernant les ressources minérales. Ainsi, l'introduction de nouvelles questions controversées dans les discussions n'était pas souhaitable et risquait de mettre en péril la ratification de la CNUDM.[75] Au regard de ce qui précède, il faut conclure que le régime de la Zone[76] ne s'applique pas aux ressources biologiques de cette dernière.

328. — Selon une partie de la doctrine,[77] bien que le régime de la Zone ne soit pas directement applicable aux ressources biologiques de cet espace, le principe de « patrimoine commun de l'humanité » est pertinent pour tous les usages concernant l'exploration et l'exploitation de la Zone. Même si la partie XI CNUDM ne prévoit pas de régime spécifique pour les ressources biologiques de la Zone, les principes régissant la Zone, contenus dans la Section 2 de la partie XI, sont ainsi applicables à la gestion et à l'utilisation des ressources biologiques. Le régime de la Zone pour les ressources minérales n'est pas applicable tel quel, mais tant qu'un régime spécifique n'est pas mis en place pour les ressources biologiques de la Zone, les États ont l'obligation d'agir en accord avec les principes applicables à la Zone. Par conséquent, les ressources biologiques de la Zone devraient être considérées comme le « patrimoine commun de l'humanité ».[78] Certes la Zone est, en tant que telle, « patrimoine commun de l'humanité », ce qui implique uniquement l'interdiction de revendiquer, d'exercer une souveraineté ou des droits souverains pour les États et de s'approprier une partie de la Zone ou de ses ressources pour les États ainsi que pour les personnes physiques ou morales.[79] Avec la collecte de ressources génétiques dans une perspective de recherche appliquée, les bioprospecteurs ne se trouvent dans aucun des cas de figure précités.[80] En effet, ils ne s'approprient ni des parties de la Zone, ni ses ressources en elles-mêmes.[81] Chacun reste libre de se rendre sur le même espace marin et de récolter les mêmes ressources biologiques qu'eux.[82] Lorsque les bioprospecteurs obtiennent un brevet, ils jouissent d'une exclusivité pour une utilisation particulière, précise, d'une ressource uniquement dans les États pour lesquels ils ont fait la demande et l'ont

75 Cela ressort des discussions personnelles entre Hayes et les membres de la délégation étasunienne impliquée dans le processus d'élaboration de l'Accord relatif à l'application de la Partie XI. Hayes, 2007, pp. 688–689.

76 Partie XI CNUDM.

77 Oude Elferink, 2007, p. 174 ; voir aussi : de la Fayette, 2010, pp. 78–79.

78 Oude Elferink, 2007, p. 174 ; voir aussi : de la Fayette, 2010, pp. 78–79.

79 Art. 137 al. 1 CNUDM.

80 Noiville, 1997, p. 374, à préciser que selon Christine Noiville le régime de la liberté de la recherche scientifique marine s'applique aux ressources génétiques marines de la Zone.

81 Ils se contentent de prélever des échantillons.

82 Allen, 2001, p. 636.

obtenue.[83] Cette revendication n'entre donc à notre avis pas en conflit avec les articles 136 et 137 CNUDM.

329. — Les régimes de la Zone et du plateau continental sont différents. Celui du plateau continental, et plus particulièrement celui de l'article 77 al. 4 CNUDM qui prévoit que les ressources visées comprennent les organismes vivants qui appartiennent aux espèces sédentaires, ne peuvent pas simplement être appliqués par analogie dans le présent contexte. Le régime prévu par cet article ne représente pas une règle générale applicable à l'ensemble des parties de la CNUDM. En réalité, le régime du plateau continental est un régime spécifique unique, qui a été établi ainsi pour des raisons historiques.[84] Bien que le projet de la convention sur le plateau continental de 1951 prévoyait deux régimes distincts pour le traitement des ressources biologiques sédentaires pêchées sur le plateau continental et des ressources minérales de celui-ci,[85] un seul régime englobant les deux types de ressources a finalement été adopté en 1953.[86] Cette décision faisait suite à la demande de l'Australie qui plaidait en ce sens afin de repousser, loin de ses côtes, la menace que représentaient les collecteurs de perles japonais.[87] La théorie, selon laquelle il convient de traiter les ressources biologiques de la Zone comme celles du plateau continental ne tient pas compte de la nature même de la bioprospection, qui ne peut être traitée de la même manière que la récolte de coquillages comme les huîtres ou les coquilles Saint-Jacques.[88] Il est de plus très discutable de considérer les micro-organismes des évents hydrothermaux comme des espèces sédentaires.[89] L'argument d'un rapport symbiotique entre les ressources biologiques et les ressources minérales des fonds marins et l'application par analogie de l'article 77 al. 4 CNUDM est par conséquent à rejeter.[90]

330. — Il faut ajouter à cela que la pratique influence fortement la manière dont un traité doit être interprété. Ainsi, bien que contexte entourant la conclusion d'un traité soit important pour sa compréhension, les pratiques suivies après l'entrée en vigueur du traité doivent également être prises en compte dans son interprétation.[91] Plusieurs pratiques suggèrent que les ressources biologiques de la Zone doivent être exploitées selon les principes de la liberté de

83 Voir *supra* § 143.
84 Proelss, 2008, p. 428 ; voir aussi : Oude Elferink, 2007, p. 151.
85 Doc. ONU A/1858, p. 143.
86 Doc. ONU A/2456, pp. 212 et 214.
87 Scott, 1992, p. 788.
88 de la Fayette, 2009, p. 268.
89 Voir *supra* § 251.
90 Proelss, 2008, p. 429 ; Hayes, 2007, pp. 689–690.
91 Article 31 al. 3 Convention de Vienne.

la haute mer.[92] C'est ce que la réglementation de certaines espèces sédentaires prévoit dans le cadre de plusieurs organisations régionales de pêche.[93] De plus, il s'avère que depuis la fin des années 1970, les bioprospecteurs collectent et utilisent des ressources génétiques marines de la Zone dans le but de développer de nouveaux produits, sans qu'aucun État ou organisation internationale n'ait dénoncé de violation du droit international.[94]

331. — Quant à l'Autorité internationale des fonds marins, elle est légalement légitimée à prendre des mesures en ce qui concerne la préservation de l'environnement marin, comme l'établissement d'aires marines protégées (AMP) autour des sources hydrothermales, à condition qu'un rapport direct soit établi avec l'exploitation des ressources minérales de la Zone.[95]

332. — Pour toutes les raisons exposées ci-dessus, il est, selon nous, possible de conclure que le régime de la partie XI CNUDM, relatif à la Zone, n'est pas applicable aux ressources génétiques marines de la Zone.

3 Les intérêts des pays industrialisés : l'utilisation des ressources

333. — De nombreux pays industrialisés[96] ont un point de vue différent sur le régime applicable aux ressources génétiques marines de la Zone. Selon eux, le principe de « liberté de la haute mer » s'applique aux ressources génétiques marines des fonds marins au-delà de la juridiction nationale des États, en vertu du droit coutumier. Les ressources génétiques marines en question ne sont pas soumises au régime de la Zone de la partie XI CNUDM, lequel s'applique uniquement aux ressources minérales. Elles sont assujetties au régime de la liberté de la haute mer, traité dans la partie VII CNUDM qui s'applique aux ressources biologiques au-delà des zones de juridiction nationale. La gestion des ressources génétiques marines est par conséquent exclue du mandat de l'Autorité internationale des fonds marins.[97] Un certain nombre de pays industrialisés estiment qu'il n'y a par conséquent pas de nécessité à mettre en place un nouveau régime pour les ressources génétiques marines. En outre,

92 Partie VII CNUDM.

93 Drankier/Oude Elferink/Visser et al., 2012, p. 404 ; voir aussi : Oude Elferink, 2007, p. 153.

94 Allen, 2001, p. 635.

95 Proelss, 2008, p. 429.

96 Dont les États-Unis, le Japon, l'Islande, et la Russie. Voir *supra* § 87 ; voir aussi : Long/Rodriguez Chaves, 2015, p. 227 ; Wright/Rochette/Druel et al., 2016, pp. 36–38 ; Doc. IISD, 11.04.2016, pp. 4 et 6–7 ; Doc. IISD, 26.01.2015, p. 10 ; Doc. IISD, 08.02.2010, p. 2.

97 Doc. ONU A/65/68, p. 16 ; voir aussi : Doc. ONU A/62/169, pp. 17–18; Doc. ONU A/61/65, pp. 11 et 21 ; Doc. ONU A/59/122, p. 28 ; Doc. ONU A/68/399, p. 6 ; Statement by the United States, 30 March 2016 ; Salpin, 2013, p. 180 ; de la Fayette, 2009, pp. 260–261 ; de Marffy, 2005, pp. 65–66 ; Kirchner-Freis/Kirchner, 2014, pp. 383–384.

selon eux, le cadre juridique actuel de la CNUDM et des autres instruments applicables offre la souplesse requise à la conservation et à l'usage viable de ces ressources.[98] De ce fait, les ressources génétiques marines collectées hors des zones de juridiction nationale peuvent devenir la propriété des bioprospecteurs qui les exploitent selon le principe du « premier arrivé, premier servi ».[99]

334. — Quelques pays industrialisés[100] ne sont pourtant pas complètement opposés à l'idée de préciser le statut juridique des ressources génétiques marines, mais ils estiment qu'il serait impératif de mieux appréhender la question avant de vouloir réglementer et qu'il faudrait aussi surtout veiller à ce que les obligations existantes, en particulier dans le domaine de la recherche océanographique ainsi que de la protection des environnements marins, soient respectées.[101] Dans cette perspective, les activités liées à l'exploitation des RGM hors zones devraient être menées conformément aux principes de conservation et d'exploitation durable.[102]

335. — L'industrie pharmaceutique, l'une des principales utilisatrices des ressources génétiques marines, se situant le plus souvent dans les pays industrialisés, serait plutôt favorable à la mise en place d'un régime spécifique dans ce domaine. En effet, les incertitudes juridiques en matière d'exploitation des ressources génétiques marines représentent un facteur de risque pour ces entreprises, qui préfèrent parfois renoncer à investir dans le domaine. Un cadre juridique serait sécurisant pour certaines entreprises, permettant de garantir une prévisibilité de résultats. Il devrait être établi préalablement à la mise en œuvre de recherches au sein des environnements marins.[103]

336. — La notion de pêche est à comprendre au sens large,[104] s'appliquant également aux micro-organismes marins tels que les microbes des évents

98 Doc. ONU A/62/169, p. 18 ; voir aussi : Doc. ONU A/61/65, p. 11 ; Statement by the United States, 30 March 2016 ; Wright/Rochette/Druel et al., 2016, pp. 36–37 ; Doc. IISD, 08.02.2010, p. 3.

99 Zewers, 2008, Bright future, p. 172.

100 Dont les pays de l'Union européenne. Voir *supra* § 89 ; voir aussi : Long/Rodriguez Chaves, 2015, p. 227.

101 Doc. ONU A/62/66/Add.2, pp. 79–80 ; voir aussi : Doc. ONU A/61/65, pp. 11 et 21 ; Doc. ONU A/62/169, p. 18 ; Doc. ONU A/65/68, p. 17 ; EU Statement, 30 March 2016; EU Presidency Statement, 15 February 2006; EU Presidency Statement, 30 May 2008 ; EU Statement, item 5, 9 May 2012 ; EU Statement, item 6, 9 May 2012 ; Doc. IISD, 08.02.2010, p. 5 ; Wright/Rochette/Druel et al., 2016, pp. 32–33 ; Attard/Mallia, 2014, pp. 274–275.

102 Doc. ONU A/65/68, p. 17 ; voir aussi : Hayes, 2007, pp. 694–695. ; Doc. IISD, 07.04.2014, p. 2.

103 Doc. ONU A/62/169, pp. 11 et 14 ; voir aussi : Doc. ONU A/62/66/Add.2, p. 65 ; Brookes, 2007, p. 24.

104 Voir *supra* § 287.

hydrothermaux. Cela ne signifie pas que les États parties à la CNUDM avaient délibérément pensé aux micro-organismes lorsqu'ils ont rédigé l'article 87 CNUDM. Ils ont cherché une solution basée sur un principe universel, flexible et capable d'englober de nouvelles situations.[105]

337. — Les libertés de la haute mer ne peuvent être exhaustivement listées en raison du développement constant de nouvelles technologies, l'article 87 CNUDM ne donnant qu'une liste exemplative. Toutes les activités qui sont compatibles avec le régime de la haute mer devraient être considérées comme une liberté, à condition que cela n'interfère pas de manière excessive avec les droits des autres États relatifs au droit de la mer ou soit exclu par certaines règles de droit spécifiques. Or, les libertés de la pêche et de la recherche scientifique incluent la liberté de capturer, d'étudier et d'utiliser les ressources marines issues d'espaces se trouvant au-delà de la juridiction nationale des États, y compris les ressources génétiques marines.[106]

338. — Dans la mesure où la CNUDM couvre toutes les activités pratiquées en mer et où la CDB ne prévoit pas de régime spécifique, l'exploitation des ressources génétiques marines issues de la Zone est réglée par la CNUDM. C'est le régime juridique de la liberté de la haute mer qui s'applique.[107]

339. — Selon une partie de la doctrine,[108] les RGM hors zones sont donc librement exploitables par le premier qui s'en empare. Cette situation présenterait un risque de surexploitation du milieu comme on peut l'observer déjà aujourd'hui dans le domaine de la pêche. À moyen terme, cela conduirait indubitablement à l'épuisement des ressources en question.[109] Nous ne partageons que partiellement cette opinion. En effet, les techniques d'exploitation des ressources génétiques marines peuvent mettre ces dernières en péril dans la mesure où elles risquent de perturber, voire détruire des écosystèmes très fragiles tels que les sources hydrothermales ou les récifs de corail profonds. En revanche, une surexploitation des ressources génétiques est moins probable, dans la mesure où les quantités prélevées sont limitées puisque le but est d'isoler les ressources génétiques intéressantes ou leurs dérivés, puis de les reproduire synthétiquement en laboratoire.

---

105 Allen, 2001, pp. 629–630.

106 Lehmann, 2007, p. 46 ; voir aussi : Churchill/Lowe, 1999, pp. 205–206.

107 Proelss, 2008, p. 431 ; voir aussi : Noiville, 1997, pp. 373–374 ; Oude Elferink, 2007, pp. 149–150 ; Glowka, 1996, p. 168 ; de Marffy, 2005, p. 66 ; Salpin, 2013, p. 172 ; Sprankling, 2014, pp. 160–161 ; Kirchner-Freis/Kirchner, 2014, pp. 383–384.

108 Proutière-Maulion/Beurier, 2007.

109 Proutière-Maulion/Beurier, 2007, pp. 34–35 ; Beurier, 2008, p. 13.

340. — Dans leur interprétation, les pays et la doctrine[110] qui soutiennent que le régime applicable aux ressources génétiques marines de la Zone est celui de la liberté de la pêche et que cela implique que les États puissent se servir des ressources marines librement, sans aucune contrainte, ne prennent pas en considération le fait que cette liberté est assortie d'obligations. En effet, le principe de la liberté de la haute mer implique que les États ont le droit de participer aux activités relatives aux océans sur un principe d'égalité et non pas que les États ou leurs ressortissants sont libres de faire ce qu'ils souhaitent.[111]

341. — De nombreux auteurs arrivent à la conclusion que le régime de la liberté de la haute mer est actuellement applicable à l'exploitation des ressources génétiques marines de la Zone.[112] Mais nombre d'entre eux estiment également que cette solution n'est pas optimale, car elle met les ressources génétiques marines et l'équilibre des écosystèmes marins en danger. Par conséquent, ils proposent que la situation soit modifiée, en particulier que la protection, la conservation et l'utilisation durable de la biodiversité soient assurées et qu'un partage des avantages et des bénéfices soit opéré.[113] Nous partageons ces points de vue.[114]

C *Le régime actuellement en vigueur pour les ressources génétiques marines issues d'espaces situés au-delà des zones de juridiction nationale des États*

342. — Compte tenu de ce qui précède, nous sommes d'avis que le régime de la partie VII CNUDM, en particulier l'article 87 al. 1 let. e CNUDM sur la liberté de la haute mer et la Section 2 partie VII CNUDM, s'applique aujourd'hui aussi bien aux ressources génétiques marines de la colonne d'eau qu'à celles de la Zone. Les avantages et les inconvénients de l'application du régime de la liberté de la pêche en haute mer, puis les limites et les perspectives d'avenir, sont analysés ci-après.

343. — L'application du régime de la liberté de la pêche en haute mer à l'exploitation des RGM hors zones présente un certain nombre d'avantages.

110 Proutière-Maulion/Beurier, 2007, pp. 34–35.

111 de la Fayette, 2009, p. 261 ; voir aussi : de la Fayette, 2010, p. 78 ; Bonfanti/ Trevisanut, 2011, TRIPS, pp. 209–210.

112 Proelss, 2008, p. 431 ; voir aussi : Noiville, 1997, pp. 373–374 ; Oude Elferink, 2007, pp. 149–150 ; Glowka, 1996, p. 168 ; de Marffy, 2005, p. 66 ; Salpin, 2013, p. 172 ; Sprankling, 2014, pp. 160–161.

113 Proelss, 2008, p. 443 ; voir aussi : Glowka, 1996, p. 169 ; Millicay, 2007, p. 785 et 832 ; Proutière-Maulion/Beurier, 2007, p. 35 ; Doc. OSASTT UNEP/CDB/SBSTTA/ 8/INF/3/REV.1, p. 29 ; Broggiato, 2011, p. 36 ; Broggiato/Arnaud-Haond/ Chiarolla et al., 2014, pp. 179–180.

114 Voir *infra* § 384 ss.

Grâce à ce système, les ressources génétiques marines sont librement accessibles et exploitables, ce qui favorise les opportunités de découvertes importantes et rapides.[115] Contrairement aux ressources de la pêche classique,[116] destinées à la consommation et menacées par la surpêche et la surexploitation, les ressources génétiques marines ne sont en général pas mises en danger par ce facteur.[117] L'information tirée des ressources génétiques marines peut être reproduite et il n'est pas nécessaire de prélever à chaque fois de nouveaux organismes pour développer de nouveaux produits ou procédés.[118] Le régime de la liberté de la mer sur les ressources génétiques marines situées hors des zones de juridiction nationale n'empêche pas d'autres chercheurs d'avoir accès aux mêmes informations[119] et à l'exception de cas particuliers, il ne met pas non plus[120] ces espèces en danger de surexploitation. Il est aussi intéressant de noter que certains déchets impropres à la consommation, issus des campagnes de pêche classique, peuvent constituer un matériel intéressant pour prélever les ressources génétiques qu'ils contiennent et être utilisés en recherche et développement.[121]

344. — Mais un certain nombre d'inconvénients sont également à relever. Tout d'abord, l'une des questions centrales de l'exploitation des RGM hors zones est celle du partage juste et équitable des avantages découlant de l'exploitation des ressources génétiques marines.[122] C'est dans cette perspective que se battent les pays en développement afin d'obtenir une part des avantages monétaires et non-monétaires issus de l'exploitation de ces ressources.[123] Si, avec la CDB et le Protocole de Nagoya le principe du partage des avantages et des bénéfices a été développé pour les ressources génétiques se trouvant sous la juridiction d'un État, dans le régime de la liberté de la haute mer aucune contrepartie n'est exigée pour l'exploitation des ressources génétiques marines. Cette situation est particulièrement problématique dans la mesure où seules quelques entités, dans un petit nombre de pays, disposent des moyens

115 Canal-Fogues, 2003, pp. 107–108.
116 Voir *supra* § 55.
117 Doc. ONU A/62/66, p. 63 ; voir aussi : Scovazzi, 2000, p. 214 ; Long/Rodriguez Chaves, 2015, p. 222.
118 Doc. ONU A/62/66/Add.2, p. 55 ; Voir aussi : Korn/Friedrich/Feit, 2003, p. 43.
119 Korn/Friedrich/Feit, 2003, p. 43.
120 Écosystèmes spécifiques et endémiques.
121 Salpin, 2013, pp. 154–155 ; Le Gal, 2004, pp. 8–9.
122 Canal-Fogues, 2003, p. 108 ; voir aussi : Doc. OSASTT UNEP/CBD/SBSTTA/8/INF/ 3/Rev.1, p. 29.
123 Voir *supra* § 85 ss.

techniques et financiers pour entreprendre de tels projets.[124] La grande majorité des pays en développement n'ont, de fait, pas accès à ce marché.

345. — Même si le risque d'une surexploitation est plus improbable que dans le domaine de la pêche classique, le risque de décimer certaines espèces et de détruire certains écosystèmes existe. Le risque lié à une exploitation irresponsable se pose plus particulièrement dans le cas de l'exploitation des ressources génétiques marines.[125] Selon nous, dans la mesure où de nombreuses ressources génétiques marines intéressantes pour développer de nouveaux produits ou procédés sont issues d'écosystèmes fragiles et parfois endémiques, le risque de dommages et de déséquilibres fatals à ces environnements demeure important si celles-ci sont soumises à un régime de liberté.[126]

346. — Le problème principal du régime de la pêche réside dans la surexploitation des ressources. Pour contrer les effets négatifs du régime de la liberté de la pêche sur les stocks disponibles, plusieurs mesures, telles la mise en place de quota et des limitations de la pêche,[127] ont été prises par le biais de différents outils tels que l'Accord sur les stocks chevauchants et les grands migrateurs,[128] les initiatives de la FAO[129] ou encore la mise en place des organisations de pêche internationales et régionales.[130] Selon une partie de la doctrine, les problèmes liés aux ressources génétiques marines étant différents, ces instruments ne sont pas transposables à celles-ci.[131] Au contraire, une autre partie de la doctrine estime que le champ d'action des organisations internationales et régionales de pêche devrait être étendu à l'exploitation des ressources génétiques marines en ce qui concerne la mise en place de mesures de protection et de conservation.[132] Nous partageons le premier point de vue, car l'exploitation des ressources génétiques marines nécessite de ne prélever que de petites quantités, au contraire de la pêche. De plus, nombre de ressources génétiques intéressantes pour développer de nouveaux produits biotechnologiques sont

---

124 Voir *supra* § 80.

125 Canal-Fogues, 2003, p. 108 ; voir aussi : Greiber, 2011, p. 7 ; Doc. OSASTT UNEP/ CBD/SBSTTA/8/INF/3/Rev.1, p. 29.

126 Broggiato, 2011, p. 35.

127 Par exemple, contrôle du type de matériel utilisé par les pêcheurs. de la Fayette, 2009, p. 264.

128 Art. 2 Accord sur les stocks chevauchants et les grands migrateurs.

129 En particulier l'Accord visant à favoriser le respect par les navires de pêche en haute mer des mesures internationales de conservation et de gestion, conclu à Rome le 29 novembre 1993.

130 de la Fayette, 2009, pp. 264–265.

131 de la Fayette, 2009, pp. 264–266.

132 Proelss, 2008, pp. 444–445.

endémiques et ainsi réparties sur des espaces géographiques limités. Leur protection nécessite donc des outils spécifiques.

347. — Dans la perspective de remédier aux différents inconvénients que comporte la situation actuelle, la communauté internationale a décidé d'agir au sein de l'Organisation des Nations Unies en travaillant à la mise en place d'un nouveau régime.

D *Le projet au sein de l'Organisation des Nations Unies*

348. — En 2004, l'Assemblée générale de l'Organisation des Nations Unies a créé un groupe de travail spécial officieux à composition non limitée, chargé d'étudier les questions relatives à la conservation et à l'exploitation durable de la biodiversité marine dans les zones situées au-delà de la juridiction nationale.[133] Celui-ci s'est réuni à neuf reprises entre 2006 et 2015.[134] La possibilité d'instituer un nouveau régime juridique couvrant la problématique de l'exploitation des RGM hors zones est en discussion.[135] L'Assemblée générale de l'Organisation des Nations Unies a demandé en 2013, dans sa résolution 68/70,[136] que ce groupe de travail soit chargé d'étudier la possibilité de créer un nouveau traité d'application relatif à la CNUDM sur la conservation et l'utilisation durable de la biodiversité dans les zones situées hors de la juridiction nationale des États, incluant les questions relatives au partage des avantages et des bénéfices tirés des ressources génétiques marines issues d'espaces situés au-delà des zones de juridiction nationale des États.[137] En 2015, suite aux propositions du groupe de travail, l'Assemblée générale de l'Organisation des Nations Unies a décidé d'élaborer dans le cadre de la CNUDM « [u]n instrument international juridiquement contraignant sur la conservation et l'exploitation durable de la biodiversité marine dans les zones situées au-delà des limites de la juridiction nationale ».[138] À cet effet, elle a décidé de constituer un comité préparatoire, appelé à se réunir lors de séances (PrepCom) en 2016–2017 et « chargé de lui présenter des recommandations de fond sur les éléments d'un projet d'instrument international juridiquement contraignant dans le cadre de la Convention ».[139] Avant la fin de la 72e session,[140] il est prévu que l'Assemblée

133 Doc. ONU A/RES/59/24 ; voir aussi : Rothwell/Stephens, 2016, p. 510.

134 Doc. IISD, 11.04.2016, pp. 2–3.

135 Doc. ONU A/RES/69/292 ; voir aussi : Doc. ONU A/RES/68/70, pp. 35–39.

136 Doc. ONU A/RES/68/70, p. 36.

137 Broggiato/Arnaud-Haond/Chiarolla et al., 2014, pp. 177–178 ; voir aussi : Ardron/Rayfuse/Gjerde et al., 2014, p. 98.

138 Doc. ONU A/RES/69/292, p. 2 ; voir aussi : Doc. ONU A/69/L.65, p. 2.

139 Doc. ONU A/RES/69/292, p. 2 ; voir aussi : Doc. ONU A/69/L.65, p. 2.

140 Fin 2017.

générale de l'ONU prenne une décision sur l'organisation et la date d'ouverture d'une conférence intergouvernementale dans le but d'examiner les éléments proposés par le groupe préparatoire et d'établir un instrument international juridiquement contraignant dans le cadre de la CNUDM.[141]

349. — Les négociations portent sur quatre volets : un premier sur les ressources génétiques marines, y compris les questions de partage des retombées de l'exploitation de ces ressources ; un second sur les outils visant à gérer les différentes zones marines, y compris les AMP ; un troisième sur les études d'impact sur l'environnement et un quatrième sur le renforcement des capacités et le transfert de techniques marines.[142] Pour l'Union européenne, la mise en place d'AMP hors des zones de juridiction nationale importe avant tout, mais ses représentants se sont rendus compte qu'ils n'arriveraient pas à obtenir le soutien des pays du G77 et de la Chine si les questions de partage des avantages et des bénéfices n'étaient pas réglées.[143] Pour les pays du G77 et la Chine au contraire, ces questions de partages des avantages et des bénéfices tirés des ressources génétiques marines ainsi que celles touchant au transfert de techniques marines sont celles qui importent le plus.[144] Ainsi le compromis adopté, rassemblant ces différentes questions dans un « paquet de mesures », découle de l'entente entre l'Union européenne, les pays du G77 et la Chine. Ceux-ci se sont accordés en 2011 sur la nécessité de mettre en route un processus de négociation intergouvernemental sur tous ces sujets dans une seule et même démarche.[145] Il se pourrait néanmoins que lors des négociations, l'Union européenne change de position sur les questions du partage des avantages et des bénéfices tirés des ressources génétiques marines et du transfert de techniques marines étant donné qu'une grande partie des brevets associés à des gènes d'origine marine sont détenus par des entreprises européennes. Compte tenu des enjeux économiques d'une nouvelle réglementation, il se pourrait que l'industrie européenne cherche à éviter une réglementation défavorable.[146] Si l'Union européenne, les pays du G77[147] et la Chine, mais également l'Australie, le Mexique et la Nouvelle-Zélande ont été des moteurs

141 Doc. ONU A/RES/69/292, p. 3 ; voir aussi : Doc. ONU A/69/L.65, p. 3.

142 Doc. ONU A/RES/69/292, p. 3 ; voir aussi : Doc. ONU A/69/L.65, p. 3; Druel/Gjerde, 2014, p. 92 ; Druel/Rochette/Billé et al., 2013, p. 1.

143 Druel/Rochette/ Billé et al., 2013, p. 27 ; voir aussi : Wright/Rochette/Druel et al., 2016, pp. 32–33.

144 Druel/Rochette/ Billé et al., 2013, p. 29 ; Long/Rodriguez Chaves, 2015, p. 226.

145 Druel/Rochette/ Billé et al., 2013, p. 24 ; Wright/Rochette/Druel et al., 2016, p. 34.

146 Druel/Rochette/ Billé et al., 2013, p. 27.

147 En particulier certains pays africains, sud-américains et de la région Caraïbes. Rochette/Wright/Gjerde et al., 2015, p. 2.

quant à la décision prise en 2015 d'entamer des discussions sérieuses en vue d'établir un instrument juridique contraignant, les États-Unis et la Russie ont toujours été réticents face à l'établissement d'un nouveau régime pour l'exploitation des RGM hors zones.[148] De plus, si les États-Unis soutiennent les discussions sur certains sujets comme les AMP ou les études d'impact sur l'environnement, ils sont fondamentalement opposés à la mise en place d'un nouveau régime juridique pour les RGM hors zones. Ils craignent que celui-ci n'entrave l'entrepreneuriat, les pratiques relatives à la propriété intellectuelle ainsi que l'innovation. Ils veulent éviter tout fardeau administratif ou financier.[149] La Russie s'oppose fermement à ce que les RGM hors zones puissent être considérés comme « patrimoine commun de l'humanité ».[150] Quant aux pays du G77 et la Chine, ils campent sur leurs positions en soutenant que le nouveau régime doit impérativement réaffirmer que les RGM hors zones constituent le « patrimoine commun de l'humanité » et que les avantages et les bénéfices issus de leur exploitation doivent être partagés entre tous.[151]

350. — Durant les deux premières sessions[152] qui se sont tenues en avril et en août/septembre 2016, le comité préparatoire s'est penché en particulier sur les aspects suivants en ce qui concerne l'exploitation des RGM hors zones.[153]

- La définition de certains termes,[154] en particulier celui de « ressources génétiques marines » : Les États ont exprimé des avis différents concernant cette définition, certains estimant qu'il faut en créer une nouvelle, d'autres considérant qu'il serait préférable de s'appuyer sur les définitions déjà existantes dans la CDB et le Protocole de Nagoya.[155] Durant la PrepCom 2, certains

---

148 Rochette/Wright/Gjerde et al., 2015, p. 2.

149 Doc. IISD, 11.04.2016, pp. 4 et 6–7.

150 Doc. IISD, 11.04.2016, pp. 4 et 6.

151 Intervention on behalf of the Group of 77 and China, 8 September 2016 ; voir aussi : Doc. IISD, 11.04.2016, p. 7.

152 PrepCom 1, PrepCom 2.

153 Doc. ONU, Chair's overview of the first session, 2016 ; à noter que les informations obtenues se rapportant au contenu des séances des PrepComs sont limitées dans la mesure où la résolution 69/292 prévoit « [qu'] à l'exception de son ordre du jour, de son programme de travail et de son rapport, tout document du comité préparatoire sera considéré comme un document de travail officieux ». Doc. ONU A/RES/69/292, p. 2. Néanmoins, les rapports de *l'International Institute for Sustainable Development* (IISD) donnent un bon aperçu des discussions.

154 Ressources génétiques marines, matériel génétique, ressources biologiques, bioprospection, etc. Doc. ONU, Chair's overview of the first session, 2016, p. 6.

155 Doc. IISD, 11.04.2016, p. 8 ; voir aussi : Doc. IISD, 12.09.2016, pp. 3–4.

États[156] ont fait des propositions détaillées de définition du terme « ressources génétiques marines ». Certains pays en développement[157] ont insisté pour que soit inclus dans la définition, non seulement les ressources génétiques marines en elles-mêmes, mais également les dérivés ainsi que les données relatives aux ressources génétiques. Ils ont également précisé que l'ensemble des espaces situés hors de la juridiction nationale des États, soit la haute mer et la Zone, doivent être couverts.[158] Au contraire, les États-Unis ont tenu à souligner que la définition de ressources génétiques ne devait couvrir ni les dérivés ni les « informations décrivant le matériel, telles que les données de séquences génétiques »[159] et qu'il n'était question que des ressources génétiques de la Zone.[160] Le Japon a également précisé que la définition ne devait pas inclure les données relatives aux ressources génétiques.[161] L'Afrique du Sud a proposé d'inclure également les poissons dans la définition. Certains États[162] ont dans ce cadre rappelé que les poissons utilisés pour leurs propriétés génétiques doivent effectivement être inclus, mais que ceux utilisés comme marchandise sont couvert par d'autres cadres juridiques.[163] La Russie s'est opposée à inclure le poisson dans le nouveau traité.[164] À notre avis, la définition du terme dans le nouveau traité devrait renvoyer aux définitions des articles 2 CDB et 2 Protocole de Nagoya. L'interprétation de la notion de « ressources génétiques marines » devrait englober l'ADN et l'ARN, mais également les dérivés naturels qui y sont associés. Au contraire, les données ne devraient pas être incluses, puisqu'elles ne sont pas mentionnées dans les définitions de la CDB et du protocole de Nagoya. Ceci permettrait d'assurer une certaine cohérence entre les différents traités et une certaine flexibilité dans l'interprétation du terme de « ressources génétiques marines », pour que cette dernière puisse être adaptée aux

156 Barbade au nom de la communauté des Caraïbes, les Philipines, l'île Maurice, le Costa Rica, les États-Unis. Doc. IISD, 12.09.2016, pp. 3–5 ; voir aussi : Doc. IISD 29.08.2016, pp. 1–2 ; Doc. IISD 30.08.2016, p. 1.

157 En particulier : Costa Rica, Barbade au nom de la communauté des Caraïbes, les Philipines, Vénézuéla, groupe africain, Doc. IISD, 12.09.2016, pp. 3–4 ; voir aussi : Doc. IISD, 29.08.2016, pp. 1–2 ; Doc. IISD, 30.08.2016, p. 1.

158 Doc. IISD, 12.09.2016, pp. 3–4.

159 Doc. IISD, 12.09.2016, pp. 3–4.

160 Doc. IISD, 12.09.2016, pp. 3–4.

161 Doc. IISD, 29.08.2016, p. 1.

162 États-Unis, Canada, l'Islande, la République de Corée, le Japon et le Chili. Doc. IISD, 12.09.2016, p. 4.

163 Doc. IISD, 12.09.2016, p. 4.

164 Doc. IISD, 12.09.2016, p. 4.

nouvelles connaissances et technologies.[165] Concernant l'espace dont il est question, il ne faut pas mentionner spécifiquement la haute mer et/ou la Zone dans la définition de « ressource génétique marine ». La définition doit être valable pour l'ensemble du traité et des espaces qu'il couvre. Enfin, le poisson doit être inclus dans la définition lorsque celui-ci est utilisé pour ses propriétés génétiques comme n'importe quel autre organisme, mais non quand il constitue une marchandise destinée à la consommation.

- Les approches : Pour le G77 et la Chine, le principe de « patrimoine commun de l'humanité » représente le fondement juridique du partage des avantages du nouveau traité. Certains États[166] estiment que les principes de « patrimoine commun de l'humanité » et de liberté de la haute mer ne sont pas mutuellement exclusifs. Le Japon a au contraire réaffirmé que les ressources génétiques marines ne peuvent être reconnues comme le « patrimoine commun de l'humanité ».[167] D'autres États encore,[168] sont d'avis qu'une approche plus pragmatique, basée en particulier sur une discussion sur les avantages associés aux principes de patrimoine commun est nécessaire.[169] À notre avis, le nouveau traité ne devrait pas être basé sur le concept de « patrimoine commun de l'humanité » qui n'a fait que régresser depuis son introduction dans la CNUDM.[170] Il serait plus approprié de parler de partage des avantages et des bénéfices associé au RGM hors zones, et de lister ceux que les États souhaitent voir figurer dans le nouveau traité.[171]
- L'accès aux ressources génétiques : La question de l'accès aux ressources génétiques a été abordée sous différents aspects. La nécessité d'une approche écologiquement rationnelle, le besoin d'un système de partage des avantages et des bénéfices couvrant toutes les activités de recherche et les difficultés liées à la traçabilité des ressources génétiques marines ont entre autres été soulignés.[172] Les États-Unis ont rappelé que dans le cadre du régime de la haute mer et conformément au droit international, tous les États ont librement accès au RGM hors zones. Le Japon et l'Union européenne ont noté qu'aucun organisme international n'est compétent pour réglementer

165 Voir *supra* § 134 ss.

166 Le groupe africain. Doc. IISD, 29.08.2016, p. 2.

167 Doc. IISD, 29.08.2016, p. 2.

168 L'Union européenne, les États-Unis, l'Iran, le Canada, la Norvège, l'Australie. Doc. IISD, 29.08.2016, p. 2.

169 Doc. IISD, 29.08.2016, p. 2.

170 Voir *supra* § 120.

171 Comme c'est le cas dans le Protocole de Nagoya pour les ressources génétiques appartenant à un État. Annexe, Protocole de Nagoya.

172 Doc. IISD, 11.04.2016, p. 8.

l'accès, qu'il est nécessaire d'éviter toutes restrictions et limitations pour ne pas entraver la recherche et le développement qui sont utiles à la communauté internationale et aux générations futures.[173]

– Le partage monétaire et non-monétaire des avantages et des bénéfices découlant de l'utilisation des ressources génétiques : Les pays du G77 et la Chine ont rappelé l'importance du partage de ces avantages et bénéfices. L'idée de la création d'un fonds pour aider les pays en développement, la nécessité d'effectuer le transfert de techniques marines, le partage de l'information sur les programmes scientifiques, l'inclusion des pays en développement dans la recherche sur les ressources génétiques marines sont les principales thématiques soulevées par ces États dans ce domaine.[174] Certains pays en développement[175] ont plaidé pour un partage des avantages monétaires et non-monétaires.[176] Certains pays industrialisés[177] ont insisté sur l'importance du partage des avantages non-monétaires sans explicitement rejeter l'idée d'avantages monétaires.[178] L'Union européenne a, quant à elle, encouragé les États « à minimiser le fardeau administratif et mettre en place des institutions rentables ; à tenir compte des intérêts de tous les États et des générations futures ; et à établir un [système de partage des avantages et des bénéfices] favorable et [propice à] la recherche ».[179] Elle a également évoqué « l'expédition Tara »[180] comme exemple d'avantage non-monétaire permettant de rendre publique la recherche sur les ressources génétiques marines.[181] L'Australie a plaidé pour un partage des avantages et des bénéfices visant à soutenir les objectifs de conservation.[182] Les États-Unis se sont également déclarés ouverts à de telles mesures à condition que celles-ci n'entravent pas l'efficacité opérationnelle et les activités de recherche et

173 Doc. IISD, 12.09.2016, p. 5.

174 Doc. IISD, 11.04.2016, p. 8.

175 Costa Rica, Vénézuéla, Jamaïque. Doc. IISD, 12.09.2016, p. 5.

176 Doc. IISD, 12.09.2016, p. 5.

177 États-Unis et Australie. Doc. IISD, 12.09.2016, p. 5.

178 Doc. IISD, 12.09.2016, p. 5.

179 Doc. IISD, 11.04.2016, p. 8.

180 La fondation *expédition Tara* organise des campagnes de recherche scientifique sur et dans les océans afin d'étudier, de comprendre l'impact des changements climatiques ainsi que la crise écologique sur les océans. L' « expédition Tara » vise également à renforcer la conscience environnementale du grand public. « oceans.taraexpeditions.org/m/qui-est-tara/13ansdengagements/ » (consulté le 20.03.2017).

181 Doc. IISD, 11.04.2016, p. 9.

182 Doc. IISD, 11.04.2016, p. 8 ; voir aussi : Doc. IISD, 12.09.2016, p. 5.

développement.[183] Le Canada s'est prononcé en faveur d'un régime qui ne décourage pas l'accès.[184] La Norvège a insisté sur l'importance de distinguer le matériel génétique des organismes en soi.[185] La Russie n'a pas exprimé d'opinion sur le sujet.[186] L'Union européenne, appuyée par d'autres États,[187] a soutenu l'idée que le partage des avantages et des bénéfices devrait contribuer à la conservation et à l'utilisation durable des ressources. Certains autres États[188] ont signalé que le verbe « pouvoir » serait plus indiqué ici. Plusieurs États[189] ont finalement conclu que les deux formules seraient envisageables.[190] Selon certains États,[191] il serait également nécessaire de discuter des savoirs traditionnels dans le cadre du nouveau traité.[192] Nous sommes d'avis qu'un système de partage des avantages et des bénéfices doit être établi au bénéfice de la conservation des océans et des ressources qu'ils renferment.[193] La question des savoirs traditionnels ne semble pas pertinente dans ce cadre puisque ce traité ne couvre que les espaces situés hors des zones de juridiction nationale des États, c'est-à-dire à plus de 200 milles marins des côtes. Les chances qu'il existe des savoirs traditionnels sur les ressources issues de ces espaces semblent faibles, voire inexistantes.[194]

– Les droits de propriété intellectuelle : Les pays du G77 et la Chine ont manifesté la volonté que les droits de propriété intellectuelle relatifs aux ressources génétiques marines soient couverts par le nouveau traité. L'Union européenne, les États-Unis, le Canada, le Japon et la Suisse ont rappelé que les droits de propriété intellectuelle sont du ressort de l'OMC et de l'OMPI.[195] Selon nous, les droits de propriété intellectuelle sont couverts

183 Doc. IISD, 12.09.2016, p. 5.
184 Doc. IISD, 11.04.2016, p. 8.
185 Doc. IISD, 11.04.2016, p. 8.
186 Doc. IISD, 11.04.2016, pp. 8–9.
187 Le Japon, les pays du G77, la Chine, les États-Unis, le Costa Rica, le Canada, les Îles Cook et le Vénézuéla. Doc. IISD, 12.09.2016, p. 5.
188 Les petits États insulaires du Pacifique et l'Algérie Doc. IISD, 12.09.2016, p. 5.
189 Les petits États insulaires du Pacifiques, l'Argentine, le Costa Rica, la communauté caribéenne, les États-Unis, le Canada. Doc. IISD, 12.09.2016, p. 6.
190 Doc. IISD, 12.09.2016, p. 6.
191 Les États fédérés de Micronésie, Le Vénézuéla, le Cameroun, les Petits États insulaires en développement du Pacifique. Doc. IISD, 12.09.2016, p. 5.
192 Doc. IISD, 12.09.2016, p. 5.
193 Voir *infra* § 387 ss.
194 Voir *supra* § 59.
195 Doc. IISD, 11.04.2016, p. 9 ; voir aussi : Doc. IISD, 12.09.2016, p. 6.

par le traité ADPIC[196] et ils ne doivent pas être examinés spécifiquement dans le cadre d'un nouveau régime sur les RGM hors zones.

- Les questions institutionnelles : Le Costa Rica et le Mexique ont proposé d'élargir le mandat de l'Autorité internationale des fonds marins afin d'y inclure les ressources génétiques marines. La Russie a signalé que cela violerait la CNUDM.[197] À notre avis, l'Autorité internationale des fonds marins n'est pas une institution adaptée pour gérer les RGM hors zones, car elle ne possède pas les compétences spécifiques nécessaires à la gestion de ces ressources.[198] L'Assemblée générale des Nations Unies pourrait mettre en place un organe d'administration indépendant.[199]

IV Conclusion

351. — Grâce à l'étude menée dans cette deuxième partie, il est possible de conclure que la partie VII CNUDM, relative à la haute mer et son principe de liberté de la pêche[200] s'applique à l'exploitation des RGM hors zones. Nous avons également pu constater que cette situation est insatisfaisante et que le clivage entre les pays en développement et les pays industrialisés reste important. Pour cette raison, la communauté internationale a décidé, au sein de l'Organisation des Nations Unies, de mettre en place une commission préparatoire dans le but d'établir un nouveau traité portant, entre autres, sur la problématique de l'exploitation des RGM hors zones. Selon nous, la Suisse, ainsi que tous les États faisant partie du groupe des pays désavantagés par rapport à l'accès aux océans,[201] ont un intérêt prépondérant[202] à participer à ce processus pour clarifier le régime applicable à l'exploitation des RGM hors zones et à mettre en place des règles ou des mesures pour protéger l'écosystème marin et sa biodiversité. Ceci permettra de continuer à pouvoir profiter des retombées économiques de ce bien commun qu'est l'océan. La troisième partie de cette thèse précisera quelles pourraient être la forme et les principaux axes de ce nouveau régime et quelles alternatives pourraient être envisagées si le processus de création du traité devait ne pas aboutir.

---

196 Voir *supra* § 140 ss.

197 Doc. IISD, 11.04.2016, p. 9 ; voir aussi : Doc. IISD, 12.09.2016, p. 5.

198 Voir *infra* § 425.

199 Voir *infra* § 394.

200 Art. 87 al. 1 let. (e) CNUDM.

201 Symonides, 1988, pp. 293 ss.

202 Voir *supra* § 95.

CHAPITRE 10

Les écolabels

I Introduction

352. — Les consommateurs sont devenus très réceptifs à l'utilisation de produits durables, écologiquement et socialement responsables.[1] La quantité des signes distinctifs permettant d'identifier les produits à caractère écologiques ont considérablement augmenté ces dernières années, faisant du caractère écologique un argument commercial. Les services marketing des entreprises utilisent ces signes écologiques et écoresponsables pour assurer la publicité de leurs produits. Ainsi, les écolabels sont à même d'apporter des avantages financiers et économiques importants aux entreprises[2] ainsi que de devenir un instrument de développement durable en informant le consommateur sur l'impact environnemental des produits qu'il utilise.[3] Le phénomène est important ; il existe du reste un site qui recense les écolabels du monde entier.[4] L'écolabel peut être ainsi considéré comme un instrument complémentaire aux traités, conventions, accords internationaux et instruments de *soft law* pour gérer l'exploitation des ressources marines de manière durable et respectueuse de l'environnement.[5] Ce chapitre permettra d'étudier ce qu'est l'écolabel (II), de distinguer et d'analyser différents types d'écolabels (III), puis d'examiner les instruments de protection des écolabels (IV). Il n'existe aujourd'hui aucun écolabel pour l'exploitation des ressources génétiques marines. Les écolabels présentés ici pourraient servir de modèle pour une proposition de nouvel écolabel présentée dans la troisième Partie.

II Le choix de l'écolabel

353. — Les écolabels ne sont définis juridiquement dans aucune convention internationale et il n'existe pas de régime juridique spécifique qui leur soit applicable.[6] Nous nous référerons donc à une définition générale du terme.

1 Dekhili/Achabou, 2014, pp. 305–306.
2 Bartenstein/Lavallée, 2003, p. 367.
3 Bartenstein/Lavallée, 2003, p. 361.
4 « www.ecolabelindex.com » (consulté le 20.03.2017).
5 Hadjimichael/Hegland, 2016, p. 129.
6 Henry/ Quatravaux, 2013, p. 107.

 | DOI 10.1163/9789004352094_014

L'écolabel est un signe utilisé en relation avec des biens et services.[7] Il permet d'informer le consommateur sur les qualités non directement observables du produit.[8] Ce signe distinctif est le plus souvent composé d'un logo accompagné d'un mot, d'un texte ou d'un slogan.[9] Sa fonction principale est d'indiquer que le produit remplit un certain nombre de critères environnementaux.[10] L'efficacité de l'écolabel dépend de la densité et de la qualité de l'information qu'il véhicule.[11] La propriété et l'utilisation des écolabels peuvent être contrôlées par une entité gouvernementale ou non gouvernementale.[12] Des programmes de certification sont créés et appliqués par des gouvernements, des groupements de scientifiques, des acteurs industriels ou des membres de la société civile à l'aide d'incitateurs économiques. Le succès des écolabels dépend de la capacité de leurs détenteurs à traduire leurs convictions éthiques et politiques relatives à la protection de l'environnement d'une part et le développement durable en incitateur économique d'autre part.[13]

354. — Le but principal de l'écolabel est d'influencer le comportement des acteurs de l'industrie par le biais d'incitations.[14] Le rôle du consommateur dans le processus d'écolabellisation est essentiel et la viabilité des écolabels en dépend.[15] Ces derniers permettent en effet aux consommateurs de traduire leurs convictions politico-éthiques lors d'achats d'un produit ou d'une marque. De cette manière, les consommateurs ont la possibilité d'exercer une pression indirecte sur les entreprises par le biais de leur pouvoir d'achat. Pour que le système fonctionne, les détenteurs de l'écolabel ainsi que les entreprises qui y ont recours doivent mettre en place des moyens pour inciter les consommateurs à préférer les produits certifiés. Il importe que le consommateur soit en mesure de percevoir que le choix d'un produit labellisé n'est pas neutre. Son achat peut ainsi influencer la manière dont les ressources sont exploitées. Mais les écolabels présentent le risque d'être dénaturés par les impératifs économiques.[16] La logique économique et les impératifs financiers pourraient l'emporter sur la qualité de l'écolabel. En particulier si de grandes entreprises, qui ont une position forte sur le marché, sont parties prenantes à l'écolabel et que la survie

7 Belson, 2012, p. 96.

8 Koos, 2011, p. 131.

9 Henry/ Quatravaux, 2013, p. 101.

10 Belson, 2012, p. 96 ; voir aussi : Potts/Haward, 2007, p. 92 ; Henry/ Quatravaux, 2013, p. 107.

11 Henry/ Quatravaux, 2013, p. 101.

12 Belson, 2012, p. 96.

13 Ellis, 2013, p. 1037.

14 Ellis, 2013, p. 1046; voir aussi : Potts/Haward, 2007, p. 92.

15 Potts/Haward, 2007, p. 96.

16 Ellis, 2013, p. 1038.

de ce dernier dépend largement de la participation de celles-ci. La crédibilité des écolabels dépend de leur indépendance par rapport à l'industrie.[17] Les critères de l'écolabel doivent être expertisés selon des méthodes scientifiques et techniques.[18] L'écolabel peut par exemple être évalué par un organisme d'accréditation indépendant, comme l'Accreditation Services International (ASI) ou l'International Social and Environmental Accreditation and Labelling Alliance (ISEAL Alliance). L'avantage principal de cette solution est d'assurer la crédibilité de l'écolabel.[19] Il est également important que l'écolabel conserve sa force distinctive, car la confiance des consommateurs et leur sensibilisation au problème abordé sont deux conditions indispensables à son succès. Si le marché venait à être saturé par des écolabels concurrents, le consommateur risquerait de se tourner à nouveau vers des produits non labellisés, les écolabels étant trop nombreux et ayant perdu toute leur force distinctive. Ainsi, la promotion de l'écolabel, des standards transparents, des procédures d'évaluation et le développement d'incitations sont essentiels à la réussite d'un système d'écolabels.[20]

III Les types d'écolabels

355. — Il est possible de classifier les écolabels en fonction de leurs propriétaires. Certains appartiennent à des gouvernements ou sont intégrés dans la réglementation de certains pays. C'est le cas de l'écolabel *Dolphin Safe/Dolphin Friendly,* appartenant au gouvernement américain, qui est issu de l'*US Marine Mammal Protection Act* de 1972. Dans l'océan Pacifique, les thons nagent très souvent avec les dauphins, ces derniers sont par conséquent les victimes collatérales des grands filets à la senne coulissante utilisés par certains pêcheurs pour attraper du thon.[21] Le label *Dolphin safe/Dolphin friendly* a fait l'objet d'une procédure de règlement des différends au GATT, car ce label interdit, à travers l'*US Marine Mammal Protection Act,* l'importation aux États-Unis de thon issu de pays qui ne possèdent pas de programme de protection des dauphins dans leurs systèmes de pêche au thon. Aux termes de cette loi, il est impossible d'importer du thon aux États-Unis si les techniques de pêche utilisées ont entrainé une mortalité des dauphins 25% supérieure à celles

17 Ellis, 2013, p. 1040.
18 Ellis, 2013, p. 1043.
19 Ellis, 2013, p. 1045.
20 Potts/Haward, 2007, p. 96 ; voir aussi : Gutierrez/Defeo/Bush et al., 2016, p. 4.
21 Fitzmaurice, 2012, p. 234 ; voir aussi : *Affaire Thons-dauphins I Mexique etc./Etats-Unis.*

utilisées par les pêcheurs américains.[22] Par conséquent, le thon du Mexique, du Venezuela, du Panama, de l'Équateur et de l'île de Vanuatu a été banni en 1990. L'embargo s'appliquait également aux pays intermédiaires, c'est-à-dire au thon provenant du Mexique et traité[23] dans des pays tiers[24] avant d'être importé aux États-Unis.[25] Cette situation a donné lieu à une plainte au titre de la procédure de règlement des différends du GATT déposée en 1991 par le Mexique, et soutenue par certains pays intermédiaires, connue sous le nom de l'affaire *thons-dauphins I Mexique etc./États-Unis*.[26] Si les arguments des États-Unis avaient été acceptés, il aurait été possible d'interdire l'importation de produits issus d'un autre pays sur le seul critère de la politique environnementale, sanitaire ou sociale différente. Par conséquent, des restrictions commerciales unilatérales cachant en réalité des mesures protectionnistes abusives auraient pu être appliquées. Le GATT, qui ne s'est pas penché sur la question de savoir si la mesure prise par les États-Unis était protectionniste d'un point de vue environnemental, a suggéré aux États-Unis de rendre la mesure conforme à ses règles.[27] Il a aussi été demandé au Groupe spécial de prendre position « sur la disposition de la législation des États-Unis qui prescrivait que les produits à base de thon devaient être étiquetés « sans risque pour les dauphins » (laissant aux consommateurs le choix d'acheter ou non ces produits). Il a conclu que cette mesure ne contrevenait pas aux règles du GATT puisqu'elle entendait empêcher la pratique de la publicité mensongère pour tous les produits à base de thon, qu'ils soient importés ou produits dans le pays. »[28] Ainsi, l'écolabel en tant que tel ne pose pas de problèmes en soi et n'est pas contraire aux prescriptions du GATT. C'est du moins la conclusion à laquelle est arrivé le Groupe spécial en constatant que « les labels non obligatoires ne restreignent pas la vente des produits du thon et que tout avantage découlant de l'usage de cette étiquette résultait du libre choix du consommateur de donner préférence aux produits ainsi labellisés ».[29] Le Mexique et les États-Unis ont finalement engagé des négociations bilatérales hors du cadre du GATT et le rapport du Groupe spécial n'a pas été adopté. Cette première affaire thons/dauphins a été suivie par une autre affaire à la demande de l'Union

22 Fitzmaurice, 2012, pp. 234–235.

23 Par exemple la mise en boite du thon.

24 De nombreux pays étaient concernés : le Costa Rica, l'Italie, le Japon, l'Espagne, la France, la Grande-Bretagne, etc.

25 Fitzmaurice, 2012, p. 235.

26 *Affaire Thons-dauphins I Mexique etc./Etats-Unis.*

27 *Affaire Thons-dauphins I Mexique etc./Etats-Unis.*

28 *Affaire Thons-dauphins I Mexique etc./Etats-Unis.*

29 Bartenstein/Lavallée, 2003, p. 387.

européenne, mais le nouveau rapport du Groupe spécial du GATT n'a pu être adopté faute de consensus.[30]

356. — Une nouvelle affaire sur le même sujet a été portée en 2008 devant l'OMC.[31] Dans l'affaire *États-Unis-Thon II* (*Mexique*),[32] le Mexique a porté plainte contre les États-Unis en raison de règlements et de prescriptions concernant les conditions d'utilisation d'un étiquetage de la marque officielle du département du commerce des États-Unis, *Dolphin Safe* : il a argumenté que celles-ci étaient incompatibles avec certains articles du GATT[33] et de l'Accord sur les obstacles techniques au commerce (Accord OTC).[34] Pour leur part, l'Union européenne et l'Australie ont demandé à participer aux consultations. Le Mexique a demandé à l'Organe de règlement des différends (ORD) l'établissement d'un Groupe spécial en 2009. Le Groupe spécial a rendu son rapport en septembre 2011 en concluant que la marque *Dolphin Safe* constituait un règlement technique aux fins de l'Accord OTC. Il a rejeté la première allégation du Mexique, estimant que les dispositions étasuniennes en matière d'étiquetage *Dolphin Safe* ne constituaient pas de discrimination concernant les produits à base de thon mexicains.[35] Quant au caractère nécessaire de la mesure,[36] le Groupe spécial a retenu que le Mexique avait pu démontrer que les mesures prises par les États-Unis étaient commercialement plus restrictives que nécessaire pour atteindre les objectifs visés. Le Groupe spécial a également constaté que l'article 2.4 Accord OTC, qui exige que les règlements techniques reposent sur les normes internationales pertinentes lorsque cela est possible, n'était pas violé par les États-Unis et leur marque *Dolphin safe*. Le Groupe spécial ne s'est par contre pas prononcé sur les allégations du Mexique concernant la non-discrimination au titre du GATT.[37] En janvier 2012, les États-Unis ainsi que le Mexique ont fait appel de certaines questions de droit et interprétations du droit formulées par le Groupe spécial. L'Organe d'appel a rendu son rapport en mai 2012. Il a confirmé la décision du Groupe spécial de qualifier la mesure prise par les États-Unis de « règlement technique ». Il a par contre infirmé la constatation du Groupe spécial en arrêtant que la mesure prise par les États-Unis était incompatible avec l'article 2.1 Accord OTC ; cet article

30 *Affaire Thons-dauphins I Mexique etc./Etats-Unis.*

31 Qui a remplacé le GATT en 1995.

32 *Affaire États-Unis-Thon II* (*Mexique*).

33 Articles I :1 et III : 4 GATT.

34 Articles 2.1, 2.2 et 2.4 Accord sur les obstacles techniques au commerce, conclu à Genève le 12 avril 1979 (RS 0.632.231.41).

35 Ne contrevient pas à l'art. 2.1 Accord OTC.

36 Art. 2.2 Accord OTC.

37 *Affaire États-Unis-Thon II* (*Mexique*).

prévoit « qu'il soit accordé aux produits importés en provenance du territoire de tout Membre un traitement non moins favorable que celui qui est accordé aux produits similaires d'origine nationale et aux produits similaires originaires de tout autre pays ». L'Organe d'appel a estimé qu'en empêchant la plupart des produits mexicains à base de thon d'accéder au label *Dolphin Safe,* accordant celui-ci aux produits étasuniens et à d'autres pays, la mesure transformait les conditions de concurrence sur le marché américain aux dépens des produits mexicains. Il a également évalué si les différentes conditions d'accès au label *Dolphin Safe* étaient adaptées aux risques encourus par les dauphins en fonction des différentes méthodes de pêche au thon comme l'avaient allégué les États-Unis. Or, bien qu'il ait pu être établi que la technique de pêche par encerclement était fort dommageable pour les dauphins, il n'a pas pu être prouvé que les autres méthodes de pêche étaient moins risquées pour ces cétacés. Les États-Unis n'ont d'ailleurs pas effectué d'études comparatives pour déterminer s'il existait une technique moins dommageable pour les dauphins. Ainsi, l'Organe d'appel a constaté que la mesure choisie par les États-Unis pour remédier aux risques que représentaient les différentes techniques de pêche au thon pour les dauphins n'était pas impartiale. Concernant l'article 2.2 Accord OTC, l'Organe d'appel n'a pas admis que le Mexique ait réussi à prouver que les normes d'étiquetage étasuniennes étaient plus restrictives que nécessaire pour la réalisation des objectifs visés. Il a donc estimé que la mesure n'était pas incompatible avec l'article 2.2 Accord OTC.[38] L'Organe d'appel a également conclu que la certification *Dolphin Safe*[39] n'était pas une « norme internationale pertinente », au sens de l'article 2.4 Accord OTC.[40] En juin 2012, les États-Unis ont manifesté leur intention de mettre en œuvre les recommandations et décisions de l'ORD. En juillet 2013, à la réunion de l'ORD, les États-Unis ont signalé que des modifications des règles relatives à l'étiquetage *Dolphin Safe* avaient été opérées.[41] En avril 2015, le Groupe spécial a distribué aux membres son rapport de mise en conformité.[42] Il y a constaté que les modifications effectuées par les États-Unis étaient constituées de trois ensembles principaux relatifs aux conditions d'étiquetage : les « critères d'admissibilité »,[43]

38 *Affaire États-Unis-Thon II (Mexique).*

39 Élaborées dans le cadre de l'Accord relatif au programme international pour la conservation des dauphins (AIDCP), entré en force en février 1999.

40 *Affaire États-Unis-Thon II (Mexique).*

41 *Affaire États-Unis-Thon II (Mexique).*

42 *Affaire États-Unis-Thon II (Mexique).*

43 Les produits de thon obtenus à partir d'une pêche par encerclement des dauphins ne peuvent pas obtenir le label. Au contraire, les produits de thon capturés au moyen

les « prescriptions concernant la certification »[44] et les « prescriptions concernant le repérage et la vérification ».[45] Il a rejeté l'allégation du Mexique selon laquelle, la mesure modifiée violait l'article 2.1 Accord OTC, dès lors qu'elle interdisait l'utilisation du label *Dolphin safe* pour des produits de thons pêchés selon la méthode d'encerclement des dauphins. Le Groupe spécial a précisé que cette question avait déjà été tranchée par l'ORD dans la procédure initiale et qu'aucun nouvel élément de preuve présenté par le Mexique ne suscitait de doute quant aux premières conclusions. En revanche, le Groupe spécial a estimé que les mesures modifiées étaient toujours incompatibles avec l'article 2.1 Accord OTC, étant donné qu'elles imposaient des prescriptions différentes en matière de documentation, de repérage et de vérification en fonction de l'endroit où les thons avaient été pêchés.[46] Le Groupe spécial a constaté que les conditions de concurrence étaient ainsi modifiées au détriment du thon et des produits de thon mexicains. Il a également relevé que la mesure modifiée subordonnait l'accès au label à des prescriptions additionnelles qui n'étaient pas imposées aux autres types de pêche au thon et qu'elle était ainsi incompatible avec l'article I : 1 GATT. De plus, il a constaté que la mesure modifiée changeait également les conditions de concurrence sur le marché étasunien au détriment des produits de thon mexicain et de leurs dérivés. De ce fait, la mesure était également incompatible avec l'article III : 4 GATT. Le Groupe spécial a convenu que la mesure modifiée relative à l'interdiction de l'utilisation du label *Dolphin safe* était justifiée au titre de l'article XX g GATT, cette mesure ne constituant ni une discrimination arbitraire, ni une entrave déguisée au

---

d'autres techniques de pêche ont la possibilité d'utiliser le label. *Affaire États-Unis-Thon II* (*Mexique*).

44 À l'intérieur des zones de pêcherie des navires à sennes coulissantes des eaux tropicales du Pacifique Est, la certification du statut *Dolphin safe* doit être donnée par le capitaine du navire ainsi qu'un observateur indépendant se trouvant à bord du navire. À l'extérieur de cette zone, la certification doit être fournie uniquement par le capitaine du bateau. *Affaire États-Unis-Thon II* (*Mexique*).

45 Les produits de thon doivent être accompagnés de documents garantissant que le thon *Dolphin safe* a été séparé du thon non conforme au label durant toutes les étapes de traitement du produit. *Affaire États-Unis-Thon II* (*Mexique*).

46 Le Groupe spécial a constaté que des contraintes supplémentaires étaient imputées à la flotte mexicaine dans la mesure où la majeure partie de celle-ci pêche dans les eaux tropicales du Pacifique Est à l'aide de sennes coulissantes. Ces contraintes supplémentaires consistent en l'obligation d'avoir un observateur indépendant à bord du bateau pour certifier le respect du label en plus du capitaine, ainsi que des prescriptions de repérage et de vérification considérées comme plus astreignantes pour les navires mexicains. *Affaire États-Unis-Thon II* (*Mexique*).

commerce. Néanmoins, une majorité des membres du Groupe spécial a estimé que ces prescriptions étaient appliquées de manière arbitrairement discriminatoire. En juin 2015, les États-Unis ont notifié à l'ORD qu'ils allaient faire appel de certaines questions de droit couvertes par le rapport de la mise en conformité. Le Mexique a également décidé de faire appel. L'Organe d'appel a établi un rapport en novembre 2015. Dans son rapport, il a infirmé la constatation du Groupe spécial, qui avait noté que les « critères d'admissibilité » de la mesure modifiée étaient compatibles avec l'article 2.1 Accord OMC. Il a également infirmé les constatations du Groupe spécial qui arguait que les « prescriptions concernant la certification » et les « prescriptions concernant le repérage et la vérification » étaient incompatibles avec l'article 2.1 Accord OMC. Il a encore constaté que la mesure modifiée des États-Unis, comme la mesure initiale, discriminait négativement les produits du thon mexicain sur le marché étasunien. Au vu de ces différents constats, l'Organe d'appel a conclu que la mesure modifiée était incompatible avec l'article 2.1 Accord OTC. Il a également infirmé les constatations du Groupe spécial selon lesquelles les prescriptions de la mesure modifiée des États-Unis étaient incompatibles avec les articles I : 1 et III : 4 GATT. Il a néanmoins constaté que la mesure modifiée désavantageait les produits du thon mexicain sur le marché étasunien et créait une distorsion au niveau de la concurrence. L'Organe d'appel a aussi infirmé les conclusions du Groupe spécial relatives à l'article XX GATT[47] en constatant que la mesure modifiée n'était pas compatible avec cet article. En mars 2016, le Mexique a demandé à l'ORD l'autorisation de prendre des mesures visant à « suspendre des concessions ou d'autres obligations ». Les États-Unis ont contesté le niveau de ces mesures et demandé à ce que la question soit soumise à arbitrage. Il a été convenu en mars 2016, à la réunion de l'ORD, que la question de « l'autorisation de suspendre des concessions ou d'autres obligations » serait soumise à arbitrage. Ayant pris acte du rapport de l'Organe d'appel et ayant établi de nouvelles mesures en mars 2016, les États-Unis, en avril 2016, ont par conséquent sollicité l'établissement d'un Groupe spécial de la mise en conformité. En mai 2016, le Mexique a également demandé l'établissement d'un Groupe spécial de la mise en conformité concernant les mesures

47 L'article XX GATT prévoit que rien, dans le GATT, ne doit être interprété comme empêchant l'adoption ou l'application, par les parties contractantes des mesures propres à différentes situations et plus particulièrement ici, se rapportant à la conservation des ressources naturelles épuisables. Cela, sous réserve que ces mesures ne soient pas appliquées de manière à « […] constituer soit un moyen de discrimination arbitraire ou injustifié entre les pays où les mêmes conditions existent, soit une restriction déguisée au commerce international […] ».

prises par les États-Unis en mars 2016. L'ORD a accepté l'établissement des Groupes demandés par les deux États.

357. — L'écolabel *Der Blaue Engel* constitue un autre exemple de label appartenant à un gouvernement, en l'occurrence au Ministère fédéral allemand pour l'Environnement, la Préservation de la Nature et la Sûreté Nucléaire. Pour cet écolabel, des référentiels sont créés en fonction des catégories de produits avec des cahiers des charges différents pour chacune de ces dernières.[48] *Der Blaue Engel* a gagné une très bonne visibilité et les entreprises qui l'apposent sur leurs produits estiment qu'il s'agit d'un excellent outil de promotion.[49]

358. — Certains écolabels sont le fait d'initiatives privées ; ceux-ci permettent d'assurer au consommateur que le produit acheté réunit certains critères. Les signes distinctifs privés à caractère écologique peuvent avoir différentes qualifications juridiques. Certains sont déposés par des organismes indépendants chargés d'autoriser et de contrôler l'usage de la marque, alors que d'autres appartiennent directement à l'entreprise qui l'utilise sur ses propres produits. Pour la seconde catégorie particulièrement, il existe un risque de voir se développer des signes trompeurs, axés sur des impératifs plus économiques qu'écologiques.[50] Les écolabels privés sont le plus souvent enregistrés sous une marque « simple ». Par le biais de licences, un contrôle des conditions d'exploitation de l'écolabel par les entreprises certifiées est effectué. Les écolabels sont ainsi protégés de toute exploitation illicite.[51] Les systèmes d'écolabel et de certification permettant d'encourager et de développer la pêche durable sont apparus dans les années 1990. Ils sont rapidement devenus très visibles pour les consommateurs.[52] Parmi les écolabels appartenant à des organismes privés, les suivants méritent d'être signalés :

359. — Le label *Marine Stewardship Council* (MSC)[53] a été créé en 1997 par le *World Wildlife Fund for Nature* (WWF) ainsi que par certaines entreprises commerciales.[54] En 1999, MSC est devenue indépendant.[55] Les produits qui portent cet écolabel doivent respecter des critères permettant une pêche durable.[56] En tant qu'organisme d'accréditation, le MSC se doit d'être indépendant et

48 Henry/ Quatravaux, 2013, p. 137.

49 Bartenstein/Lavallée, 2003, p. 364.

50 Henry/ Quatravaux, 2013, pp. 102 et 113 ; voir aussi : Dekhili/Achabou, 2014, pp. 306 et 309.

51 Henry/ Quatravaux, 2013, p. 139.

52 Potts/Haward, 2007, p. 95.

53 Site MSC : « www.msc.org » (consulté le 20.03.2017).

54 Entre autres Unilever et Migros.

55 Cummins, 2004, p. 86.

56 Churchill/Lowe, 1999, p. 323.

impartial. Pour cela, MSC a arrêté un certain nombre de critères et de principes qui couvrent les buts à atteindre, les considérations écologiques ainsi que les questions de gouvernance.[57]

360. —Le label *Cradle to Cradle* est un autre exemple d'écolabel appartement à un organisme privé. Son but est de favoriser le recyclage des produits existants en produits de qualité équivalente, voire supérieure. Les objets certifiés *Cradle to Cradle* sont, dès le départ, conçus comme ressource pour un futur produit. Pour obtenir la certification, les produits doivent être conformes au cahier des charges établi par le propriétaire du label. Après avoir vérifié que le produit est conforme au cahier des charges, une licence non exclusive d'utilisation du label est octroyée pour les produits considérés comme conformes.[58]

361. — D'autres écolabels ont été créés par des entreprises privées, comme le *Forest Stewardship Council* (FSC) en 1992, suite à la Conférence des Nations Unies sur l'environnement et le développement, où les États n'ont pas réussi à s'accorder sur un engagement juridiquement contraignant.[59] Le but de l'écolabel FSC est de promouvoir une gestion écologiquement appropriée, socialement bénéfique et économiquement viable des forêts mondiales, répondant aux besoins des générations actuelles et futures.[60] Il est basé sur une liste de dix critères et principes détaillés dans le cahier des charges de l'écolabel.[61]

IV La protection des écolabels

362. — L'écolabel peut être protégé en tant que marque. Il existe différents systèmes de protection selon les pays. En Suisse, la marque de garantie sert à « garantir la qualité, la provenance géographique, le mode de fabrication ou d'autres caractéristiques communes de produits ou de services de ces entreprises ».[62] Elle sert à assurer une qualité déterminée, garantie et contrôlée par le titulaire de la marque ainsi qu'à différencier les produits des entreprises

---

57 Potts/Haward, 2007, p. 99.

58 Henry/ Quatravaux, 2013, pp. 139–142.

59 Ellis, 2013, pp. 1035–1036 ; voir aussi : Site FSC : « fr.fsc.org/fr-fr/a-propos-de-fsc/notre-histoire » (consulté le 20.03.2017).

60 Site FSC : « fr.fsc.org/fr-fr/a-propos-de-fsc/notre-vision-et-nos-missions » (consulté le 20.03.2017).

61 Site FSC : « fr.fsc.org/fr-fr/certification/les-principes-et-critres-fsc » (consulté le 20.03.2017).

62 Loi fédérale sur la protection des marques et des indications de provenance (LPM) du 28 août 1992 (RS 232.11), Art. 21 al. 1.

soumises au règlement de la marque de ceux qui ne le sont pas.[63] Les marques de garantie doivent remplir les mêmes critères que les autres catégories de marques.[64] Au contraire des marques individuelles et collectives, la marque de garantie ne peut être utilisée par le titulaire pour ses propres produits.[65] Le titulaire a l'obligation de délivrer une autorisation d'utilisation de sa marque de garantie lorsque les produits ou services pour lesquels la marque est demandée satisfont aux exigences fixées par le règlement.[66] Il peut également adapter le règlement. Si les utilisateurs refusent d'adapter leurs produits et services aux nouvelles normes ou ne peuvent le faire, ils sont susceptibles de se voir retirer leur autorisation.[67] Le titulaire peut demander aux utilisateurs le versement d'une rémunération adéquate[68] pour l'usage de la marque de garantie.[69] En raison de la lourdeur du système, la marque de garantie ne s'est que peu répandue ces dernières années en Suisse.[70] L'immense majorité des marques enregistrées demeurent des marques individuelles.[71]

363. — Certains droits étrangers prévoient également des marques visant à assurer que les produits concernés présentent des qualités communes déterminées. C'est le cas de la *certification mark* au Royaume-Uni, qui fait l'objet d'un article particulier[72] du *Trade Marks Act 1994*. La *certification mark* vise à individualiser des produits disposant de caractéristiques qualitatives spécifiques par rapport aux produits qui ne les possèdent pas. Les contraintes pour l'obtention d'une marque de certification britannique sont particulièrement strictes, ce qui en fait une marque difficile d'accès.[73] Aux États-Unis, une *certification*

63 Maradan, 2005, p. 10 ; voir aussi : Maradan, 2013, pp. 939–940.

64 Maradan, 2013, p. 940.

65 Art. 21 al. 2 LPM ; voir aussi : Maradan, 2013, p. 946.

66 Art. 21 al. 3 LPM ; voir aussi : Maradan, 2013, p. 945.

67 Maradan, 2013, p. 946.

68 Aucun critère fixant la rémunération n'est arrêté dans le texte légal. Le titulaire dispose par conséquent d'une grande liberté pour en fixer le montant.

69 Maradan, 2013, p. 947.

70 Seules 206 marques de garantie sont enregistrées en septembre 2016 en Suisse. Parmi elles se trouve, entre autres, l'écolabel *dolphin safe*. Site Swissreg : « swissreg.ch/srclient/faces/jsp/start.jsp » (consulté le 20.03.2017).

71 En septembre 2016, 242'856 marques individuelles sont enregistrées en Suisse. Parmi elles se trouvent, entre autres, les écolabels : MSC, FSC, WWF, *Cradle to Cradle*, *Fairtrade*/Max Havelaar, Coop naturaline. Site Swissreg : « swissreg.ch/srclient/faces/jsp/trademark/sr3.jsp » (consulté le 20.03.2017) ; voir aussi : Maradan, 2013, p. 947 ; voir aussi : Keller/Bosshard, 2011, p. 362.

72 Section 50 Trade Marks Act 1994.

73 Maradan, 2005, pp. 7–8.

mark[74] existe également. Cette dernière se distingue des marques de fabrique et de commerce[75] ainsi que des marques de services[76] par les deux caractéristiques suivantes : d'une part, la *certification mark* ne doit pas être utilisée par son titulaire, d'autre part elle n'indique pas l'origine commerciale du produit et ne distingue pas les produits et services d'une personne de ceux d'une autre personne. Ce type de marque est principalement utilisé aux États-Unis pour protéger les indications de provenance.[77] En revanche, il n'existe pas de marque communautaire de garantie au sein de l'Union européenne.[78] Cette situation oblige les titulaires d'un écolabel souhaitant protéger celui-ci par une marque de certification, de faire une demande dans chaque État où cela est possible, ce qui est complexe et coûteux.[79] L'alternative à un dépôt dans chaque État est de choisir une marque collective communautaire, mais celle-ci offre un régime moins protecteur.[80]

364. — Des certifications régulées par des lois nationales ont été mises en place dans plusieurs pays.[81] C'est par exemple le cas pour les produits « bio »[82] dans l'Union européenne[83] et aux États-Unis.[84] En Suisse, l'écolabel « Bio Suisse » est protégé par une marque collective créée et détenue par une organisation faîtière depuis 1981. Cet écolabel regroupe plus de 6000 entreprises agricoles et horticoles suisses ainsi que plus de 850 entreprises agroalimentaires qui fabriquent et commercialisent des denrées alimentaires répondant au cahier des charges de l'écolabel qu'ils utilisent sous licence. Cet écolabel vise, entre autres, à promouvoir la production agricole en harmonie avec la nature, le développement durable, la non-utilisation de produits chimiques, une vision globale de la durabilité, la transformation des produits sans adjonction d'additifs ainsi que la collaboration équitable entre paysans, fabricants et distributeurs.[85]

---

74 Section 45, 15 U.S.C § 1127.

75 En anglais : *trademarks.*

76 En anglais : *service marks.*

77 Maradan, 2005, pp. 8–9.

78 Maradan, 2005, p. 8.

79 Henry/ Quatravaux, 2013, p. 127.

80 Henry/ Quatravaux, 2013, p. 127.

81 Czarnezki, 2011, pp. 15–18.

82 Pour qualifier les produits biologiques.

83 Règlement UE No 271/2010 ; voir aussi : Czarnezki, 2011, pp. 17–18.

84 Organic Foods Production Act et National Organic Program ; voir aussi : Czarnezki, 2011, pp. 15–16.

85 « www.bio-suisse.ch » (consulté le 20.03.2017).

365. — Des alternatives aux marques de garantie et aux *certification marks* existent. L'utilisation d'une marque individuelle concédée en licence ou d'une marque collective est également envisageable pour protéger un écolabel. La marque individuelle, en particulier, offre plus de flexibilité à son titulaire, car elle n'est pas soumise à autant de contraintes[86] que la marque de garantie. Elle est ainsi souvent préférée à cette dernière, d'autant qu'il n'existe pas de réglementation harmonisée pour les marques de garantie sur le plan international.[87] La marque collective est elle assez peu utilisée en Suisse.[88] Il en va de même dans l'Union européenne où la marque communautaire collective ne rencontre que peu de succès.[89]

V Conclusion

366. — L'écolabel représente une plus-value pour les entreprises et leurs produits, en particulier dans le domaine de la protection de l'environnement. Ce moyen est de plus en plus utilisé par les entreprises pour se démarquer, et par les consommateurs pour exprimer leurs choix. Il n'existe pour l'instant aucun écolabel pour les ressources génétiques marines sur le marché. Dans la mesure toutefois où il constitue un instrument important à côté des traités, des conventions, des accords internationaux et de la *soft law* pour contraindre les entreprises et les États à adopter certains comportements,[90] il pourrait être pertinent de développer un écolabel dans ce domaine.

86 Pour le droit suisse par exemple, voir les contraintes imposées par l'art. 21 al. 2–3 LPM ; voir aussi : Maradan, 2013, p. 947. Les marques collectives impliquent aussi certaines contraintes concernant par exemple le titulaire ou les utilisateurs, voir : Maradan, 2013, pp. 951–952 ; Pour ces deux types de marques, un règlement doit être remis à l'Institut fédéral de la Propriété Intellectuelle. art. 23 LPM.

87 Pour le droit suisse, voir : Maradan, 2013, pp. 947–948 ; Keller/Bosshard, 2011, p. 364.

88 Seules 793 marques collectives sont enregistrées en septembre 2016 en Suisse. Parmi elles se trouve, entre autres, l'écolabel « Bio Suisse ». Site de Swissreg : « swissreg.ch/srclient/faces/jsp/start.jsp » (consulté le 20.03.2017).

89 Maradan, 2013, p. 947 ; voir aussi : Keller/Bosshard, 2011, p. 362.

90 Hadjimichael/Hegland, 2016, p. 129.

PARTIE 3

Un nouveau régime et ses alternatives

Préambule

367. — Le régime de la liberté de la haute mer sur les ressources biologiques est donc applicable à l'exploitation des RGM hors zones et l'Organisation des Nations Unies, dans le cadre des discussions sur le droit de la mer, travaille à l'élaboration d'un nouveau traité couvrant cette problématique.

368. — La troisième et dernière partie de notre thèse vise à déterminer quels pourraient être les principaux axes d'un régime juridique propre aux ressources génétiques marines et quelles pourraient être les alternatives si celui-ci ne devait pas être adopté puis ratifié, ou s'il donnait des réponses insatisfaisantes ou partielles à la problématique. Elle est constituée de quatre chapitres.

369. — Le premier est consacré à la forme et au contenu d'un nouveau régime juridique qui couvrirait spécifiquement l'exploitation des RGM hors zones (Chapitre 11).

370. — Le deuxième analyse la possibilité d'appliquer un régime juridique existant différent de celui actuellement en vigueur pour l'exploitation des RGM hors zones. (Chapitre 12).

371. — Le troisième propose de maintenir le système juridique actuellement applicable, tout en créant des normes de *soft law* pour pallier les manquements et les défauts du système applicable aujourd'hui (Chapitre 13).

372. — Enfin, compte tenu de l'absence de force contraignante de la *soft law*, le dernier chapitre sera consacré à la possibilité de recourir au droit privé par l'adoption d'un écolabel afin de compléter le système législatif actuellement applicable à l'exploitation des ressources génétiques marines dans leur ensemble (Chapitre 14).

 | DOI 10.1163/9789004352094_015

CHAPITRE 11

La création d'un nouveau régime

I Introduction

373. — Si l'Organisation des Nations Unies, dans le cadre des discussions sur le droit de la mer, prévoit la mise en œuvre d'un nouveau régime pour l'exploitation des RGM hors zones, ce dernier n'est actuellement qu'au stade de discussion. Le chapitre 11 vise à analyser le contenu que pourrait avoir un nouveau régime juridique. Dans un premier temps, il importe de savoir pourquoi un régime unique pour les ressources de la Zone et de la colonne d'eau semble préférable (II), puis d'étudier la forme qu'il pourrait revêtir (III), les avantages et les inconvénients que représente la création d'un nouveau régime (IV), les modèles du futur traité (V), ses principaux axes (VI) et, finalement, la gestion et l'application de ce dernier (VII).

II Un régime unique pour les ressources génétiques des grands fonds marins et de la colonne d'eau

374. — Dans la mesure où il est difficile, voire impossible, de déterminer si certaines ressources génétiques marines proviennent de la colonne d'eau ou de la Zone, il parait préférable de couvrir l'ensemble des RGM hors zones par un seul régime.[1] En revanche, les ressources génétiques marines issues d'espaces sous la juridiction d'un État[2] ne pourront pas être couvertes par le nouveau régime en raison du principe de souveraineté des États sur leurs propres ressources. Ainsi, des régimes juridiques distincts continueront à être appliqués aux ressources génétiques marines issues d'espaces situés sous la juridiction d'un État et à celles issues d'espaces situés au-delà des zones de la juridiction nationale des États.[3] Mais le nouveau régime pourrait reprendre certaines normes existantes dans des traités applicables aux ressources génétiques marines issues d'espaces situés sous la juridiction d'un État.[4] Ainsi, par analogie à ce que

1 Matz-Lück, 2010, p. 72 ; Doc. ONU, Chair's overview of the first session, 2016, p. 7 ; Long/Rodriguez Chaves, 2015, p. 223 ; Wright/Rochette/Druel et al., 2016, p. 38 ; Scovazzi, 2016, p. 190.

2 Mer territoriale, ZEE et plateau continental.

3 Voir *supra* § 314 ss.

4 CDB et Protocole de Nagoya.

 DOI 10.1163/9789004352094_016

prévoit le Protocole de Nagoya, nous proposons qu'il soit exigé des chercheurs et bioprospecteurs d'indiquer la source de la ressource.[5] Ceci permettrait, en cas de partage des avantages et des bénéfices, de déterminer les acteurs en présence. Néanmoins, il convient de relever que, comme dans le cas du Protocole de Nagoya, ce système est très largement tributaire de la bonne foi des chercheurs et des bioprospecteurs.[6]

III La forme du nouveau régime juridique

375. — Il va de soi que le nouveau régime devrait être compatible avec la CNUDM, mais également avec la CDB et le Protocole de Nagoya. Ainsi, les prescriptions relatives au partage des avantages et des bénéfices des ressources génétiques issues des régions situées dans les zones de juridiction nationale ne devraient pas entrer en conflit avec les dispositions du nouveau régime.[7]

376. — Différentes solutions peuvent être envisagées quant à la forme que devrait revêtir le nouveau traité relatif à l'exploitation des ressources génétiques marines. Il pourrait s'agir d'une convention *ad hoc* pour la gestion et la protection des ressources génétiques marines au-delà des zones de juridiction nationale, colonne d'eau et Zone incluses. Ce nouveau traité pourrait constituer un complément à la CDB et la CNUDM ; il devrait être coordonné avec ces derniers ainsi qu'avec l'Accord ADPIC.[8] Selon une partie de la doctrine, il pourrait également s'agir d'un traité d'application relatif à la CNUDM.[9] C'est du reste cette voie que le Groupe spécial mandaté par l'Assemblée générale de l'ONU a choisie.[10] Selon nous, dans la mesure où le cadre légal de la CNUDM s'étend à toutes les activités pratiquées sur et dans les océans,[11] le nouveau traité devrait être rattaché à la CNUDM. Par conséquent, un traité d'application relatif à la CNUDM parait, selon nous, effectivement l'instrument le mieux adapté au sujet qui nous concerne.

5 Voir *supra* § 222 ss.
6 Voir *supra* § 172.
7 Broggiato/Arnaud-Haond/Chiarolla et al., 2014, p. 179.
8 Art. 30 CVDT ; voir aussi : Bonfanti/Trevisanut, 2011, IP Rights, pp. 19–20 ; voir aussi Canal-Fogues, 2003, p. 109.
9 Treves, 2010, p. 21 ; voir aussi : Bonfanti/Trevisanut, 2011, IP Rights, p. 18.
10 Doc. ONU A/69/780, p. 2 ; voir aussi : Doc. ONU A/69/177, pp. 3–4.
11 Salpin, 2013, p. 150.

IV Les avantages et les désavantages d'un nouveau régime

377. — L'adoption d'un nouveau traité d'application relatif à la CNUDM ou *ad hoc* sur la conservation et l'utilisation durable de la biodiversité dans les zones situées hors de la juridiction nationale des États comporte des avantages et des inconvénients par rapport aux régimes déjà existants.

378. — Parmi ces avantages, la création d'un nouveau traité ne passe pas par la procédure d'amendement de la CNUDM,[12] un processus long et fastidieux et qui a peu de chances d'aboutir.[13] Il ne s'agit pas de modifier un système préexistant, mais d'en créer un nouveau, qui offre plus de flexibilité et de liberté. Le traité n'étant pas forcement lié directement à la CNUDM, n'importe quel État partie ou non à la CNUDM, est libre de le ratifier ou d'y adhérer.[14] Contrairement à l'amendement de la CNUDM, cela ouvre la perspective d'une adhésion des États-Unis.[15] Cela permet également de créer un régime « sur mesure » pour les RGM hors zones, incluant à la fois des incitatifs pour encourager la bioprospection et le développement de produits tout en favorisant le partage des avantages et des bénéfices, ainsi qu'en assurant la préservation du milieu marin et une utilisation durable de ses ressources.

379. — Mais l'adoption d'un traité représente un travail important et nécessite une volonté politique forte. Étant donné les positions divergentes des pays en développement et des pays industrialisés, et malgré les démarches actuellement en cours au sein de l'Assemblée générale de l'ONU, le risque qu'un tel processus n'aboutisse pas est important. Un tel exercice implique aussi un investissement en temps et en argent important qui pourrait freiner le bon déroulement et le développement des travaux de recherche profitables à tous.[16]

V Les modèles du nouveau régime juridique

380. — L'élaboration d'un nouveau traité sur les RGM hors zones pourrait à priori s'inspirer du Traité sur l'Antarctique, en raison des similarités entre ces

12 À moins que le nouveau traité ne soit une sorte d'amendement à la CNUDM comme l'est le traité sur la Partie XI, auquel cas les problèmes seront les mêmes que pour l'application d'un autre régime existant.

13 Voir *infra* § 401 ss.

14 Greiber, 2011, pp. 48–49 ; voir aussi : Matz, 2002, p. 297.

15 Greiber, 2011, pp. 48–49.

16 Doc. ONU A/69/177, p. 15.

deux espaces.[17] Mais selon nous, la situation est trop différente. L'Antarctique est géré par un petit nombre d'États qui, par le biais du Traité sur l'Antarctique, se sont accordés sur un certain nombre de règles concernant ce continent et les eaux australes, alors que la haute mer et les fonds marins au-delà des zones de juridiction nationale des États doivent être gérés à l'échelle internationale. Ces paramètres rendent par conséquent l'adoption d'un nouveau traité beaucoup plus complexe que pour le contexte spécifique de l'Antarctique.[18]

381. — Selon une partie de la doctrine[19] et certains États,[20] le nouveau régime pourrait s'inspirer du TIRPGAA de la FAO. Il faut toutefois être conscient que la situation des ressources couvertes par le TIRPGAA est différente de celle des RGM hors zones. Le TIRPGAA couvre un nombre de ressources limitées et sélectionnées se trouvant sous la juridiction d'un ou de plusieurs États. Établir une liste similaire pour les RGM hors zones parait difficilement imaginable, sans compter que certaines ressources se trouvent également dans des espaces sous juridiction. Ainsi le TIRPGAA n'est probablement pas un modèle directement transposable à la situation de l'exploitation des RGM hors zones, même si certaines idées, telles que celle d'un fonds commun,[21] peuvent être retenues.[22]

382. — L'Organisation des Nations Unies pourrait également s'inspirer des principes de la Partie XI CNUDM sur les ressources minérales de la Zone et le principe de « patrimoine commun de l'humanité »,[23] comme du régime de la haute mer de la Partie VII CNUDM.[24] Idéalement, ce dernier devrait traiter la situation dans sa globalité en couvrant l'organisation et la gestion de l'exploitation des ressources génétiques marines, l'adoption des mesures de conservation et la mise en place d'AMP, la notification de l'accès aux ressources, la gestion et le transfert de techniques marines ainsi que la mise en place de mesures de partage des avantages et des bénéfices.[25] Le partage des avantages et des bénéfices, l'établissement d'AMP ainsi que le transfert de techniques marines font d'ailleurs partie du « paquet de mesures » actuellement discuté au sein du comité préparatoire mandaté par l'ONU pour l'établissement d'un nouveau

17 Leary, 2007, pp. 73–74.

18 Voir *supra* § 263 ss.

19 Broggiato, 2011, p. 41 ; voir aussi : Chiarolla, 2014, pp. 184–186 ; Greiber, 2011, p. 35 ; Leary, 2012, pp. 42–43.

20 Les États de l'Union européenne. EU Presidency Statement, 30 May 2008.

21 Le fond commun pourrait être destiné à promouvoir la science et l'écologie marine. Voir *infra* § 387.

22 Greiber, 2011, pp. 35–36 ; voir aussi : Leary, 2012, pp. 42–43.

23 Arico/Salpin, 2005, p. 61.

24 Treves, 2010, p. 20.

25 Scovazzi, 2011, p. 29 ; voir aussi : Arico/Salpin, 2005, p. 61 ; de la Fayette, 2009, p. 276.

régime juridique.[26] Une institution similaire à l'Autorité internationale des fonds marins pourrait également être créée dans le but de gérer ces différents aspects.[27] Selon une partie de la doctrine,[28] les contrats passés par l'Autorité internationale des fonds marins présenteraient un caractère public. La création d'une entité centralisée aurait l'avantage de garantir une protection et des standards uniformes pour l'exploitation des RGM hors zones. En théorie, cette institution garantirait une gestion commune des ressources, car l'influence des intérêts particuliers et régionaux serait moindre. Par contre, la mise en place d'un tel système générerait d'importants coûts pour les États parties.[29] D'une manière globale, le nouveau régime devrait respecter les principes généraux qui régissent la haute mer : l'exploitation des ressources génétiques marines, en particulier, devrait être conduite à des fins pacifiques,[30] dans le respect des obligations de l'État de pavillon,[31] et en conformité avec les standards environnementaux généraux de la Partie VII Section 2 et XII CNUDM.[32]

383. — Selon une partie de la doctrine,[33] l'Assemblée générale de l'Organisation des Nations Unies devrait opter pour un Accord permettant de mettre en œuvre la CNUDM. Le régime juridique relatif à « l'exploitation des RGM hors zones » proposé dans cet Accord pourrait revêtir quatre formes. La première option serait d'appliquer le principe d'accès et de partage des avantages et des bénéfices de manière juste et équitable à travers un mécanisme global et multilatéral. La procédure, le calendrier et les modalités d'établissement d'un tel mécanisme seraient déterminés dans l'accord de mise en oeuvre.[34] La seconde option serait de se concentrer sur les questions de partage des avantages et des bénéfices, en laissant de côté les questions d'accès. Le système de partage des avantages et des bénéfices pourrait être administré soit par une organisation existante,[35] soit par une nouvelle entité.[36] La troisième option serait de se concentrer sur l'établissement de règles générales et de standards pour l'accès aux RGM hors zones et d'établir en parallèle un système multilatéral de partage

26 Voir *supra* § 350.
27 Arico/Salpin, 2005, p. 61 ; voir aussi : Bonfanti/Trevisanut, 2011, IP Rights, pp. 19–20.
28 Bonfanti/Trevisanut, 2011, IP Rights, pp. 19–20.
29 Bonfanti/Trevisanut, 2011, IP Rights, pp. 19–20 ; Glowka, 1996, pp. 169–170.
30 Art. 88 CNUDM.
31 Art. 94 CNUDM.
32 Jorem/Tvedt, 2014, p. 338.
33 Druel/Gjerde, 2014, pp. 92–93.
34 Druel/Gjerde, 2014, p. 93.
35 En particulier : l'Autorité internationale des fonds marins ou la Commission Océanographique Intergouvernementale (UNESCO).
36 Druel/Gjerde, 2014, p. 93.

des avantages et des bénéfices. Les États parties auraient ensuite la responsabilité d'intégrer les règles et les standards dans leur propre législation. Les sommes récoltées grâce au système de partage des avantages et des bénéfices pourraient être allouées à un fonds. Ce dernier pourrait être destiné à soutenir le développement de projets visant à améliorer le bénéfice global dans le respect de la conservation et du développement durable de la biodiversité marine issue d'espaces situés au-delà des zones de juridiction nationale, y compris les biotechnologies marines, la recherche scientifique marine et les AMP. Dans cette variante également, le système de partage des avantages et des bénéfices ainsi que le fonds pourraient être administrés par une entité existante[37] ou une nouvelle organisation.[38] Finalement, la quatrième option viserait à instaurer un système multilatéral de partage des avantages et des bénéfices. Une organisation internationale nouvelle ou établie pourrait être responsable de la mise en place et de la gestion du système. Cette organisation pourrait faciliter l'accès aux ressources en gérant une banque de données sur les informations relatives aux activités de bioprospection des RGM hors zones. Dans cette option, l'organisation pourrait aussi instaurer un fonds destiné à soutenir le développement de projets visant à améliorer le bénéfice global. Ces projets respecteraient la conservation et le développement durable de la biodiversité marine issue d'espaces situés au-delà des zones de juridiction nationale des États, y compris les biotechnologies et la recherche scientifique marines ainsi que les AMP.[39]

VI Les principaux axes du régime

A *Trois thématiques à développer*

384. — Certaines thématiques sont particulièrement importantes dans le développement du nouveau régime relatif à l'exploitation des RGM hors zones. Il s'agit du partage des avantages et des bénéfices issus de l'exploitation des ressources génétiques marines, du système des brevets dans une perspective de partage des bénéfices et de la protection de la biodiversité marine, en particulier celle issue d'espaces situés au-delà des zones de juridiction nationale. Ces différents éléments devraient à notre avis servir de principaux axes au nouveau régime. Il serait également souhaitable, au début de l'accord, de prévoir

37 En particulier : l'Autorité internationale des fonds marins ou la Commission Océanographique Intergouvernementale (UNESCO).

38 Druel/Gjerde, 2014, p. 93.

39 Druel/Gjerde, 2014, p. 93.

un certain nombre de définitions,[40] en particulier celle de « ressources génétiques marines ».[41] Il n'apparaît pas nécessaire de formuler une nouvelle définition, mais celle-ci devrait renvoyer aux définitions proposées dans la CDB et le Protocole de Nagoya. L'interprétation de cette définition devrait également être large. Afin qu'elle soit en phase avec la réalité actuelle, il serait souhaitable que son interprétation inclue l'ADN et l'ARN, mais également les dérivés qui y sont associés.[42]

B *L'application du principe de partage des bénéfices et des avantages*

385. — Selon une partie de la doctrine,[43] le partage des avantages et des bénéfices tirés de l'exploitation des RGM hors zones n'est pas envisageable. Dans la mesure où ce sont des entreprises qui prennent les risques et assument les coûts de la recherche et du développement de produits ou de procédés à base de ressources génétiques marines, rien ne justifie que celles-ci doivent partager les bénéfices de leur travail avec qui que ce soit.[44] De plus, dans la mesure où il est très difficile d'établir l'origine des ressources génétiques, il est extrêmement ardu de déterminer à qui les bénéfices doivent revenir.[45]

386. — Le partage des avantages et des bénéfices découlant de l'exploitation des RGM hors zones est l'un des axes discutés et développés au sein du futur régime juridique.[46] Afin de trouver un équilibre entre les intérêts des pays industrialisés et ceux des pays en développement, il conviendrait de développer un système de partage des avantages et des bénéfices tirés de l'exploitation des RGM hors zones. Ces avantages et bénéfices pourraient être monétaires ou non monétaires, comme le prévoient également la CDB et le Protocole de Nagoya pour les ressources génétiques sous la juridiction des États.

387. — Les bénéfices financiers engrangés devraient être affectés à un fonds.[47] Par souci de cohérence, ce fonds devrait, selon nous, contribuer à financer des projets de maintien de la biodiversité marine et de réhabilitation des écosystèmes et ne pas être redistribué sous forme financière aux pays de la communauté internationale. Cette idée rejoint l'article 10 du Protocole de Nagoya, selon lequel les avantages partagés, résultant de l'utilisation de

40 Doc. ONU A/69/177, p. 15.

41 C'est également ce que le Groupe spécial envisage de faire dans la mise en place du nouveau traité. Voir *supra* § 350.

42 Voir *supra* § 135 ss. et 350.

43 He, 2014, p. 543.

44 He, 2014, p. 543.

45 Voir *supra* § 223 ; voir aussi : He, 2014, p. 543 ; Wright/Rochette/Druel et al., 2016, p. 38.

46 Voir *supra* § 350.

47 Greiber, 2011, pp. 36–37 ; voir aussi : Leary, 2007, pp. 176–181.

ressources génétiques pour lesquelles il n'est pas possible d'accorder ou d'obtenir le consentement préalable donné en connaissance de cause, doivent être utilisés pour favoriser la conservation de la diversité biologique et l'utilisation durable de ses éléments constitutifs à l'échelle mondiale.[48] Elle est aussi inhérente au principe de « patrimoine commun de l'humanité », cher aux pays en développement, qui prévoit que la génération présente a le devoir de conserver et de protéger les ressources pour le bien des générations présentes et futures.[49]

388. — Des bénéfices non monétaires pourraient également être envisagés. Il serait en particulier possible d'imaginer que les entreprises qui utilisent des ressources génétiques marines partagent une partie de leurs recherches et développements.[50] Elles pourraient collaborer à des programmes de contribution et de développement de la recherche scientifique[51] sur les biotechnologies bleues ainsi qu'à la mise en place de programmes éducatifs et d'entrainement dans ce domaine.[52] Elles pourraient également accepter de transférer les connaissances et les techniques acquises dans le domaine des biotechnologies bleues selon des conditions les plus favorables possible et établir des partenariats institutionnels et professionnels dans un but de collaboration.[53] L'un des aspects qu'il serait important de développer dans la mise en place d'un nouveau régime est la participation de chercheurs et d'étudiants des pays en développement aux projets d'exploitation des ressources génétiques marines. De cette manière, ces chercheurs pourraient acquérir les connaissances leur permettant de mener des activités de recherche et de développement au bénéfice de leurs pays.[54] D'une manière plus générale et plus classique, le partage des avantages et des bénéfices pourrait s'effectuer en parallèle, par le partage des connaissances acquises dans des bases de données partagées et libres d'accès, des publications scientifiques, des collections d'échantillons libres d'accès, ou encore la standardisation des données récoltées dans le but de faciliter leur traitement.[55]

---

48 Art. 10 Protocole de Nagoya.

49 Voir *supra* § 118 ss. ; voir aussi : Tladi, 2015, p. 129.

50 Dans le sens des articles 244 al. 1 et 143 al. 3 let. c CNUDM qui encouragent les chercheurs à publier et diffuser les résultats obtenus.

51 Dans le sens des articles 242 et 143 al. 3 let. a) CNUDM qui promeuvent la coopération internationale en matière de recherche scientifique.

52 Dans le sens des articles 244 al. 2 et 144 al. 2 CNUDM qui encouragent les chercheurs à transmettre leurs connaissances par le biais d'enseignements et de formations.

53 Greiber, 2011, pp. 8–9.

54 Hayes, 2007, p. 700.

55 Harden-Davies, 2016, p. 8.

C *L'utilisation du brevet pour redistribuer les bénéfices*

389. — Selon une partie de la doctrine, il serait imaginable de mettre sur pied un système de redevance sur les brevets obtenus sur des inventions qui utilisent des RGM hors zones. Mais cette proposition comporte des risques dans la mesure où il n'existe que peu de données sur la nature et l'ampleur de la bioprospection marine.[56] Les personnes chargées d'établir les traités n'ont peu, voire pas de connaissances de l'industrie des biotechnologies. Elles ne sont pas conscientes des implications financières qui peuvent découler de la fixation d'un montant de redevance sur ces produits. En effet, les investissements matériels, financiers et en temps à consentir pour mener de telles recherches sont capitaux.[57]

390. — Plutôt que d'utiliser le système des brevets pour récupérer des bénéfices sur l'exploitation des ressources génétiques marines, il serait possible, selon une autre partie de la doctrine, d'imposer une taxe aux entreprises qui souhaitent faire de la bioprospection hors des zones de juridiction nationale des États.[58] Si l'idée est selon nous intéressante, elle soulève des problèmes quant à son application pratique et surtout à sa mise en oeuvre. En effet, si la communauté internationale souhaite imposer des taxes sur la bioprospection hors des zones de juridiction nationale des États, il est tout d'abord nécessaire qu'elle trouve un consensus à large échelle, puis qu'elle déploie les moyens pour surveiller et faire appliquer cette taxe. Cela impliquerait des efforts importants et des investissements financiers majeurs. Ainsi, une grande partie des taxes récoltées servirait uniquement à faire fonctionner le système.

391. — Plutôt que d'adopter un système qui impose une redevance sur les produits brevetés, ou qui taxe la bioprospection hors des zones de juridiction nationale des États à proprement parler, il serait probablement plus efficace de trouver le moyen d'inciter les entreprises à réinvestir de leur propre chef une partie de leurs bénéfices dans un fonds destiné à l'utilisation durable des ressources génétiques et au maintien de la biodiversité.[59]

D *La protection de la biodiversité marine des espaces situés au-delà des zones de juridiction nationale des États*

392. — L'exploitation durable des RGM hors zones va de pair avec des mesures propres à sauvegarder la biodiversité marine à long terme. L'environnement marin a atteint ses limites en matière d'autorégénération. De ce fait,

56 Leary, 2012, pp. 444–445.
57 Leary, 2012, pp. 444–445.
58 He, 2014, pp. 543–544 ; voir aussi : Broggiato, 2011, p. 39.
59 Voir *infra* § 452 ss.

les activités humaines[60] ont un impact d'autant plus néfaste sur cet environnement.[61] À notre avis, un certain nombre de mesures doivent être prises. Il s'agit d'abord de choisir des techniques d'exploitation qui ne détruisent pas les environnements exploités et qui perturbent le moins possible les écosystèmes. Il faut ensuite limiter les prélèvements à des échantillons, et favoriser une reproduction synthétique en laboratoire des ressources génétiques marines qui présentent un intérêt pour le développement de nouveaux produits. L'exploitation des ressources génétiques marines doit être faite dans le respect de l'environnement et des écosystèmes. Elle ne doit pas mener à la destruction de l'espèce exploitée ni du biotope dans lequel elles vivent. Il convient enfin de réfléchir à des solutions permettant de contrebalancer les effets négatifs que pourrait avoir l'exploitation des ressources génétiques marines. Les mesures suivantes nous paraissent particulièrement indiquées :

- la création d'AMP, en particulier hors des zones de juridiction nationale des États,[62]
- la mise en place de bases de données relatives aux ressources génétiques marines,
- l'établissement de programmes de dépollution.

393. — Ces différentes mesures pourraient être financées par le fonds alimenté par le partage des avantages et des bénéfices financiers découlant de produits issus des ressources génétiques marines.

VII La gestion et l'application du régime

394. — Afin d'assurer la cohérence et la coordination du système de gouvernance des zones situées hors de la juridiction nationale des États, l'Accord de mise en œuvre devrait contenir un dispositif garantissant que les États ainsi que les organisations coopérèrent et coordonnent leurs activités.[63] L'Assemblée générale de l'Organisation des Nations Unies, dans le cadre des discussions sur le droit de la mer, pourrait instituer un organe d'administration. Il pourrait, par exemple, s'agir d'une CdP dotée d'un secrétariat permanent chargé de la

60 Entre autres la bioprospection.

61 Treves, 2010, p. 22.

62 Ce premier point fait d'ailleurs partie des quatre axes du futur accord actuellement en négociation au sein de l'ONU. Doc. ONU A/RES/69/292, p. 3.

63 Druel/Gjerde, 2014, pp. 94–95.

mise en œuvre de l'accord et de l'adoption des décisions relatives à celui-ci. Des organes subsidiaires pourraient également être mandatés pour s'occuper de questions spécifiques, comme des conseils scientifiques et techniques.[64] L'Assemblée générale des Nations Unies pourrait également encourager la CdP à s'appuyer sur les organisations internationales et régionales de pêche pour assurer la protection, la conservation et l'usage durable de la biodiversité marine au-delà des zones de juridiction nationale des États. La CdP aurait en définitive la responsabilité de superviser, de coordonner et de s'assurer que les normes soient bien appliquées.[65]

VIII Conclusion

395. — L'Assemblée générale de l'Organisation des Nations Unies a amorcé un processus de mise en place d'un instrument juridique contraignant sur la conservation et l'exploitation durable de la biodiversité marine dans les zones situées au-delà des limites de la juridiction nationale des États.[66] Cette solution serait idéale, mais l'aboutissement concret d'un tel instrument parait encore très incertain. Lors de la PrepCom 1, le comité préparatoire a établi une liste de sujets à examiner durant les futurs PrepCom. Cette liste comprend, entre autres, les problèmes relatifs à l'exploitation des ressources génétiques marines.[67] Lors de la PrepCom 2, alors que les questions de fond ont commencé à être abordées par le comité préparatoire, les premières dissensions entre les États sont apparues.[68] Pour les raisons politiques que nous avons évoquées, les thématiques que devrait couvrir ce nouvel instrument sont vastes. De plus, compte tenu de l'opposition de certains États à la mise en place de ce nouvel accord, les négociations pourraient ne pas aboutir.[69] En effet, la situation est relativement similaire à celle qui prévalait dans les années 1980–1990 au sujet de la CNUDM. Il avait fallu de nombreuses années pour que le traité soit signé, ratifié et entre finalement en vigueur. Le processus avait été très long en raison des dissensions existant entre les pays industrialisés et les pays en développement, principalement quant au régime juridique applicable à l'exploitation des ressources minérales de la Zone. En effet, les enjeux économiques

64 Druel/Gjerde, 2014, p. 95 ; voir aussi : Harden-Davies, 2016, p. 6.
65 Druel/Gjerde, 2014, p. 95.
66 Voir *supra* § 348 ss.
67 Voir *supra* § 350.
68 Voir *supra* § 350.
69 Töpfer/Tubiana/Unger et al., 2014, p. 85.

autour de ces ressources semblaient si importants à l'époque que la CNUDM avait failli ne jamais voir le jour.[70] La situation actuelle relative à l'exploitation des RGM hors zones est très semblable. D'une part, les pays du G77 et la Chine souhaitent la mise en place d'un régime juridique qui promeut le partage des avantages et des bénéfices ; d'autre part, certains pays industrialisés insistent sur la nécessité d'adopter un régime juridique assurant une protection accrue des ressources biologiques ; enfin, d'autres pays industrialisés ne trouvent pas d'intérêt à légiférer et prônent par conséquent le *statu quo*. Ils sont tout au plus d'avis qu'un instrument de *soft law* pourrait être débattu.[71] Leur participation aux discussions des PrepCom pourrait donc ralentir les négociations.[72] Que se passera-t-il si, à la fin des PrepCom en 2017, certains États estiment que les discussions n'ont pas suffisamment progressé ? Une conférence prévoyant la mise en place du nouveau régime pourra-t-elle être réellement être menée si de trop nombreuses questions demeurent sans réponses ?[73] Le risque est grand, selon nous, que les démarches actuelles n'aboutissent à aucun résultat concret.

396. — C'est pourquoi il est nécessaire d'examiner les alternatives possibles à un nouveau régime : soit l'application d'un autre régime existant, soit le maintien du droit actuel, accompagné de mesures de *soft law* ou d'un écolabel.

---

70 Voir *supra* § 240.

71 C'est en particulier le point de vue des États-Unis, de la Russie et du Japon. Rochette/Wright/Gjerde, 2015, p. 3.

72 Rochette/Wright/Gjerde, 2015, p. 4.

73 Rochette/Wright/Gjerde, 2015, p. 4.

CHAPITRE 12

Application d'un autre régime existant

I Introduction

397. — Plusieurs alternatives à un nouveau régime peuvent être envisagées. La première consiste à remplacer le régime juridique actuel de la liberté de la haute mer par un autre régime existant. Le présent chapitre traite de deux problématiques relatives à cette alternative. La première se situe sur le plan formel et consiste à apprécier les difficultés concernant l'amendement de la CNUDM. Afin d'appréhender la complexité et les difficultés que ces modifications représentent, les dispositions relatives à l'amendement d'un traité dans la Convention de Vienne sur le droit des traités (CVDT)[1] puis celles propres à l'amendement de la CNUDM sont ainsi examinées (II). La seconde problématique, de fond, est traitée dans le troisième et dernier point (III). Elle consiste à déterminer quels sont les régimes pouvant être concrètement appliqués à l'exploitation des RGM hors zones. Deux alternatives sont ici envisageables. D'une part, il serait possible d'appliquer le régime des ressources génétiques marines sous juridiction nationale de pays parties à la CDB. D'autre part, l'un des régimes prévus par la CNUDM pour d'autres types de ressources pourrait être mis en œuvre, à savoir, le régime de la recherche scientifique marine, celui de la Zone ou celui relatif aux objets archéologiques.

II Les difficultés relatives à l'amendement de la Convention des Nations Unies sur le droit de la mer

A *L'amendement d'un traité selon la Convention de Vienne sur le droit des traités*

398. — L'amendement[2] constitue l'un des principaux outils permettant l'adaptation d'un traité[3] aux évolutions et aux transformations de la société. Les États parties aux traités peuvent consentir à ces changements, mais les propositions

1 Convention de Vienne sur le droit des traités, conclue à Vienne le 23 mai 1969 (RS 0.111).

2 Partie IV CVDT. L'amendement désigne la révision par les parties contractantes d'une ou plusieurs dispositions d'un traité. Salmon/Cahier/Caflisch et al., 2001, p. 62 ; voir aussi : Sands, 2006, p. 1532.

3 Harrison, 2011, p. 64.

 | DOI 10.1163/9789004352094_017

de modifications se heurtent très souvent aux objections, voire au refus des États qui se considèrent comme bénéficiaires des dispositions conventionnelles originelles.[4]

399. — L'article 39 CVDT stipule d'une part que les parties peuvent amender les traités par accord[5] afin d'éviter de figer leurs rapports,[6] d'autre part que le droit international ne soumet les traités et leurs modifications à aucune condition de forme.[7]

400. — Tout État partie à un traité multilatéral est en droit de faire une proposition d'amendement.[8] Chaque État partie à l'accord initial peut prendre part à l'élaboration de l'accord portant sur les amendements.[9] Enfin, chaque partie contractante est ensuite en droit d'accepter ou de refuser un amendement pour elle-même. Le consentement unanime pour l'adoption d'un accord d'amendement n'est pas nécessaire.[10] N'importe quel État partie au traité initial a le droit de devenir partie à l'accord portant amendement,[11] qu'il ait ou non participé à l'élaboration de l'accord.[12]

B *L'amendement de la Convention des Nations Unies sur le droit de la mer*

401. — La CVDT ne pose qu'un cadre très général à l'amendement des traités. Elle accorde une grande liberté aux États pour déterminer comme ils le souhaitent les procédures de modification des traités qu'ils concluent.[13] La CNUDM arrête ses propres procédures d'amendement.[14] La procédure générale[15] s'applique à la modification de tout article du traité, à l'exception de ceux de la partie XI CNUDM, qui fixe une procédure[16] propre à la Zone.[17]

---

4 Sands, 2006, p. 1524.
5 Art. 39 CVDT, première phrase.
6 Sands, 2006, p. 1526.
7 Reuter/Cahier, 1995, p. 123.
8 Art. 40 CVDT ; Cet article ne s'applique qu'en cas de silence du traité et si les parties contractantes ne s'entendent pas sur une procédure autre que celle prévue par celui-ci. Ardault/Dormoy, 2006, pp. 1551–1552 ; voir aussi : Aust, 2013, p. 241.
9 Art. 40 al. 2 CVDT.
10 Ardault/Dormoy, 2006, p. 1555 ; voir aussi : Sinclair, 1984, p. 107.
11 Art. 40 al. 3 CVDT.
12 Ardault/Dormoy, 2006, p. 1555.
13 Aust, 2013, pp. 233–234.
14 Art. 312 à 316 CNUDM.
15 Art. 312 et 313 CNUDM.
16 Art. 314 CNUDM.
17 Harrison, 2011, p. 65.

402. — Tous les États parties peuvent proposer des amendements à la CNUDM sur des points particuliers,[18] dix ans après son entrée en vigueur, et solliciter la convocation d'une conférence chargée d'examiner ces propositions.[19] La conférence doit tout mettre en œuvre pour aboutir à un accord sur les amendements par voie de consensus.[20] Ce n'est qu'en dernier recours qu'elle peut adopter un amendement par un vote à la majorité. Mais un amendement, qu'il soit adopté par consensus ou par vote, ne lie pas automatiquement les États parties. Chaque État est libre de ratifier et d'adhérer aux amendements[21] qu'il souhaite.[22]

403. — L'article 313 CNUDM prévoit une procédure simplifiée par approbation tacite.[23] Dans la procédure simplifiée, l'amendement n'est adopté que si, dans les douze mois qui suivent la communication, aucun État n'émet d'objections à l'amendement. En cas d'objection d'un seul État, l'amendement est rejeté.[24] Ce type de procédure présente l'avantage d'être plus efficace et moins coûteuse que celle prévue à l'article 312 CNUDM.[25] Elle a en revanche le désavantage de ne permettre aucune discussion sur la modification demandée. Ce type de procédure est donc plutôt adapté à des changements techniques mineurs qui ne modifient pas la substance fondamentale de la CNUDM. Comme pour l'article 312 CNUDM, chaque État partie reste libre de ratifier et d'adhérer aux amendements[26] découlant d'une procédure simplifiée.[27]

404. — L'article 314 CNUDM porte spécifiquement sur les amendements de la Partie XI CNUDM. Cet article prévoit que les États parties à la CNUDM ont la possibilité de demander par écrit l'amendement d'articles portant exclusivement sur les activités menées dans la Zone, y compris ceux qui traitent des différends relatifs aux fonds marins.[28] La proposition doit être approuvée par le Conseil de l'Autorité internationale des fonds marins puis par l'Assemblée.[29] Avant qu'un amendement ne puisse être approuvé, le Conseil et l'Assemblée doivent s'assurer que celui-ci ne porte pas atteinte au système d'exploitation et

18 Excepté la partie XI CNUDM.

19 Art. 312 al. 1 CNUDM ; voir aussi : Freestone/Oude Elferink, 2005, pp. 175–177.

20 Art. 312 al. 2 CNUDM.

21 Art. 316 al. 1 CNUDM.

22 Harrison, 2011, p. 67.

23 Nordquist, 1989, p. 269.

24 Art. 313 al. 2–3 CNUDM.

25 Harrison, 2011, p. 68.

26 Art 316 CNUDM.

27 Harrison, 2011, p. 68.

28 Section 4 de l'annexe VI.

29 Art. 314 al. 1 CNUDM.

d'exploration des ressources de la Zone.[30] Il est par contre impossible d'amender l'article 136 CNUDM qui consacre la Zone comme « patrimoine commun de l'humanité ».[31]

405. — Les amendements, une fois adoptés, sont ouverts à la signature des États parties durant une période de douze mois à compter de la date de leur adoption, à moins que l'amendement lui-même n'en dispose autrement.[32]

406. — L'entrée en vigueur des amendements[33] est déterminée de manière très stricte. Un amendement adopté, autre que ceux portant exclusivement sur les activités menées dans la Zone, entre en vigueur « le trentième jour qui suit la date de dépôt des instruments de ratification ou d'adhésion des deux tiers des États Parties ou de 60 États Parties, le plus élevé de ces deux nombres étant retenu ».[34] Cette condition en elle-même implique un seuil élevé qui conditionne l'entrée en vigueur d'un nouvel amendement,[35] et constitue même un obstacle presque insurmontable.[36] De plus, seuls les États parties qui y ont adhéré ou qui l'ont ratifié sont liés[37] par l'amendement.[38] Cette liberté confère une grande importance au consentement des États et à leur droit de souveraineté. Elle pose également un problème quant à l'unité de la CNUDM dont il pourrait exister plusieurs versions.[39] Le fait d'avoir plusieurs versions implique de vérifier à chaque utilisation la version dont il est question. La seule manière d'éviter cette situation serait de s'assurer que tous les États parties adhèrent ou ratifient les nouveaux amendements avant leur entrée en vigueur.[40] De plus, selon l'article 316 al. 2 CNUDM, « un amendement peut prévoir que son entrée en vigueur requiert un nombre de ratifications ou d'adhésions plus élevé que celui exigé [par l'article 316 CNUDM] ». Dans la mesure où 168 États sont parties à la CNUDM aujourd'hui, la nécessité de l'approbation d'un amendement par tous les membres paralyserait, selon toute probabilité, une

---

30 Art. 314 al. 2 CNUDM.

31 Art. 311 al. 6 CNUDM ; voir aissi : Harrison, 2011, p. 133 ; voir aussi : Freestone/Oude Elferink, 2005, p. 175.

32 Art. 315 al. 1 CNUDM.

33 Art. 316 CNUDM.

34 Art. 316 al. 1 CNUDM.

35 Harrison, 2011, p. 69.

36 Freestone/Oude Elferink, 2005, p. 179.

37 Art. 316 al. 1 CNUDM.

38 Harrison, 2011, p. 69.

39 Art. 316 al. 4 CNUDM ; voir aussi : Harrison, 2011, p. 69.

40 Harrison, 2011, pp. 69–70.

procédure d'amendement.[41] D'ailleurs, dans la pratique, ces différentes procédures d'amendement n'ont pas été utilisées.[42]

407. — La situation diffère en ce qui concerne l'entrée en vigueur d'amendements portant exclusivement sur les activités menées dans la Zone. L'article 155 CNUDM prévoyait initialement que la partie XI soit révisée par une conférence 15 ans après le lancement de la première production commerciale. Mais les pays industrialisés ont rendu la majeure partie de cette disposition caduque par l'adoption de l'Accord relatif à l'application de la Partie XI CNUDM.[43] Par contre, les amendements relatifs à la Zone qui ont été approuvés entrent en vigueur pour tous les États parties une année après la date de dépôt des instruments de ratification ou d'adhésion des trois quarts des États parties.[44] Aux termes de l'article 316 al. 6 CNUDM, « [t]out État qui devient Partie à la Convention après l'entrée en vigueur d'amendements visés au paragraphe 5 est considéré comme étant Partie à la Convention telle qu'elle est amendée ». Ainsi, des amendements portant exclusivement sur les activités menées dans la Zone, pourraient être imposés à certains États sans que ceux-ci puissent s'opposer à leur application. La seule solution en cas d'important désaccord consisterait en une dénonciation de la CNUDM dans son ensemble selon la procédure prévue à l'article 317 CNUDM.[45] Cette procédure d'amendement[46] présente en outre le défaut d'être extrêmement lente.[47]

408. — La CNUDM peut également être modifiée lors des Réunions des États Parties.[48] Ce mécanisme de décision a l'avantage d'être plus rapide que celui de la procédure ordinaire,[49] qui nécessite non seulement la circulation de la proposition d'amendement, mais également l'acception formelle et individuelle de chaque État qui consent à être lié par la modification. Une décision d'amendement prise durant une Réunion des États parties peut au contraire s'appliquer immédiatement.[50] Mais ce système présente également ses limites. Pour qu'un amendement déploie l'effet escompté, il faut qu'il soit soutenu par l'ensemble des États Parties. Au mieux, si un consensus n'est pas trouvé et qu'un

41 Harrison, 2011, p. 70.
42 Harrison, 2011, p. 70.
43 Harrison, 2011, pp. 131–132.
44 Art. 316 al. 5 CNUDM.
45 Harrison, 2011, p. 133.
46 Selon 316 CNUDM.
47 Harrison, 2011, p. 134.
48 Art. 56 du Règlement intérieur des Réunions des États Parties ; Doc. splos/2/Rev.4.
49 Art. 312 ss. CNUDM.
50 Harrison, 2011, pp. 82 et 84.

vote est nécessaire, seules les parties qui ont voté en faveur de l'amendement seront liées. Les amendements ne peuvent pas être imposés aux États Parties qui ne le souhaitent pas.[51] La Réunion des États Parties propose ainsi un mécanisme alternatif pour la modification de la CNUDM.

409. — La CNUDM pourrait également être amendée par l'introduction d'une nouvelle règle de coutume internationale, mais ce cas de figure nécessiterait que celle-ci soit appliquée concrètement et soutenue par une large majorité de la communauté internationale.[52]

410. — Compte tenu de ce qui précède, force est de constater que l'amendement de la CNUDM serait extrêmement difficile à réaliser d'un point de vue formel.

III Les alternatives à un nouveau régime

A *Appliquer le régime des ressources génétiques sous juridiction nationale de pays parties à la Convention sur la Diversité Biologique*

411. — Les pays qui ont ratifié la CDB s'engagent à opérer un partage des avantages et des bénéfices tirés des ressources génétiques avec les pays fournisseurs. Cette règle est valable pour les ressources génétiques marines placées sous juridiction nationale.[53] Il s'agit ainsi de déterminer s'il est possible d'appliquer les principes de la CDB et du Protocole de Nagoya à l'exploitation des RGM hors zones.

412. — Dans la mesure où la CDB arrête un cadre légal qui tient compte des aspects éthiques, socio-économiques et environnementaux des activités réalisées sur les fonds marins, l'application de ce régime permettrait de gérer la conservation et l'utilisation durable des ressources.[54] Or, à notre avis, l'application d'un partage des avantages et des bénéfices tirés de l'exploitation des RGM hors zones est nécessaire, voire indispensable.[55] La CDB et le Protocole de Nagoya, dont l'un des objectifs principaux est le partage juste et équitable des avantages découlant de l'utilisation des ressources génétiques,[56] constituent une source d'inspiration à cet effet.

---

51 Harrison, 2011, pp. 82 et 84.

52 Churchill, 2005, pp. 97–98.

53 Voir *supra* § 183 ss.

54 Arico/Salpin, 2005, p. 59.

55 Voir *supra* § 386 ss.

56 Protocole de Nagoya ; art. 15 al. 7 CDB.

413. — Bien que la CDB soit un bon exemple, son cadre institutionnel n'est pas adapté pour gérer le partage des avantages et des bénéfices tirés des RGM hors zones,[57] puisque la CDB a pour principe central la souveraineté des États sur leurs propres ressources.[58] Ainsi, cette convention n'est applicable que sur les zones placées sous juridiction nationale.[59] Il en va de même pour le Protocole de Nagoya.[60] De plus, la CDB et le Protocole de Nagoya sont basés sur une approche bilatérale entre le pays fournisseur et l'utilisateur.[61] Or, dans le cas de l'exploitation de RGM hors zones, il n'y a pas d'État fournisseur et il n'est pas possible de conclure un contrat sur une base bilatérale.[62] L'article du 10 Protocole de Nagoya prévoit que pour les ressources « qui se trouvent dans des situations [...] pour lesquelles il n'est pas possible d'accorder ou d'obtenir le consentement préalable donné en connaissance de cause [...] les Parties examinent la nécessité et les modalités d'un mécanisme multilatéral mondial de partage des avantages pour traiter le partage juste et équitable des avantages [...] ».[63] Un système pourrait donc être négocié et développé, la situation dépendant entièrement de la volonté des Parties à mettre en place un tel système.[64] Outre la difficulté de trouver un accord interne entre les parties à la CDB pour amorcer un tel projet, plusieurs États, dont certains influent considérablement sur la gouvernance internationale comme les États-Unis, ne sont pas parties à la CDB.[65] Ainsi, si le système de partage des avantages et des bénéfices découlant de l'exploitation des RGM hors zones était mis en œuvre par l'amendement de la CDB, certains États, comme les États-Unis, ne pourraient prendre part au système.[66]

414. — Soumettre les RGM hors zones à la CDB nécessiterait d'amender ce traité. Une telle entreprise serait compliquée. De nombreuses dispositions devraient être modifiées[67] dans la mesure où la souveraineté des États sur leurs propres ressources constitue le principe central de la CDB.[68] Les articles suivants, en particulier, devraient être modifiés :

57 Beslier, 2009, p. 337 ; voir aussi : Arico/Salpin, 2005, p. 59.

58 Voir *supra* § 177 ss.

59 Drankier/Oude Elferink/Visser et al., 2012, p. 426.

60 Greiber, 2011, p. 19 ; voir aussi : Drankier/Oude Elferink/Visser et al., 2012, p. 427.

61 Pays ou entreprise.

62 Broggiato/Arnaud-Haond/Chiarolla et al., 2014, p. 179 ; voir aussi : Harden-Davies, 2016, p. 6.

63 Art. 10 Protocole de Nagoya.

64 Broggiato/Arnaud-Haond/Chiarolla et al., 2014, p. 179.

65 Arico/Salpin, 2005, pp. 59–60.

66 À moins qu'ils ratifient la CDB.

67 Arico/Salpin, 2005, pp. 59–60.

68 Voir *supra* § 177 ss.

- Article 2 CDB sur l'emploi des termes : Une définition de la bioprospection devrait être introduite.[69]
- Article 15 CDB sur l'accès aux ressources génétiques : Il conviendrait de préciser que l'accès aux RGM hors zones nécessite l'obligation de notification ou d'obtention d'une autorisation soit de l'État dont le demandeur est issu, soit d'une structure institutionnelle désignée dans le cadre de la CDB (par exemple le secrétariat, l'organe subsidiaire chargé de fournir des avis scientifiques, techniques et technologiques, ou un nouvel organe subsidiaire créé à cet effet).[70]
- Article 19 CDB sur la gestion de la biotechnologie et la répartition de ses avantages : Il devrait être ajouté un paragraphe concernant le partage des avantages et des bénéfices, afin de s'assurer que les avantages découlant de l'utilisation des RGM hors zones soient partagés avec toutes les autres parties.[71]
- Articles 24 et 25 CDB sur le Secrétariat et l'Organe subsidiaire chargé de fournir des avis scientifiques, techniques et technologiques : Le mandat du secrétariat et de l'organe subsidiaire chargé de fournir des avis scientifiques devrait être étendu.[72]

415. — À notre avis, ces modifications ne sont pas suffisantes pour que la CDB soit applicable aux RGM hors zones. Il faudrait encore modifier au moins les articles suivants :

- Préambule CDB : Le Préambule devrait préciser comment et par qui les RGM hors zones sont gérées par rapport à la situation des ressources biologiques issues d'espaces situés sous la souveraineté des États.[73]
- Article 3 CDB sur le principe : Il conviendrait d'ajouter un paragraphe précisant le statut juridique des RGM hors zones par rapport aux ressources génétiques issues d'espaces situés sous la juridiction d'un État, ces dernières étant soumises au droit souverain de l'État d'exploiter ses propres ressources.
- Article 15 CDB : Il faudrait établir expressément de quelle manière, avec qui et à quelles conditions (CPCC, CCCA) s'effectue l'accès aux RGM hors zones. Au surplus, il faudrait désigner l'organisme responsable pour les ressources

69 Arico/Salpin, 2005, p. 60.

70 Arico/Salpin, 2005, p. 60.

71 Arico/Salpin, 2005, p. 60.

72 Arico/Salpin, 2005, p. 60.

73 Préambule CDB.

en question dans la mesure où elles ne sont soumises à la souveraineté d'aucun État.

- Nouvel article : Il faudrait préciser dans un article 19b CDB le mode de répartition des avantages et bénéfices découlant de l'utilisation des RGM hors zones. À notre avis, la création d'un fonds ayant pour but la promotion et la préservation de la biodiversité marine constituerait la solution. Elle permettrait d'assurer que la somme récoltée soit réinvestie dans des projets correspondant aux deux buts premiers de la CDB, soit la conservation de la diversité biologique et l'utilisation durable de ses éléments.[74]

416. — Mais instituer un tel régime pour l'exploitation des RGM hors zones poserait différents problèmes. D'une part, celui-ci entrerait en conflit avec le régime juridique actuellement en vigueur pour ces ressources, tel qu'il ressort de la partie VII CNUDM. Dans la mesure où le droit de la mer, conventionnel et coutumier, prime sur la CDB,[75] le régime instauré par la CDB ne serait pas applicable. Pour y remédier, il faudrait amender la CNUDM et retirer les ressources génétiques marines de son champ d'application. D'autre part, la CDB prévoit le partage des avantages et des bénéfices entre l'entreprise qui exploite la ressource et le pays fournisseur. Or, la haute mer et la Zone n'appartiennent à aucun pays.[76] Il conviendrait ainsi de reformuler tout le système pour le rendre applicable à ces zones particulières. Cela aurait pratiquement pour conséquence de créer un nouveau traité.

417. — Il semble ainsi difficile d'appliquer la CDB et le Protocole de Nagoya à l'exploitation des RGM hors zones. En revanche, l'idée d'un partage des avantages et des bénéfices doit être introduite et être adaptée à la situation particulière de ce milieu, de ses ressources et de leur exploitation.

B *Appliquer un régime issu de la Convention sur le droit de la mer*

1 Appliquer le régime de la recherche scientifique marine

418. — La bioprospection n'est pas incluse dans la notion de recherche scientifique marine de la CNUDM.[77] Si la communauté internationale entendait l'insérer dans ce système, il serait nécessaire de modifier la CNUDM en y introduisant, en particulier, une définition de la bioprospection à l'article premier CNUDM, qui intégrerait cette activité dans la recherche scientifique marine.[78]

---

74 Art. 1 CDB.

75 Art. 22 al. 2 CDB ; voir *supra* § 195.

76 Voir *supra* § 255 ss.

77 Voir *supra* § 275 ss.

78 Greiber, 2011, pp. 30–31.

419. — L'application du régime de la recherche scientifique à l'exploitation des RGM hors zones présente plusieurs avantages. Tout d'abord, selon les articles 256 et 257 CNUDM, tous les États et les organisations internationales compétentes ont le droit d'effectuer des recherches scientifiques dans la Zone[79] et dans la colonne d'eau au-delà de la ZEE.[80] Le fait de soumettre la bioprospection, réalisée hors des zones de juridiction nationale des États, au régime de la recherche scientifique marine, assurerait à tous les États et à toutes les organisations internationales compétentes le pouvoir d'exploiter les ressources génétiques de ces espaces.[81] L'application de ce régime favoriserait également l'intérêt public en assurant un partage des avantages et des bénéfices, en particulier avec les pays en développement, mais aussi en imposant aux bioprospecteurs la mise à disposition des résultats de leurs recherches et en exigeant qu'ils coopèrent avec les pays en développement pour que ces derniers améliorent leurs compétences scientifiques.[82] Cette solution présenterait des avantages pratiques. Comme il est très difficile de distinguer la recherche fondamentale de la bioprospection,[83] le fait d'avoir un seul régime qui s'étendrait aux deux types de recherches clarifierait la situation, car il ne serait plus nécessaire de distinguer ces deux activités d'un point de vue juridique.[84]

420. — Mais l'application du régime de la recherche scientifique aux RGM hors zones présente également des inconvénients. Si l'exploitation des ressources génétiques marines était soumise au régime de la recherche scientifique, il serait attendu des États côtiers, selon l'article 246 al. 3 CNUDM, qu'ils autorisent les États tiers et les organisations internationales à effectuer de la bioprospection dans leur ZEE et sur leur plateau continental. Ils ne pourraient s'y opposer qu'aux conditions de l'article 246 al. 5 CNUDM. Or la bioprospection remplit les conditions de l'article 246 al. 5 let. a CNUDM. Pour pouvoir intégrer la bioprospection au régime de la recherche scientifique marine, il faudrait ainsi amender l'article 246 al. 5 CNUDM et exclure la bioprospection de son champ d'application. Cette situation ne conviendrait certainement pas aux pays disposant de grandes ZEE, car ils perdraient leur exclusivité d'accès à l'exploitation des ressources génétiques marines de leur ZEE et de leur plateau continental.[85] L'application du régime de la recherche scientifique aux RGM

79 Art. 256 CNUDM.

80 Art. 257 CNUDM.

81 Art. 238 CNUDM, art. 256 CNUDM, art. 257 CNUDM.

82 de la Fayette, 2009, p. 272.

83 Voir *supra* § 275 ss.

84 Hayes, 2007, p. 699 ; Drankier/Oude Elferink/Visser et al., 2012, p. 396 ; Jorem/Tvedt, 2014, pp. 329–330.

85 Art. 256 et 257 CNUDM.

hors zones ainsi que la mise en place d'une institution responsable de gérer l'exploitation, les bénéfices générés et leur partage équitable impliqueraient par ailleurs la création d'une importante administration, mais également des coûts financiers extrêmement élevés. Théoriquement, ces coûts pourraient être déduits des profits dégagés, mais l'opération ne serait probablement pas rentable.[86]

421. — À notre avis, le régime de la recherche scientifique ne pourrait donc pas être appliqué tel quel à l'exploitation des RGM hors zones. En revanche, l'idée que la bioprospection profite à l'humanité tout entière[87] doit à l'évidence être retenue.

2 Appliquer le régime des ressources minérales de la Zone

422. — Soumettre les ressources génétiques marines de la Zone au régime juridique de la Zone serait, du point de vue formel, assez aisé. Il suffirait de modifier l'article 133 let. a) CNUDM et d'y inclure ces ressources. Sur le fond, cela entrainerait par contre de nombreux problèmes. Soumettre les RGM hors zones au régime des ressources minérales de la Zone impliquerait tout d'abord de différencier les ressources génétiques de la colonne d'eau de celles des fonds marins et de leur appliquer un régime juridique différent. Si les ressources génétiques marines des fonds marins étaient soumises aux régimes des ressources minérales de la Zone, cela impliquerait qu'elles soient considérées comme le « patrimoine commun de l'humanité », qu'elles ne soient pas sujettes à appropriation, qu'elles ne puissent être utilisées qu'à des fins pacifiques et qu'elles doivent enfin être gérées par une institution internationale. Les bénéfices tirés de leur exploitation devraient, quant à eux, être partagés dans l'intérêt de l'humanité tout entière.[88] Afin d'appliquer le régime de la Zone aux ressources génétiques des fonds marins, il conviendrait par conséquent d'amender la CNUDM.[89]

423. — Appliquer le régime des ressources minérales de la Zone aux ressources génétiques marines des fonds marins comporterait par ailleurs un certain nombre d'avantages. Cela permettrait tout d'abord de réunir toutes les

86 Hayes, 2007, pp. 699–700 ; voir aussi : Doc. ONU A/69/177, p. 15.

87 Reste à voir sous quelle forme. Ce n'est pas l'aspect pécuniaire qui est envisagé ici, mais plutôt les progrès sociaux et environnementaux.

88 Arico/Salpin, 2005, p. 60 ; voir aussi : Drankier/Oude Elferink/Visser et al., 2012, pp. 404–405 ; Millicay, 2007, pp. 813–814.

89 Les articles suivants devraient êtres modifiés selon Arico/Salpin, 2005, p. 60 : art. 1, 77 et 133 CNUDM, Selon nous, seuls les articles 1 et 133 CNUDM devraient être modifiés, car l'article 77 CNUDM s'applique aux ressources du plateau continental et non à la Zone. voir aussi : Millicay, 2007, pp. 815–816 ; Greiber, 2011, p. 29.

activités socio-économiques et environnementales pratiquées sur et dans les fonds marins sous le concept de « patrimoine commun de l'humanité ».[90] Le régime de la Zone prévoit déjà de nombreuses mesures pour organiser et contrôler l'exploitation des ressources minérales ainsi que des dispositions applicables au partage des avantages et des bénéfices à travers le transfert et le partage de technologies et d'informations. Son application serait par conséquent relativement aisée.[91] De plus, un cadre institutionnel existe déjà puisque l'Autorité internationale des fonds marins, qui est en place et opérationnelle, pourrait également gérer l'exploitation des ressources génétiques marines des fonds marins.[92] Selon une partie de la doctrine,[93] la gestion de ces ressources par l'Autorité internationale des fonds marins permettrait de répondre au besoin d'approche écosystémique pour la conservation et l'utilisation durable des ressources.[94] Si le principe de « patrimoine commun de l'humanité » était appliqué par le biais du régime de la Zone, les ressources génétiques des fonds marins ne pourraient plus être l'objet d'une appropriation privée.[95] Cela impliquerait également que les ressources génétiques des fonds marins soient exploitées pour le compte de l'humanité tout entière et que les bénéfices découlant de l'exploitation des ressources soient partagés de manière juste et équitable.[96] Certains auteurs estiment également que l'application du régime de la Zone aux ressources génétiques des fonds marins permettrait une gestion intégrée[97] des ressources.[98]

424. — Soumettre les ressources génétiques des fonds marins au régime de la Zone présenterait également des inconvénients. En premier lieu, un tel choix nécessiterait d'amender la CNUDM, ce qui ne serait pas aisé.[99] De plus, dans la

---

90 Arico/Salpin, 2005, p. 60 ; voir aussi : de Marffy, 2005, p. 73 ; Millicay, 2007, p. 785.

91 Arico/Salpin, 2005, p. 60 ; Greiber, 2011, p. 29.

92 Arico/Salpin, 2005, p. 60 ; voir aussi : de Marffy, 2005, p. 73.

93 Point de vue que nous ne partageons pas.

94 Arico/Salpin, 2005, p. 60 ; voir aussi : Doc. OSASTT UNEP/CBD/SBSTTA/8/INF/3/Rev.1, p. 30.

95 Drankier/Oude Elferink/Visser et al., 2012, p. 429 ; voir aussi : Canal-Fogues, 2003, p. 108 ; Millicay, 2007, p. 785.

96 Canal-Fogues, 2003, p. 108 ; voir aussi : Drankier/Oude Elferink/Visser et al., 2012, p. 429 ; Doc. OSASTT UNEP/CBD/SBSTTA/8/INF/3/Rev.1, p. 31 ; Millicay, 2007, p. 785 ; Greiber, 2011, p. 29.

97 Désigne un mode de gestion des activités qui tient compte, dès sa conception, de l'ensemble des facteurs écologiques, économiques et sociaux qui leur sont liés.

98 Canal-Fogues, 2003, p. 108 ; voir aussi : Millicay, 2007, p. 785.

99 Voir *supra* § 401 ss. ; voir aussi : Arico/Salpin, 2005, pp. 60–61 ; voir aussi : de Marffy, 2005, p. 74.

mesure où les États-Unis ne sont pas parties à la CNUDM, ils ne seraient pas tenus de respecter ce régime[100] alors même qu'ils sont de grands utilisateurs des ressources génétiques marines.[101] Appliquer le régime de la Zone aux ressources génétiques des fonds marins pourrait également comporter certains risques ; cela pourrait notamment, entraver la recherche scientifique sur ces ressources, créer des obstacles quant à la commercialisation et au développement de produits ou de procédés basés sur ces ressources ou encore limiter certaines incitations commerciales tel le dépôt de brevets sur les inventions en question.[102]

425. — Il convient aussi de souligner que l'Autorité internationale des fonds marins ne constitue probablement pas une institution adaptée pour gérer l'exploitation des ressources génétiques des fonds marins. En effet, sa composition, son champ d'action et son expérience sont basés sur la gestion des ressources minérales,[103] alors que la gestion de l'exploitation des ressources génétiques marines exige des compétences spécifiques dont ne dispose pas l'Autorité internationale des fonds marins.[104] De plus, le système de gestion de la Zone par l'Autorité internationale des fonds marins n'a pas vraiment été testé en pratique jusqu'à présent. Si cela ne pose pas de réelles difficultés dans le domaine de l'exploitation minière, qui n'en est qu'à ses débuts,[105] cela s'avère plus problématique pour l'exploitation des ressources génétiques marines qui se trouve, elle, à un stade plus avancé.[106]

426. — Le régime de la Partie XI sur la Zone a été imaginé et mis en place il y a plus de 35 ans et certains de ses aspects sont aujourd'hui obsolètes.[107] Ce régime n'intègre pas les concepts modernes du droit international de l'environnement, en particulier ceux de l'approche écosystémique, du principe de précaution et du pollueur payeur. L'application aux ressources génétiques

100 Arico/Salpin, 2005, pp. 60–61.

101 Voir *supra* § 83.

102 Glowka, 2010, p. 398 ; voir aussi : Bonfanti/Trevisanut, 2011, IP Rights, pp. 6–7 ; Drankier/Oude Elferink/Visser et al., 2012, p. 397 ; McLaughlin, 2010, p. 380.

103 Treves, 2010, p. 17 ; voir aussi : Drankier/Oude Elferink/Visser et al., 2012, p. 430 ; Druel/Rochette/Billé et al., 2013, p. 30.

104 Leary, 2007, p. 222.

105 Voir *supra* § 307 ; voir aussi : Drankier/Oude Elferink/Visser et al., 2012, p. 430 ; de Marffy, 2005, p. 73.

106 Voir *supra* § 42 et 60 ss. ; voir aussi : Drankier/Oude Elferink/Visser et al., 2012, p. 430 ; voir aussi : de Marffy, 2005, p. 73.

107 En particulier le principe de « patrimoine commun de l'humanité ». Voir *supra* § 121.

marines d'un régime déjà dépassé, car n'intégrant pas ces concepts, ne constitue pas une bonne solution.[108]

427. — Soumettre les ressources génétiques marines de la Zone à un régime différent des ressources génétiques marines de la colonne d'eau représente par ailleurs un inconvénient majeur.[109] Non seulement cette différence ne repose sur aucune justification financière, économique ou scientifique,[110] mais elle risque de poser des problèmes quant aux critères de distinction permettant de savoir quel régime appliquer,[111] cela d'autant plus que certains organismes présentent une mobilité naturelle les faisant passer alternativement du fond de la mer à la colonne d'eau[112] où, bien que mobiles, ils vivent en symbiose avec des organismes sédentaires.[113] Par conséquent, il est extrêmement difficile de déterminer à quel régime la ressource doit être soumise. Afin d'assurer la plus grande sécurité juridique possible, il nous semble, nécessaire de disposer d'un seul régime applicable à toutes les ressources génétiques marines de la haute mer et de ses fonds marins.[114]

428. — Dans la mesure où les investissements et les risques liés au développement des produits à base de ressources génétiques marines sont importants, les avantages et les bénéfices réalisés doivent être partagés compte tenu des investissements.[115]

429. — À notre avis, les pays industrialisés, qui abritent la majeure partie des utilisateurs des ressources génétiques, n'accepteront probablement pas de modifier la CNUDM pour soumettre les ressources génétiques marines des fonds marins au régime de la Zone. En effet, le régime de la liberté de la haute mer est plus favorable pour les utilisateurs. Même si les pays en développement réussissaient à imposer ce changement, les pays industrialisés auraient toujours la possibilité de dénoncer la CNUDM. Si les pays industrialisés les plus puissants ne sont pas parties au régime régulant l'exploitation des ressources génétiques, ce dernier n'a pas de raison d'être.

---

108 Treves, 2010, pp. 17–18 ; voir aussi : Drankier/Oude Elferink/Visser et al., 2012, p. 430.

109 Canal-Fogues, 2003, p. 108 ; voir aussi : Beslier, 2009, p. 337 ; Oude Elferink, 2007, p. 151 ; Bonfanti/Trevisanut, 2011, TRIPS, p. 197.

110 Canal-Fogues, 2003, p. 108.

111 Treves, 2010, p. 17.

112 Canal-Fogues, 2003, p. 108 ; voir aussi : He, 2014, pp. 525–526.

113 Salpin, 2013, pp. 173–174 ; voir aussi : He, 2014, pp. 525–526 ; de la Fayette, 2009, p. 258.

114 Ce point de vue est partagé par : Broggiato/Arnaud-Haond/Chiarolla et al., 2014, p. 179.

115 Treves, 2010, p. 17.

3 Appliquer le régime des objets archéologiques

430. — Au premier abord, il serait possible d'imaginer que le régime des ressources archéologiques soit applicable à l'exploitation des RGM hors zones, puisque celui-ci fait partie des régimes juridiques de la CNUDM. Mais les ressources archéologiques ne sont traitées qu'à travers deux articles de cette dernière. L'article 303 CNUDM énonce quelques principes généraux[116] tandis que l'article 149 CNUDM vise exclusivement les ressources archéologiques de la Zone.[117] Ces deux articles ne sont pas directement applicables aux RGM hors zones. Au surplus, les ressources archéologiques présentent un grand nombre de différences par rapport aux ressources génétiques marines. Tout d'abord, les ressources archéologiques ne sont pas vivantes. Ensuite, elles ont été la propriété de quelqu'un. Enfin elles ont une valeur en soi et ne sont pas destinées à la création de nouveaux produits. Le régime des ressources archéologiques semble inadapté à l'exploitation des RGM hors zones.[118] Il n'est donc, à notre avis, pas transposable aux ressources génétiques marines. Les articles 303 et 149 CNUDM sont de plus tellement spécifiques aux ressources archéologiques et à leurs particularités[119] qu'il n'est pas possible de les modifier pour que ceux-ci soient applicables aux ressources génétiques marines. C'est pourquoi il ne nous parait pas utile de développer ici une réflexion à ce sujet. Le seul principe général tiré du régime des ressources archéologiques qui pourrait servir de source d'inspiration à la création d'un nouveau régime propre aux ressources génétiques est celui « d'intérêt public de l'humanité tout entière ». En effet, il serait souhaitable que l'exploitation des RGM et les avancées technologiques qu'elles permettent profitent à la fois aux populations des pays industrialisés, mais également à celles des pays en développement.

4 L'application du régime de la Zone ou de la recherche scientifique marine et sa compatibilité avec le système des brevets

431. — Le système des brevets est très important pour les domaines de la pharmaceutique et des biotechnologies. Il permet en effet de compenser le long processus de développement, extrêmement coûteux, mais aussi très incertain des inventions, il encourage la recherche et le développement, les progrès techniques et économiques ainsi que l'innovation dans son ensemble.

116 Voir *supra* § 308.

117 Voir *supra* § 309.

118 Voir *supra* § 308 ss.

119 Voir *supra* § 308 ss.

Sans ce système, de nombreux produits n'arriveraient jamais sur le marché.[120] En contrepartie, le système des brevets comprend des mécanismes — en particulier l'exclusivité d'exploitation uniquement durant un temps donné ainsi que la possibilité de prévoir des « exceptions aux droits conférés » par le brevet — qui permettent de contrebalancer les droits octroyés.[121]

432. — En droit de la mer, le régime de la Zone préconise l'application du principe de « patrimoine commun de l'humanité » et le régime de la recherche scientifique marine dans la Zone prévoit que cette activité doit être exercée dans « l'intérêt de l'humanité tout entière ». Ainsi se pose la question de savoir si le régime de la Zone et celui du régime de la recherche scientifique marine dans la Zone sont compatibles avec le système des brevets. Plusieurs points doivent être approfondis pour y répondre. Il s'agit ainsi de déterminer si :

- le brevet constitue une appropriation de la ressource ou uniquement de l'information que la ressource renferme ;
- le système des brevets est compatible avec « l'intérêt de l'humanité tout entière » ;
- le brevet nuit à la diffusion et à la publication de l'information ?

433. — D'aucuns argumentent que le brevet constitue une appropriation de la ressource et de l'information qu'elle contient, alors que le principe de « patrimoine commun de l'humanité » implique que les ressources ne sont pas appropriables.[122] L'article 137 al. 1 CNUDM prévoit qu'il n'est pas possible de s'approprier une quelconque partie de la Zone ou de ses ressources. En conséquence, si le régime de la Zone était appliqué aux ressources génétiques des fonds marins, il deviendrait impossible de déposer des brevets sur ce type d'invention.[123] Il est aussi possible d'argumenter qu'avec le brevet, ce n'est pas la ressource en elle-même que le déposant s'approprie, mais une application particulière, une invention découlant de celle-ci.[124] Le brevet n'octroie ainsi à son détenteur aucun droit positif à être propriétaire d'une ressource génétique

---

120 Voir *supra* § 143.

121 Art. 30 ADPIC. En particulier : utilisation à des fins expérimentales, usage privé ou exploitation précoce d'un brevet par un producteur de générique souhaitant obtenir une approbation réglementaire. Gervais/Schmitz, 2010, p. 374 ; voir aussi : Correa, 2007, p. 305.

122 Bonfanti/Trevisanut, 2011, IP Rights, pp. 6–7 ; voir aussi : Drankier/Oude Elferink/Visser et al., 2012, p. 397 ; McLaughlin, 2010, p. 380.

123 Bonfanti/Trevisanut, 2011, IP Rights, pp. 6–7 ; voir aussi : Drankier/Oude Elferink/Visser et al, 2012, p. 397 ; McLaughlin, 2010, p. 380.

124 Drankier/Oude Elferink/Visser et al., 2012, p. 405.

marine.[125] Si l'on reconnaît que le brevet ne constitue pas l'appropriation d'une ressource en elle-même, mais l'appropriation d'une application particulière de celle-ci, le régime de la Zone et le principe de « patrimoine commun de l'humanité » n'entrent pas en conflit avec le système des brevets.

434. — En ce qui concerne l'article 241 CNUDM qui prévoit que « [l]a recherche scientifique marine ne constitue le fondement juridique d'aucune revendication sur une partie quelconque du milieu marin ou de ses ressources », la situation est, selon nous, similaire à celle de l'article 137 CNUDM. Si l'on considère que le brevet ne constitue pas la revendication d'une ressource en elle-même, mais un droit d'exploitation exclusive, pour une période donnée, du fruit de l'activité créative humaine, d'une invention imaginée par l'homme,[126] l'article 241 CNUDM est applicable et compatible avec le brevet.

435. — Selon l'article 143 al. 1 CNUDM, la recherche scientifique dans la Zone doit être menée dans « l'intérêt de l'humanité tout entière ». Cela ne signifie pas pour autant que celle-ci doit être fondamentale et dénuée d'intérêt commercial.[127] Elle peut en effet être appréhendée de différentes manières et pas uniquement du point de vue financier. L'intérêt de la recherche scientifique marine pour l'humanité pourrait par exemple se concrétiser par le développement de médicaments contre le cancer qui profiteraient à tous.[128] Sans brevets, de nombreuses inventions ne verraient pas le jour, car elles ne seraient pas rentables. L'interdiction d'obtenir des brevets sur des produits développés à base de RGM hors zones pourrait donc être contraire à l'article 143 al. 1 CNUDM.[129]

436. — Selon l'article 244 al. 1 CNUDM, les connaissances tirées de la recherche scientifique marine doivent être publiées et diffusées. Pour la recherche scientifique effectuée dans la Zone, les États parties doivent diffuser les résultats de la recherche et les analyses lorsque ceux-ci sont disponibles, selon l'article 143 al. 3 let. c CNUDM. Ces obligations pourraient sembler contrevenir au système des brevets qui impose de garder les informations secrètes jusqu'au dépôt du brevet, afin de préserver le caractère nouveau de l'invention.[130] Mais l'une des finalités du brevet est de rendre l'information publique[131] afin que celle-ci puisse être utilisée et reproduite, sous licence et contre paiement,[132] mais

125 He, 2014, p. 528 ; voir aussi : *supra* § 158 et 163 ss.

126 He, 2014, p. 528 ; voir aussi : Jorem/Tvedt, 2014, p. 336.

127 He, 2014, p. 529.

128 Hayes, 2007, p. 692.

129 He, 2014, pp. 529–530.

130 Salpin/Germani, 2007, pp. 22–23.

131 Art. 29 al. 1 ADPIC ; voir aussi : Chiarolla, 2014, p. 180.

132 Dessemontet, 2015 p. 94 ; voir aussi : Novier, 1996, pp. 179–182.

également librement pour certaines exceptions durant la durée du brevet,[133] puis librement à l'échéance de celui-ci.[134] Ainsi, les articles 244 al. 1 et 143 al. 3 let. c CNUDM visent le même objectif que le système des brevets concernant la publicité et la diffusion de l'information. Si, au contraire, l'obtention d'un brevet sur un produit à base de RGM hors zones n'est pas possible pour des raisons légales, la communauté internationale s'expose au risque de voir se développer en nombre des secrets de fabrication relatifs à ces produits.[135] Dans ce cas, l'information deviendrait indisponible à long terme.[136] Même si les brevets favorisent la diffusion de l'information, le contenu de ces derniers reste parfois difficilement accessible pour les populations des pays en développement. C'est tout particulièrement le cas lorsque ce contenu est uniquement disponible en langues étrangères, sous la forme de publications émanant des services de propriété intellectuelle étrangers.[137] La numérisation des documents et la mise en place de bases de données pourraient favoriser la diffusion des informations à large échelle de produits biotechnologiques développés à l'aide de ressources génétiques, en particulier marines.[138]

437. — Au regard de ce qui précède, le système des brevets est à notre avis compatible avec le régime de la Zone et celui de la recherche scientifique dans la Zone ainsi qu'avec les principes de « patrimoine commun de l'humanité » et « d'intérêt de l'humanité tout entière ».

IV Conclusion

438. — Il a fallu douze ans et d'importantes modifications après son adoption pour que la CNUDM entre en vigueur. Ainsi, sur le plan formel, amender la CNUDM serait très certainement une entreprise extrêmement difficile et complexe. Cela impliquerait un processus chronophage dont les résultats seraient largement incertains compte tenu des divergences de point de vue entre les pays industrialisés et les pays en développement au sujet de l'exploitation des

133 Art. 30 ADPIC. En particulier : utilisation à des fins expérimentales, usage privé ou exploitation précoce d'un brevet par un producteur de générique souhaitant obtenir une approbation réglementaire. Gervais/Schmitz, 2010, p. 374 ; voir aussi : Correa, 2007, p. 305.

134 Art. 29 al. 1 ADPIC.

135 Voir *supra* § 159.

136 Chiarolla, 2014, p. 180.

137 Chiarolla, 2014, p. 180.

138 Chiarolla, 2014, p. 180.

RGM hors zones.[139] En raison de ces divergences, l'amendement de la CNUDM aurait certainement un effet négatif sur la coopération internationale quant à la gestion des océans.[140] Dans la mesure où la volonté des États diffère concernant le régime applicable aux RGM hors zones, les chances de voir aboutir une demande d'amendement de la CNUDM sont peu élevées.[141] Les chances concernant l'adoption d'un nouveau régime sont, selon nous, meilleures.

439. — Sur le fond, aucun des différents régimes existants dans la CDB et la CNUDM[142] n'est approprié pour être appliqué à l'exploitation des ressources génétiques marines. Par contre, certains principes que l'on retrouve dans ces régimes pourraient être repris comme modèle pour la mise en place d'un nouveau régime, d'un instrument de *soft law* ou d'un écolabel.

---

139 Oude Elferink, 2005, p. 1. ; voir aussi : Arico/Salpin, 2005, pp. 60–61 ; Canal-Fogues, 2003, p. 109 ; Beurier, 2008, pp. 13–14 ; Greiber, 2011, pp. 46–47.

140 Oude Elferink, 2005, p. 1.

141 Treves, 2010, p. 19.

142 Le régime des ressources génétiques sous la juridiction des États parties à la CDB, le régime de la recherche scientifique de la CNUDM, le régime de la Zone de la CNUDM, le régime des ressources archéologiques de la CNUDM.

CHAPITRE 13

Les mesures de *soft law*

I Introduction

440. — Comme il n'est pas certain qu'un nouveau régime soit effectivement adopté dans les années à venir[1] et qu'il n'est pas non plus opportun de recourir à un régime existant,[2] il convient de se demander si le maintien de la situation juridique actuelle, enrichie de mesures de *soft law* représente une alternative judicieuse. En effet, compte tenu des caractéristiques[3] des instruments de *soft law*, de tels outils pourraient s'avérer adaptés à la situation. Il importe ainsi de déterminer quels genres d'instruments de *soft law* pourraient s'appliquer (II), puis d'évaluer les avantages et les désavantages d'un instrument de *soft law* pour l'exploitation des RGM hors zones (III).

II Utiliser un instrument de *soft law*

441. — Il n'existe actuellement aucun instrument de *soft law* applicable à l'exploitation des RGM hors zones, mais différentes solutions sont envisageables pour intégrer le sujet de l'exploitation des RGM hors zones dans un tel instrument.

442. — La première solution consisterait à modifier un instrument de *soft law* existant. Il serait en particulier possible de modifier la Déclaration d'Engagement pour des Pratiques de Recherches Responsables aux Cheminées Hydrothermales.[4] Cette déclaration traite en effet de questions proches de l'exploitation des RGM hors zones. Elle vise à réduire les effets nuisibles de la recherche scientifique marine et de la bioprospection sur les sources hydrothermales des grands fonds marins situés hors des zones de juridiction nationale et à optimiser leur efficacité.[5] Cette déclaration émane d'*International cooperation in ridge-crest studies* (InterRidge),[6] une organisation à but

1 Voir *supra* § 395.

2 Voir *supra* § 438 ss.

3 Non contraignant, flexible, etc. Voir *supra* § 200 ss.

4 « www.interridge.org/fr/node/16643 » (consulté le 20.03.2017).

5 Doc. OSASTT UNEP/CBD/SBSTTA/11/11, p. 14.

6 « www.interridge.org » (consulté le 20.03.2017).

 | DOI 10.1163/9789004352094_018

non-lucratif qui regroupe non seulement des États,[7] mais également des chercheurs en tant qu'individus.[8] L'ambition de cette organisation internationale est de promouvoir l'étude, l'utilisation et la protection de la recherche sur les dorsales océaniques.[9]

443. — La Déclaration d'Engagement pour des Pratiques de Recherches Responsables aux Cheminées Hydrothermales est potentiellement applicable à une partie des ressources qui nous intéressent. Elle pourrait être élargie afin de couvrir les activités d'exploitation des ressources génétiques marines à une plus grande échelle.[10] Elle s'adresse avant tout aux chercheurs en tant qu'individus et aux entreprises du secteur.[11] Cependant, la Déclaration d'Engagement pour des Pratiques de Recherches Responsables aux Cheminées n'est applicable qu'à un espace marin bien précis, les dorsales océaniques. S'il y avait une volonté d'intégrer le sujet de l'exploitation des RGM hors zones à la déclaration, il faudrait, à notre avis, non seulement modifier le texte lui-même, mais également étendre les buts de l'organisation afin de permettre la couverture d'une zone géographique plus large.

444. — La seconde option consisterait à confier la gestion de l'exploitation des RGM hors zones aux commissions internationales et régionales des pêches. En désignant des aires marines protégées (AMP), les commissions des pêches[12] protègent indirectement déjà certains espaces vulnérables de la haute mer et les ressources génétiques qu'elle abrite. Ainsi, il serait possible d'élargir le mandat[13] de ces organisations pour qu'elles s'occupent également de la gestion de l'exploitation des RGM hors zones.[14] Cette solution serait peu onéreuse puisque les organisations existent déjà et qu'elles fonctionnent.[15]

445. — Toutefois, le choix des commissions régionales et internationales des pêches comme gestionnaires des RGM hors zones pourrait aboutir à des pratiques non-coordonnées et à un cadre de gouvernance composé d'éléments disparates, comprenant différents instruments, approches et normes. Ceux-ci seraient déterminés par la zone géographique dont les ressources génétiques

---

7 Chine, France, Grande-Bretagne, Canada, Inde, Corée, Norvège, Portugal, Japon, États-Unis, Allemagne, Australie, Autriche, Brésil, Suisse, etc. « www.interridge.org/fr/nations » (consulté le 20.03.2017).

8 Doc. OSASTT UNEP/CBD/SBSTTA/11/11, p. 14.

9 Doc. OSASTT UNEP/CBD/SBSTTA/11/11, p. 14.

10 Doc. OSASTT UNEP/CBD/SBSTTA/11/11, p. 14.

11 « www.interridge.org » (consulté le 20.03.2017).

12 Voir *supra* § 267 ss.

13 Voir *supra* § 267.

14 Greiber, 2011, p. 47.

15 Bonfanti/Trevisanut, 2011, TRIPS, p. 230.

marines sont issues et par la commission des pêches responsable. Or, il serait souhaitable de mettre en œuvre un système uniforme et applicable à toutes les RGM hors zones ; les commissions des pêches ne semblent donc pas constituer, à notre avis, des organes adaptés à la gestion des ressources génétiques marines. Par conséquent elles ne représentent pas l'instrument adéquat pour réussir la mise en œuvre d'un système efficace.[16]

446. — La dernière option consisterait à créer un nouvel instrument. Celui-ci pourrait notamment prendre la forme d'un code de conduite.[17] Deux sortes d'instruments pourraient être envisagés.[18] Il pourrait s'agir, premièrement, d'un instrument visant à élaborer la mise en place future de *hard law*. Cet instrument servirait à amorcer le processus d'élaboration d'un traité contraignant en invitant les acteurs impliqués à mettre le sujet à l'agenda.[19] Par ce processus, les acteurs qui souhaitent agir dans le domaine de l'exploitation des RGM hors zones auraient la possibilité, dans un premier temps, de le faire avec les États et/ou les entreprises intéressées à participer. Dans un second temps, cela permettrait d'encourager les États qui ne sont pas parties à s'engager également dans ce processus, voire d'entamer des discussions en vue de la mise en place d'un instrument contraignant comme cela a été le cas des Lignes directrices de Bonn, instrument de *soft law* qui a débouché sur le Protocole de Nagoya.[20]

447. — À notre avis, l'instrument de *soft law* visant l'exploitation des RGM hors zones pourrait également constituer une alternative à un instrument de *hard law* en se substituant à celui-ci.[21] Ainsi, il serait possible de pallier les défauts du système juridique actuellement en vigueur, en évitant les difficultés relatives à l'amendement d'un traité ou à l'adoption d'un nouvel accord. En outre, le choix d'un tel instrument autoriserait plus de flexibilité et encouragerait les différents acteurs intéressés à y adhérer sans être confrontés aux nombreuses réticences et oppositions, entre autres politiques, que pourrait provoquer le processus d'acceptation d'un texte juridiquement contraignant. De plus, dans la mesure où le domaine de l'exploitation des RGM hors zones évolue très vite, un instrument de *soft law* serait plus aisé à adapter en fonction des avancées scientifiques et technologiques qu'un instrument de *hard law*.

16 Greiber, 2011, p. 47.

17 Voir *supra* § 205.

18 Korkea-aho, 2013, pp. 160–161 ; voir aussi : Senden, 2004, pp. 118–120.

19 Voir *supra* § 201.

20 Voir *supra* § 207 ss.

21 Voir *supra* § 203.

Il est également fort probable que les négociations portant sur la mise en place d'un instrument de *soft law* applicable à l'exploitation des RGM hors zones aboutissent plus facilement, dans la mesure où seuls ceux qui souhaitent y participer prendront part aux débats et aux décisions. L'instrument de *soft law* peut être initié par des États, mais également par des acteurs privés comme des ONG, ce qui offre plus de flexibilité dans le processus de mise en place d'un tel outil. Enfin, un instrument de *soft law*, contrairement à un traité, présente l'avantage de pouvoir s'adresser directement aux États et/ou à des acteurs privés comme des entreprises ou des individus.[22] Le choix d'un outil de *soft law* plutôt que de *hard law* pourrait ainsi constituer une option favorable.

448. — Si un nouvel instrument de *soft law* était développé, son contenu devrait, selon nous, prévoir comme cela pourrait être le cas pour un hypothétique nouveau traité,[23] un partage des avantages et des bénéfices découlant de l'exploitation des RGM hors zones. Les avantages et les bénéfices devraient être destinés à protéger et sauvegarder la biodiversité marine des espaces situés au-delà des zones de juridiction nationale des États.[24] Un seul régime couvrant la colonne d'eau et les grands fonds marins devrait être adopté. Contrairement à un traité, un instrument de *soft law* serait non contraignant et pourrait être formulé de manière à s'appliquer soit aux États, soit aux entreprises, soit aux individus eux-mêmes, soit aux trois à la fois.[25] Ce nouvel instrument de *soft law* pourrait en particulier être adopté par l'Assemblée générale de l'ONU, la FAO ou le secrétariat de la CDB.

III Les avantages et les désavantages de la *soft law* pour l'exploitation des ressources génétiques marines

449. — La *soft law* présente de nombreux avantages par rapport à la *hard law* pour la création d'un instrument visant l'exploitation des RGM hors zones. Elle est tout d'abord plus flexible. Dans la mesure où elle préconise des obligations morales plus que juridiques, les États se sentent plus libres de s'engager.[26] Les instruments de *soft law* sont ensuite réalisables plus rapidement. En effet, l'adoption d'un traité, puis son entrée en vigueur peuvent prendre des

22 Voir *supra* § 206.
23 Voir *supra* § 373 ss.
24 Voir *supra* § 392 ss.
25 Voir *supra* § 206.
26 Voir *supra* § 200.

années.[27] L'adoption d'un instrument de *soft law* peut s'effectuer plus rapidement,[28] en particulier parce que seuls les États qui souhaitent s'engager dans le processus participent à l'élaboration de l'instrument en question.[29]

450. — La conception d'un instrument de *soft law* pour l'exploitation des RGM hors zones constitue une bonne alternative si la mise en place d'un nouveau régime propre à ces ressources ne devait pas aboutir. Même si le recours à la *soft law* est en général profitable à la communauté internationale, cette solution[30] peut toutefois s'avérer inadéquate pour le domaine de l'exploitation des RGM hors zones. En effet, elle présente tout d'abord le risque, selon nous, de voir différentes entités, étatiques ou privées, adopter des instruments de *soft law* redondants ou incompatibles entre eux.[31] Ce pourrait être tout particulièrement le cas si la gestion de l'exploitation des RGM hors zones était confiée aux commissions internationales et régionales des pêches.[32] Enfin, l'un des problèmes majeurs de la *soft law* réside dans son caractère non contraignant. Si un instrument de *soft law* spécifique à l'exploitation des RGM hors zones était adopté, son contenu ne constituerait qu'un ensemble de recommandations que les États seraient libres de suivre.[33]

IV Conclusion

451. — Afin de pallier les inconvénients du caractère non contraignant des instruments de *soft law*, des mesures incitatives pourraient être nécessaires afin d'encourager les exploitants des RGM hors zones à les respecter et à les appliquer.[34] Avec un écolabel, les entreprises qui respectent les standards relatifs à l'exploitation durable des océans et au maintien de la biodiversité peuvent dégager une image positive et encourager les consommateurs à favoriser l'achat de leurs produits. C'est cette proposition de mesure que nous abordons dans le chapitre suivant.

27 Par exemple plus de vingt ans pour la CNUDM ; voir aussi : Doc. ONU Résolution 3067 ; Six ans pour la CDB ; voir aussi : Glowka/Burhenne-Guilmin/Synge et al., 1996, pp. 2–3.

28 Par exemple trois ans pour les Lignes directrices de Bonn.

29 Voir *supra* § 446.

30 ONU, commissions des pêches, FAO, etc.

31 Voir *supra* § 204.

32 Voir *supra* § 267 ss.

33 Voir *supra* § 200.

34 Doc. OSASTT UNEP/CBD/SBSTTA/11/11, p. 15.

CHAPITRE 14

La mise en place d'un écolabel

I Introduction

452. — La mise en place d'un écolabel pour promouvoir l'utilisation raisonnée et durable des ressources génétiques marines constitue la dernière option étudiée ici. Compte tenu des difficultés liées à la mise en place d'un régime juridique adapté et du manque de mesures incitatives qu'offre la *soft law* aux entreprises qui exploitent les ressources génétiques marines, l'écolabel pourrait être la solution la plus adaptée. Cette démarche est certes volontaire, mais présente un avantage qualitatif important en termes d'image pour l'entreprise qui appose l'écolabel sur ses produits. Ce dernier chapitre permettra de comprendre pourquoi l'écolabel constitue une bonne solution (II), de préciser quel type d'écolabel choisir dans notre cas et par quel type de marque le protéger (III), tout en exposant les possibles avantages et désavantages du système des écolabels (IV).

II Créer un écolabel pour les produits à base de ressources génétiques marines

453. — L'écolabel a pour objectif d'informer le consommateur sur les spécificités écologiques du produit qu'il achète et d'offrir à l'entreprise qui l'utilise un avantage concurrentiel en ayant recours à des arguments environnementaux.[1] Il permet également de faire prendre conscience au consommateur que le caractère écologique d'un produit peut constituer un critère de choix de ce dernier. Les produits écolabellisés présentent deux types d'avantages. Les avantages individuels profitent certes au consommateur du produit, mais n'apportent pas forcément de plus-value pour la société. Au contraire, les avantages collectifs sont bénéfiques pour la société, mais n'offrent pas obligatoirement d'avantages directs à l'individu. Ainsi, les produits « bio », dans le domaine alimentaire, disposent d'un avantage collectif dans la mesure où ils n'ont pas nécessité l'utilisation de produits nuisibles à l'environnement durant leur croissance. Ils représentent également un intérêt individuel, puisque le consommateur n'absorbe pas de produits chimiques en le consommant. Pour les produits autres

---

1 Bartenstein/Lavallée, 2003, p. 367.

 DOI 10.1163/9789004352094_019

qu'alimentaires, l'aspect collectif prime le plus souvent sur l'aspect individuel, car la santé du consommateur est moins directement touchée. Ainsi, une rose dotée d'un écolabel promouvant le commerce équitable présente un avantage collectif, mais pas d'avantage individuel pour son acquéreur.[2] Par conséquent, il sera plus difficile de faire adopter par le consommateur le caractère écologique comme critère de choix d'un produit si celui-ci n'apporte pas de plus-value individuelle directe pour lui, d'autant plus que ce critère se trouvera en concurrence directe avec d'autres comme le prix, la qualité et les performances du produit.[3] En outre, il est fort probable que les normes en matière environnementale se durcissent, de sorte que « les entreprises qui n'auront pas intégré la dimension environnementale dans la conception de leurs produits risquent, dans le futur, de perdre de nombreux marchés, voire même, dans certains cas, de ne plus être en mesure de proposer leurs produits ».[4]

454. — Selon nous, les produits issus des ressources génétiques marines seront probablement considérés comme des produits dont les critères écologiques sont plus collectifs qu'individuels, dans la mesure où la consommation de produits labellisés n'apportera pas d'avantages directs au consommateur, mais tendra au bien de tous à travers la protection des océans. Ainsi, l'information donnée par le label est essentielle, car le consommateur ne voit pas forcément de prime abord les raisons de choisir tel produit plutôt qu'un autre. L'information permet de faire comprendre au consommateur que le produit labellisé présente des avantages sur le plan écologique. Elle favorise ainsi la prise de conscience quant à la qualité environnementale du produit, qui est immédiatement identifiable. En associant des considérations environnementales et un raisonnement commercial, l'écolabel constitue un instrument potentiellement efficace pour mettre en œuvre des objectifs de développement durable,[5] tout en apportant un avantage en termes d'image pour les entreprises.

III Le choix du type d'écolabel et sa protection par la marque

455. — Pour préserver son intégrité, conserver son avantage concurrentiel et éviter que chacun puisse l'apposer sur ses produits, l'écolabel visant à promouvoir une exploitation raisonnée et une utilisation durable des ressources génétiques marines doit être protégé par une marque. Comme il existe différentes

2 Henry/ Quatravaux, 2013, p. 100.

3 Henry/ Quatravaux, 2013, p. 101.

4 Henry/ Quatravaux, 2013, p. 142.

5 Bartenstein/Lavallée, 2003, p. 367.

sortes d'écolabels,[6] il convient de déterminer tout d'abord quel est le type le plus adapté aux ressources génétiques marines. Il faut d'abord établir s'il est préférable de recourir à un écolabel gouvernemental ou appartenant à une organisation privée. Certains pays, en particulier des pays en développement,[7] ont critiqué le système des écolabels,[8] estimant que celui-ci entravait la liberté de commerce et favorisait le protectionnisme.[9] Il s'agit ensuite de déterminer quelle catégorie de marque est susceptible de protéger l'écolabel.[10]

456. — Qu'il appartienne à un gouvernement ou non, l'écolabel ne devrait pas être considéré comme un obstacle au commerce, car il ne s'agit pas d'une prescription légale ou réglementaire étatique, mais d'un acte de nature volontaire. Ainsi, l'écolabel ne fausse pas le jeu de la concurrence, mais offre plutôt un avantage concurrentiel à ceux qui souhaitent l'apposer sur leur produit et respecter le cahier des charges qui lui est lié.[11] Les écolabels ne violent donc pas les règles du commerce international prévues par les Accords de l'OMC. Dans la mesure où ils ne contiennent pas « de contraintes étatiques, ils doivent être considérés comme un outil commercial légal et autorisé ».[12] Malgré cela et compte tenu des différentes affaires *thons/dauphins*,[13] il nous semble préférable d'opter pour un écolabel appartenant à une organisation privée plutôt que d'instaurer un label gouvernemental. Cela permettrait d'éviter que l'écolabel soit contesté, comme ce fut le cas dans les affaires *thons/dauphins*, sous prétexte qu'il est utilisé comme un instrument protectionniste.[14]

457. — Il faut ensuite déterminer s'il est préférable d'opter pour un écolabel géré par un organisme indépendant ou pour un écolabel appartenant aux entreprises mêmes qui l'utilisent. La première catégorie semble la plus appropriée car, selon nous, elle est mieux à même d'assurer la qualité et la fiabilité de l'écolabel. En effet, un écolabel géré par un organisme indépendant permet d'assurer une surveillance externe, et donc de certifier que les produits portant l'écolabel présentent effectivement les propriétés imposées par son cahier des charges. En outre, un écolabel détenu par un organisme indépendant

6 Voir *supra* § 355 ss.

7 Chili, Indonésie, Malaisie, Cuba, Inde.

8 En particulier les labels gouvernementaux.

9 Bartenstein/Lavallée, 2003, pp. 369–370 ; voir aussi : *Affaire Thons-dauphins I et II* ; Grolleau/Ibanez/Mzoughi, 2007, pp. 217–218.

10 Voir *supra* § 362 ss.

11 Bartenstein/Lavallée, 2003, p. 382.

12 Bartenstein/Lavallée, 2003, p. 392.

13 Voir *supra* § 355 et 356.

14 Voir *supra* § 355 et 356.

a l'avantage de pouvoir couvrir une gamme de produits beaucoup plus vaste puisqu'il n'est lié à aucune entreprise particulière.

458. — L'écolabel visant à promouvoir une exploitation raisonnée et une utilisation durable des ressources génétiques marines pourrait être protégé par différents types de marques. La marque de garantie, la *certification mark* et la marque collective sont disponibles dans certains pays pour protéger les écolabels.[15] Ces trois types de marques pourraient entrer en ligne de compte pour assurer la protection de l'écolabel, mais la marque individuelle concédée en licence constitue également une option.[16] En Suisse, la marque de garantie, la marque collective et la marque individuelle sont envisageables.[17] Pour être enregistrée comme telle, la marque de garantie doit être accompagnée d'un règlement. Elle vise à assurer une certaine qualité des produits qui doit être vérifiée par le titulaire. Ce dernier ne peut pas utiliser la marque de garantie pour ses propres produits. Il est également contraint d'accorder sa marque à tous les produits et services qui satisfont aux exigences du règlement. Il peut demander le versement d'une rémunération adéquate aux utilisateurs, modifier le règlement à sa guise et exclure les utilisateurs qui ne souhaitent pas se mettre en conformité avec celui-ci.[18] Vu la lourdeur du système des marques de garantie et le fait qu'elles n'existent pas dans tous les États, nous sommes d'avis qu'il ne s'agit pas de la protection adéquate pour un écolabel visant à promouvoir une exploitation raisonnée et une utilisation durable des ressources génétiques marines. Quant à la marque collective, elle est déposée par plusieurs titulaires qui souhaitent l'utiliser eux-mêmes,[19] cette spécificité n'est pas nécessaire dans le cas de l'écolabel. Il en va de même pour la marque communautaire européenne en ce qui concerne l'Union européenne.[20] Nous sommes ainsi d'avis que l'écolabel visant à promouvoir une exploitation raisonnée et une utilisation durable des ressources génétiques marines devrait être protégé par une marque individuelle, en raison de la flexibilité et de l'universalité de cette dernière.[21] Pour assurer la qualité et la crédibilité de l'écolabel, celui-ci devrait être certifié par un organisme d'accréditation indépendant comme ASI ou ISEAL.[22]

15 Voir *supra* § 362 ss.
16 Voir *supra* § 365.
17 Voir *supra* § 362 ss.
18 Voir *supra* § 362.
19 Maradan, 2013, p. 949.
20 Voir *supra* § 365.
21 Voir *supra* § 365.
22 Voir *supra* § 354.

IV Les avantages et les inconvénients du système des écolabels

459. — L'écolabel présente de nombreux avantages par rapport à un traité ou à un instrument de *soft law*. Il jouit en effet de plus de flexibilité car il s'adresse directement aux entreprises qui souhaitent s'engager en faveur d'une exploitation durable et raisonnée des ressources génétiques marines. Il offre, par ailleurs, une contrepartie en termes de marketing aux entreprises qui l'adoptent.[23]

460. — Le système des écolabels présente néanmoins des inconvénients. En effet, dans la mesure où chaque entreprise est libre d'adhérer à un système d'écolabel, celui-ci est tributaire des règles du marché. La réussite de ce système dépend totalement de la volonté des consommateurs d'acheter ou non des produits écolabellisés. Les consommateurs préfèrent les produits labellisés à condition que la différence de prix ne soit pas trop importante.[24] Toutefois, on constate une différence entre les intentions et les actes. Bien que de nombreux consommateurs affirment se préoccuper des problèmes environnementaux, seule une minorité d'entre eux est, dans les faits, disposée à payer plus cher pour être en adéquation avec son discours.[25] L'écolabel ne peut fonctionner que si le consommateur est disposé à payer le produit labellisé un peu plus cher que le produit non labellisé. En effet, les producteurs et les distributeurs ne sont intéressés par les écolabels que si les coûts supplémentaires découlant de leur utilisation sont imputés au consommateur.[26]

461. — Il faut aussi être conscient que la demande de produits écolabellisés varie selon les pays. La demande de produits de pêche labellisés *Marine Stewardship Council* MSC est par exemple plus forte dans les pays du nord de l'Europe[27] et aux États-Unis que dans les pays du sud de l'Europe et dans le reste du monde. Mais ce constat est peut-être aussi dû à la politique des détenteurs du label MSC, qui n'ont pas visé particulièrement les marchés asiatiques et pacifiques. Or, des pays tels que le Japon pourraient ainsi être également intéressés par ce type de produits.[28]

462. — La visibilité de l'écolabel et sa connaissance par le public constituent un autre problème. Si le consommateur a le choix entre des produits portant plusieurs écolabels dont il ne connaît pas la différence, il risque de les ignorer et de ne pas percevoir la plus-value des produits écolabellisés.

23 Voir *supra* § 366.

24 Moye, 2010, pp. 555–556 ; voir aussi : Macfadyen/Huntington, 2007, p. 9.

25 Moye, 2010, pp. 555–556 ; voir aussi : Macfadyen/Huntington, 2007, p. 9.

26 Moye, 2010, p. 557.

27 En particulier en Suisse, en Allemagne, et au Royaume-Uni.

28 Moye, 2010, p. 557 ; voir aussi : Macfadyen/Huntington, 2007, p. 9.

Les consommateurs doivent donc disposer des informations nécessaires quant au but visé par l'écolabel pour faire leur choix. La majeure partie des consommateurs n'ont pas le temps de mener des recherches personnelles afin de comprendre la finalité de chaque écolabel. Néanmoins, ceux-ci sont disposés à choisir des produits écolabellisés si l'information leur est donnée. L'une des clés du succès des programmes d'écolabels consiste en une information large et adéquate de la signification du label et des buts visés par celui-ci.[29]

V Conclusion

463. — Selon nous, en dépit des quelques difficultés et risques susmentionnés, le régime de la partie VII CNUDM associé à un système d'écolabel offre une bonne solution pour promouvoir l'exploitation raisonnée et durable des RGM hors zones. De plus, le système d'écolabel présente l'avantage d'être également applicable aux ressources génétiques marines situées sur le territoire d'un État. L'écolabel représente pour nous un moyen réaliste et adapté à la problématique soulevée dans ce travail. A notre avis, le cahier des charges contenant les principes garantis par l'écolabel devrait prévoir, comme cela pourrait être le cas pour un hypothétique nouveau traité,[30] un partage des avantages et des bénéfices découlant de l'utilisation des RGM hors zones, dans le but de protéger et de sauvegarder la biodiversité marine des espaces situés au-delà des zones de juridiction nationale des États.[31]

---

29 Moye, 2010, p. 559.

30 Voir *supra* § 373 ss.

31 Voir *supra* § 350, 387 ss et 394 ss.

Conclusion

464. — La première partie de cette thèse a dressé le contexte général de l'exploitation des RGM hors zones et a permis de saisir l'importance de celles-ci. Elle a tout d'abord abordé les bénéfices des ressources génétiques marines pour la société, en examinant les nombreux produits qui peuvent être développés à l'aide de ces ressources. Puis elle a analysé la situation sous l'angle économique en considérant les revenus financiers potentiels susceptibles d'être réalisés par les bioprospecteurs. L'analyse politique de la situation a ensuite permis de mettre en exergue les dissensions existant entre les pays industrialisés et les pays en développement.

465. — La seconde partie de la thèse a été consacrée à l'analyse de la situation juridique actuelle. L'objet premier de cette étude consistait à déterminer le régime juridique applicable à l'exploitation des RGM hors zones. À la lumière de la doctrine, l'étude des différentes normes a permis de conclure que le régime de la partie VII CNUDM sur la haute mer est applicable à l'exploitation des RGM hors zones, mais que ce constat, qui ne fait pas l'unanimité tant du point de vue des États que de celui de la doctrine, n'est plus adapté à la situation actuelle. En effet, l'exploitation des ressources génétiques marines est en pleine expansion et l'application du principe de liberté pose problème à plus d'un égard. Tout d'abord seules quelques entités, principalement établies dans les pays industrialisés, disposent des moyens techniques et financiers pour entreprendre de tels projets. En effet, la grande majorité des pays en développement n'ont, de fait, pas accès à ce marché et réclament qu'un partage des avantages et des bénéfices tirés de l'exploitation des RGM hors zone soit mis en place. Ensuite, le risque de décimer certaines espèces et de détruire certains écosystèmes par une exploitation trop intensive des RGM hors zones est important. Pour y remédier, l'Assemblée générale de l'Organisation des Nations Unies a désigné un groupe de travail spécial chargé d'œuvrer à l'établissement d'un nouveau régime juridique, dont le premier des quatre volets porte sur « les ressources génétiques marines, y compris les questions de partage des retombées de l'exploitation de ces ressources ».[1]

466. — Le premier chapitre de la troisième partie de cette thèse a ensuite cherché à déterminer les contours du nouveau traité. Nous y avons relevé que le nouveau régime devrait couvrir non seulement les ressources génétiques

---

1 Les trois autres volets sont : 2. les outils pour gérer les différentes zones marines, y compris les AMP ; 3. les études d'impact environnemental ; 4. le renforcement des capacités et le transfert de techniques marines.

 | DOI 10.1163/9789004352094_020

marines de la colonne d'eau, mais également celles de la Zone, afin d'éviter des difficultés liées à sa mise en pratique et à la sécurité du droit. Il devrait prendre la forme d'un traité d'application relatif à la CNUDM afin de s'intégrer de manière harmonieuse dans le paysage législatif existant. Nous avons ensuite considéré qu'une définition de la notion de ressources génétiques marines basée sur la CDB et le Protocole de Nagoya devrait être intégrée dans le nouveau traité afin de délimiter son application pratique et d'assurer la sécurité juridique. Quant au contenu du traité, il devrait être construit sur les axes suivants :

- Le partage des avantages et des bénéfices issus de l'exploitation des ressources génétiques marines devrait s'effectuer sous forme monétaire et non monétaire. Les bénéfices financiers devraient être affectés à un fonds visant à encourager le maintien de la biodiversité marine et la réhabilitation des écosystèmes océaniques. En termes de bénéfices non monétaires, les entreprises du domaine pourraient participer à des programmes de développement de la recherche scientifique sur les biotechnologies bleues et échanger tout particulièrement avec les chercheurs des pays en développement. Le partage des avantages et des bénéfices pourrait également s'effectuer sous la forme d'un partage des connaissances via des bases de données, des publications scientifiques et des collections d'échantillons en libre accès.
- Le système des brevets pourrait être utilisé dans une perspective de partage des bénéfices. Il serait possible d'imposer aux entreprises un système de redevance sur les brevets obtenus sur des inventions qui utilisent des RGM hors zones. Mais cette option pourrait avoir comme conséquence de freiner la recherche et le développement. Il serait également possible de taxer les entreprises qui font de la bioprospection hors des zones de juridiction nationale des États. Mais cette option nécessiterait la mise en place d'un système de surveillance complexe et couteux. Ainsi, il serait préférable de trouver un moyen incitant les entreprises à investir une partie de leurs bénéfices dans un fonds destiné à protéger la biodiversité pour une utilisation durable des ressources génétiques.
- Parallèlement à l'exploitation des RGM hors zones, des mesures de protection de la biodiversité marine, en particulier de celle située au-delà des zones de juridiction nationale, devraient être prises. Des techniques d'exploitation respectueuses de l'environnement devraient être utilisées et seuls des échantillons devraient être prélevés. Des mesures pour contrebalancer les effets négatifs de la bioprospection devraient également être adoptées, telles que la création d'AMP, la mise en place de bases de données ou l'établissement de programmes de dépollution. Ces projets pourraient être

financés grâce au système de partage des avantages et des bénéfices et à la création du fonds destiné à protéger la biodiversité pour une utilisation durable des ressources génétiques.

467. — Nous avons constaté que l'adoption d'un nouveau traité serait actuellement la meilleure solution pour réguler l'exploitation des RGM hors zones. Néanmoins, le chemin à parcourir pour obtenir un traité ratifié par la majeure partie des États[2] est long et présente de nombreuses difficultés. Si la volonté politique internationale était suffisante pour créer un tel régime, les obstacles légaux, techniques et institutionnels pourraient théoriquement être surmontés.[3] Mais cette volonté semble fragile et les chances d'aboutir à un consensus sur la mise en place d'un nouvel accord sont incertaines. Le risque est grand de voir les négociations déboucher sur une impasse ou un accord vidé de son sens. De plus, un nouveau régime serait très difficile à faire appliquer compte tenu des possibilités de surveillance réduites en haute mer. Ainsi, l'effectivité du régime dépendrait largement du bon vouloir des bioprospecteurs à déclarer la provenance des ressources qu'ils exploitent pour développer de nouveaux produits. Vu ce qui précède, nous avons proposé plusieurs options alternatives.

468. — Les trois options alternatives envisageables pour réguler l'exploitation des RGM hors zones ont été analysées dans les derniers chapitres de la thèse, à savoir :

- l'application d'un autre régime existant ;
- la conservation de la situation juridique actuelle accompagnée d'un système de *soft law ;*
- le maintien de la situation juridique actuelle conjuguée à un écolabel.

469. — En ce qui concerne l'application d'un autre régime existant, nous avons constaté qu'aucun des régimes juridiques actuels n'est adapté à l'exploitation des RGM hors zones.

- Le régime des ressources génétiques sous juridiction ne peut pas être appliqué pour différentes raisons. Tout d'abord, les dispositions relatives à l'exploitation des RGM hors zones de la CDB entreraient en conflit avec celles de la partie VII CNUDM actuellement en vigueur. Étant donné que le droit

2 Et en particulier les grands acteurs économiques et politiques sur la scène internationale.

3 Drankier/Oude Elferink/Visser, 2012, p. 431 ; voir aussi : Broggiato/Arnaud-Haond/Chiarolla et al., 2014, pp. 177–178.

de la mer prime sur la CDB,[4] le nouveau régime de la CDB ne serait pas applicable. Pour que la CDB puisse réguler l'exploitation des RGM hors zones, il faudrait retirer celle-ci du champ d'application de la CNUDM. De plus, la CDB prévoit le partage des avantages et des bénéfices entre l'utilisateur et le pays fournisseur. Dans la mesure où la haute mer et la Zone ne sont soumises à la souveraineté d'aucun État, il serait nécessaire de revoir l'ensemble du système pour que celui-ci soit applicable à ces espaces particuliers. Cela reviendrait quasiment à créer un nouveau traité.

- Le régime de la recherche scientifique ne convient pas non plus pour réguler l'exploitation des RGM hors zones. Si celui-ci s'appliquait aux RGM hors zones, les États côtiers devraient également autoriser les États tiers et les organisations internationales à effectuer de la bioprospection dans leur ZEE et sur leur plateau continental. Cette situation ne conviendrait probablement pas aux États côtiers qui disposent aujourd'hui de la souveraineté sur les ressources de leur ZEE et de leur plateau continental. Finalement, l'application du régime de la recherche scientifique aux RGM hors zones ainsi que l'organisation logistique qui devrait l'accompagner nécessiteraient la mise en place d'une importante administration et des coûts financiers extrêmement élevés.
- Le régime de la Zone ne représente pas non plus une bonne solution pour réguler l'exploitation des RGM hors zones. Appliquer ce régime risquerait d'entraver la recherche et le développement sur ces ressources. Cela pourrait avoir comme conséquence d'imposer une limitation de certaines incitations commerciales en raison du principe de « patrimoine commun de l'humanité », pilier central de ce régime. Par ailleurs, ce principe, intrinsèquement lié à la situation sociale, politique et économique des années 1980, est aujourd'hui dépassé. *A contrario,* le régime de la Zone n'intègre pas les concepts modernes du droit international de l'environnement. De plus, l'application du régime de la Zone impliquerait d'établir une distinction entre les ressources génétiques marines de la Zone et celles de la haute mer pour leur appliquer des régimes différents. Outre la difficulté pratique que représente un tel exercice, la sécurité juridique ne pourrait être assurée en raison de la difficulté à établir des critères de distinction permettant de déreminer si une ressource est issue de la colonne d'eau ou de la Zone. Finalement, l'amendement de la CNUDM serait extrêmement difficile d'un point de vue politique, les pays industrialisés s'opposant fermement, depuis le début des discussions au sein de l'ONU, à l'application de ce régime aux ressources génétiques marines.

---

4 Art. 22 al. 2 CDB.

– Le régime des ressources archéologiques n'est pas non plus applicable aux RGM hors zones. Il est traité de manière très sommaire dans la CNUDM puisqu'il ne comporte que deux articles. Les ressources archéologiques présentent un grand nombre de différences[5] par rapport aux ressources génétiques marines. Ainsi, le régime des ressources archéologiques est inadapté à la situation de l'exploitation des RGM hors zones et n'est pas transposable. Au surplus, les articles relatifs aux ressources archéologies leur sont tellement spécifiques qu'ils ne peuvent être modifiés pour être appliqués aux ressources génétiques marines.

L'application de l'un de ces régimes ne serait ainsi pas souhaitable. De plus, remplacer le régime actuellement en vigueur par un autre régime existant nécessiterait une volonté globale de la communauté internationale. Étant donné le clivage qui existe entre pays en développement et pays industrialisés sur cette question depuis le début des discussions à l'ONU, cette option alternative a peu de chance d'aboutir. Sans contrepartie, aucun des deux groupes ne sera prêt à se rallier à l'autre. Ainsi, l'option d'un nouveau régime,[6] prévoyant de telles contreparties,[7] a plus de chance d'aboutir que l'application d'un régime déjà existant.

470. — Deux autres pistes ont ainsi été explorées dans ce travail ; la *soft law* et l'écolabel. Si le cadre juridique actuellement applicable à l'exploitation des RGM hors zones perdure, il serait possible de le compléter par d'autres outils pour promouvoir le partage des avantages et des bénéfices dans le but de favoriser le maintien de la biodiversité marine.

471. — La première option serait l'instauration d'un instrument de *soft law*. Son contenu devrait prévoir, comme le régime juridique actuellement en discussion à l'ONU, un partage des avantages et des bénéfices découlant de l'exploitation des RGM hors zones destiné à protéger et sauvegarder la biodiversité marine des espaces situés au-delà des zones de juridiction nationale des États. Au surplus, un seul régime couvrant la colonne d'eau et les grands fonds marins devrait être adopté. Cependant, la solution qui consiste à appliquer un instrument de *soft law* présente des défauts. Tout d'abord, l'instrument de *soft law* n'est pas contraignant, puisqu'il consiste le plus souvent en des recommandations. Ensuite, il est possible que différentes entités, étatiques ou privées,

5 Inerte/vivante, propriété initiale, valeur pour elle-même/valeur intégrée dans un produit futur.

6 Voir *supra* § 465 et 466.

7 La mise en place d'outils pour gérer les différentes zones marines, y compris les AMP et d'études d'impact environnemental. Doc. ONU A/RES/69/292.

adoptent des instruments de *soft law* redondants ou au contraire incompatibles les uns avec les autres.

472. — La seconde option qui pourrait être envisagée serait la mise en place d'un écolabel. Contrairement à un instrument de *soft law*, l'écolabel permet aux entreprises de réaliser un retour sur investissement grâce à la plus-value qu'il leur apporte en termes d'image. Cet écolabel pourrait être protégé par une marque de garantie, une *certifiaction mark* ou une marque collective. Mais une marque individuelle nous semble plus adaptée pour protéger un écolabel visant à promouvoir une exploitation raisonnée et une utilisation durable des ressources génétiques marines en raison de sa flexibilité et de son universalité. Pour assurer la qualité et la crédibilité de l'écolabel, celui-ci devrait être accompagné d'un cahier des charges et certifié par un organisme d'accréditation indépendant comme ASI ou ISEAL. Les entreprises qui choisiraient d'apposer l'écolabel sur leurs produits s'engageraient à respecter certains principes et à reverser une partie des bénéfices dégagés pour la promotion, la conservation et la restauration du milieu océanique, de sa faune et de sa flore. Ce système présente par contre le défaut de n'être contraignant que pour les entreprises qui souhaitent apposer l'écolabel sur leur produit et qui s'engagent ainsi à respecter son cahier des charges.

473. — L'exemple du plastique « propre » utilisé pour introduire ce travail peut illustrer cette proposition. En l'absence d'une nouvelle réglementation internationale sur l'exploitation des RGM hors zones, l'entreprise ayant développé ces plastiques biodégradables pourrait exploiter son nouveau produit sans obligation de redistribuer une contrepartie à d'autres États. Mais si un écolabel spécifique aux ressources génétiques marines existait, l'entreprise pourrait décider de l'apposer sur ses produits en s'engageant à respecter son cahier des charges. Ce dernier prévoirait de reverser une partie des bénéfices financiers réalisés grâce à la commercialisation des plastiques biodégradables pour des projets internationaux de remédiation et d'écologie durable des océans. Ainsi, l'entreprise de plastiques biodégradables se positionnerait non seulement comme une entreprise à la pointe de l'innovation, mais également comme une entreprise engagée socialement et soucieuse de l'avenir de la planète. Différents objectifs seraient ainsi atteints. L'entreprise pourrait commercialiser son produit en valorisant l'image de sa marque. Parallèlement à cela, un partage des avantages et des bénéfices profitables à tous les États serait opéré grâce au versement d'une partie des bénéfices à l'écolabel. Les détenteurs de ce dernier investiraient dans des projets écologiques visant à promouvoir la conservation et la remédiation du milieu océanique, de sa faune et de sa flore. L'écolabel deviendrait ainsi un puissant instrument de marketing.

474. — Au surplus, l'écolabel peut tout à fait coexister avec un nouvel instrument juridiquement contraignant sur la conservation et l'exploitation durable de la biodiversité marine issue d'espaces situées hors des zones de juridiction nationale des États. Cet instrument couvrirait les questions relatives aux ressources génétiques marines, établirait un cadre juridique global les concernant et poursuivrait le même but que l'écolabel. Ainsi, même si un consensus devait être trouvé quant à l'élaboration d'un nouveau régime, cela n'exclurait pas de recourir à un écolabel en parallèle.

475. — Le partage des avantages et des bénéfices, qu'il découle des obligations imposées par le nouveau traité ou du cahier des charges de l'écolabel, pourrait être concrétisé sous différentes formes. Des projets de conservation, de remédiation et d'exploitation durable de l'environnement marin pourraient être financés grâce aux sommes récoltées par le biais du nouveau régime ou par l'écolabel. Afin d'optimiser la qualité de la protection des océans, il serait également judicieux d'encourager la recherche scientifique dans ce domaine, d'envisager la création d'un réseau d'observatoires océaniques ainsi que de systématiser les connaissances déjà acquises par le biais de systèmes de gestion et d'archivage des données. La création d'une base de données internationale sur la diversité génétique marine, regroupant les informations disponibles et accessibles à grande échelle, serait également souhaitable.[8] Un autre moyen auxiliaire consisterait à créer et à gérer des AMP au-delà des zones de juridiction. De tels espaces existent déjà dans les zones sous juridiction nationale et leur efficacité est démontrée.[9] Reste à réussir leur transfert dans des sites beaucoup plus difficiles à surveiller.

476. — Parmi les options que nous avons proposées pour réguler l'exploitation des RGM hors zones dans le futur, la solution idéale, selon nous, serait l'adoption par l'ensemble de la communauté internationale, d'un nouveau traité propre au régime d'exploitation des RGM hors zones ; celui-ci encouragerait l'exploitation durable et raisonnée des ressources, la conservation des écosystèmes marins et le partage des avantages et des bénéfices. Mais cette solution ne reflète pas la volonté de tous les acteurs importants de la scène politique internationale actuelle. Bien qu'il s'agisse de la meilleure solution, l'établissement d'un nouveau régime risque ainsi de ne jamais se concrétiser. Dès lors, si un nouveau régime ne pouvait être adopté, nous privilégierions la création

8 Doc. ONU A/61/65, p. 19 ; voir aussi : Doc. ONU A/62/66/Add.2, p. 92.

9 Australian Government, 2003 ; voir aussi : « www.aires-marines.fr » (consulté le 20.03.2017) ; Doc. ONU A/62/66/Add.2, p. 92.

d'un écolabel protégé par une marque individuelle et accompagné d'un cahier des charges. En effet, l'écolabel découle du choix des entreprises du domaine et des consommateurs. Il ne nécessite pas l'aval de la communauté internationale des États et ne fait donc pas appel aux mêmes acteurs que l'adoption d'un nouveau traité. Il représente ainsi la solution alternative à privilégier, celle-ci étant réaliste et adaptée à la problématique de l'exploitation des RGM hors zones.

ANNEXE 1

Table des définitions

La majeure partie de ces termes est définie à l'aide de Wikipédia, sur conseil du Professeur Felix Kessler, Professeur en biologie et vice-recteur à l'Université de Neuchâtel.

Acide aminé	Les acides aminés sont des acides qui jouent un rôle crucial dans la structure, le métabolisme et la physiologie des cellules et des organismes vivants. Ils constituent les peptides et les protéines. (Wikipedia : fr.wikipedia.org/wiki/Acide_aminé, consulté le 20.03.2017)
ADN	L'acide désoxyribonucléique (ADN) est une macromolécule contenant l'information génétique. Elle permet le développement et le fonctionnement des êtres vivants. (Wikipedia : fr.wikipedia.org/wiki/Acide_désoxyribonucléi que, consulté le 20.03.2017)
Amino-peptide	L'amino-peptide est un polymère d'acides aminés. (Wikipedia : fr.wikipedia.org/wiki/Peptide, consulté le 20.03.2017)
Anaérobie	Un milieu anaérobie est un milieu où il n'y a pas présence d'oxygène. (Wikipedia : fr.wikipedia.org/wiki/Anaérobie, consulté le 20.03.2017)
Arthropode	Les arthropodes sont un embranchement d'animaux invertébrés munis d'un exosquelette. Les insectes, les crustacés et les arachnides en font partie. (Wikipedia : fr.wikipedia.org/wiki/Arthropode, consulté le 20.03.2017)
ARN	L'acide ribonucléique (ARN) est une molécule présente chez pratiquement tous les êtres vivants. Il est utilisé par les cellules comme support intermédiaire des gènes pour synthétiser les protéines dont elles ont besoin. (Wikipedia : fr.wikipedia.org/wiki/Acide_ribonucléique, consulté le 20.03.2017)
Archée	Les archées sont des organismes vivants composés d'une seule cellule ne possédant pas de noyau (comme les bactéries).

 | DOI 10.1163/9789004352094_021

	(Wikipedia : fr.wikipedia.org/wiki/Archaea, consulté le 20.03.2017)
Ascidie	Les ascidies sont une classe d'animaux marins, sous-embranchement des tuniciers. Leur corps a très souvent la forme d'une outre et ils sont recouverts de tunicine, une molécule proche de la cellulose qui est caractéristique des végétaux. Les ascidies sont des animaux filtreurs fixés au sol qui se nourrissent des particules nutritives présentes dans l'eau qui les traverse. (Wikipedia : fr.wikipedia.org/wiki/Ascidiacea, consulté le 20.03.2017)
Bioluminescence	La bioluminescence est la production et l'émission de lumière par un organisme vivant. Cette lumière résulte d'une réaction chimique. (Wikipedia : fr.wikipedia.org/wiki/Bioluminescence, consulté le 20.03.2017)
Biomasse	La biomasse est le volume total des organismes vivants (ou d'une catégorie de ceux-ci) mesuré dans une population, une aire géographique ou un autre échantillon. (Wikipedia : fr.wikipedia.org/wiki/Biomasse ;consulté le 20.03.2017)
Biopolymère	Les biopolymères sont des polymères produits par des êtres vivants. La cellulose et l'amidon en sont deux exemples. (Wikipedia : fr.wikipedia.org/wiki/Biopolymère, consulté le 20.03.2017)
Bioremédiation	La bioremédiation consiste en la décontamination de milieux pollués à l'aide d'organismes vivants. (Wikipedia : fr .wikipedia.org/wiki/Bioremédiation, consulté le 20.03.2017)
Chimiodiversité	La chimiodiversité se caractérise par la présence d'éléments chimiques inhabituels ou très rares des organismes vivants. (Bœuf/Kornprobst, 2009, p. 31)
Chimiosynthèse	La chimiosynthèse est la conversion biologique de molécules (souvent dioxyde de carbone ou méthane) en éléments nutritifs pour constituer de la matière organique. (Wikipedia : fr.wikipedia.org/wiki/Chimiotrophie, consulté le 20.03.2017)
Chimiosynthétique	Les organismes chimiosynthétiques sont des organismes qui utilisent la chimiosynthèse pour constituer de la matière organique. (Wikipedia : fr.wikipedia.org/wiki/Chimiotrophie, consulté le 20.03.2017)

Cnidaire	Les cnidaires sont un embranchement d'animaux relativement simples, spécifiques au milieu aquatique. Ceux-ci possèdent des cellules urticantes. Le corail, les anémones et les méduses font partie de cet embranchement. (Wikipedia : fr.wikipedia.org/wiki/Cnidaria, consulté le 20.03.2017)
Cryochirurgie	La cryochirurgie utilise du froid au cours d'une intervention chirurgicale pour détruire des cellules. (Larousse médicale : www.larousse.fr/encyclopedie/medical/cryochirurgie/12285, consulté le 20.03.2017)
Cyanobactérie	Les cyanobactéries sont un embranchement des bactéries. Elles sont photosynthétiques et certaines d'entre elles sont toxiques. (Wikipedia : fr.wikipedia.org/wiki/Cyanobacteria, consulté le 20.03.2017)
Échinoderme	Les échinodermes sont un embranchement d'animaux marins vivants sur le sol. Parmi les échinodermes, on peut citer les étoiles de mer, les oursins et les concombres de mer. (Wikipedia : fr.wikipedia.org/wiki/Echinodermata, consulté le 20.03.2017)
Endémisme	L'endémisme caractérise la présence naturelle d'un groupe biologique exclusivement dans une région géographique délimitée. Le koala est par exemple une espèce endémique à l'Australie. (Wikipedia : fr.wikipedia.org/wiki/Endémisme, consulté le 20.03.2017)
Exopolysaccharide	Les exopolysaccharides sont des métabolites excrétés par des organismes vivants. (Wikipedia : fr.wikipedia.org/wiki/Polysaccharide, consulté le 20.03.2017)
Foraminifère	Les foraminifères sont des petits organismes, souvent unicellulaires, mais pouvant s'associer en colonie. Ils sont caractérisés par un squelette minéral perforé. (Wikipedia : fr.wikipedia.org/wiki/Foraminifera consulté le 20.03.2017)
Gène	Le gène est une unité de base d'hérédité qui en principe prédétermine un trait précis de la forme d'un organisme vivant. L'information génétique est comme un plan architectural du vivant. (Wikipedia : fr.wikipedia.org/wiki/Gène, consulté le 20.03.2017)

Glycoprotéine	Les glycoprotéines sont des types de protéines. (Wikipedia : fr.wikipedia.org/wiki/Glycoprotéine, consulté le 20.03.2017)
Halieutique	Qui concerne la pêche, entre autres en mer. (CNRTL : www.cnrtl.fr/definition/halieutique, consulté le 20.03.2017)
Hauturière	Il est question de pêche hauturière lorsque cette dernière est pratiquée en haute mer. (Wikipedia : fr.wikipedia.org/wiki/Navigation_maritime, consulté le 20.03.2017)
Hybridation	L'hybridation est le croisement de deux individus possédant un ou plusieurs caractères taxinomiques distincts. (Wikipedia : fr.wikipedia.org/wiki/Hybridation, consulté le 20.03.2017)
Hyperthermophile	Les organismes hyperthermophiles sont des organismes qui vivent à des endroits où la température est extrêmement élevée. Ils peuvent vivre et se multiplier à des températures supérieures à 80° C, mais sont incapables de croître à des températures inférieures à 60° C. Ils font partie des organismes extrémophiles. (Wikipedia : fr.wikipedia.org/wiki/Organisme_thermophile, consulté le 20.03.2017)
Krill	Les krills sont des invertébrés, comme les crevettes, qui vivent en essaim dans les océans. (Wikipedia : fr.wikipedia.org/wiki/Krill_antarctique et en .wikipedia.org/wiki/Krill, consultés le 20.03.2017)
Marge continentale	La marge continentale est la zone sous-marine située au bord des continents. Sa limite se situe au niveau de la plaine abyssale. (Wikipédia : fr.wikipedia.org/wiki/Marge_continentale consultée le 20.03.2017)
Métabolite	Les métabolites sont des composés organiques. Ce terme est généralement réservé aux petites molécules. Les métabolites secondaires ne participent pas directement aux processus vitaux de la cellule, mais assurent néanmoins des fonctions écologiques importantes. (Wikipedia : fr.wikipedia.org/wiki/Métabolite, consulté le 20.03.2017)
Nodule	Les nodules sont des masses globuleuses rocheuses de quelques centimètres à quelques mètres qui, par leur

	composition et/ou leur structure, diffèrent de la roche dans laquelle elles sont incluses. (Wikipedia : fr.wikipedia.org/wiki/Nodule, consulté le 20.03.2017)
Photosynthèse	La photosynthèse est le processus qui permet aux végétaux, aux algues et à certaines bactéries de synthétiser la matière organique grâce à la lumière. (Wikipédia : fr.wikipedia.org/wiki/Photosynthèse, consulté le 20.03.2017)
Photosynthétique	Les organismes photosynthétiques sont des organismes qui utilisent la lumière pour synthétiser la matière organique. (Wikipedia : fr.wikipedia.org/wiki/Photosynthèse, consulté le 20.03.2017)
Polysaccharides	Les polysaccharides sont des polymères. Les polysaccharides les plus répandus dans le règne végétal sont la cellulose et l'amidon. (Wikipedia : fr.wikipedia.org/wiki/Polysaccharide, consulté le 20.03.2017)
Polymérase	Les polymérases sont des enzymes qui ont pour rôle la synthèse d'un brin d'ADN ou d'ARN. (Wikipedia : fr.wikipedia.org/wiki/Polymérase, consulté le 20.03.2017)
Polymère	Le polymère est une macromolécule. Les fibres végétales (bois, papier), les fibres animales (cuir, soie, laine), les matières plastiques, les caoutchoucs font partie des polymères les plus connus. (Wikipédia : fr.wikipedia.org/wiki/Polymère, consulté le 20.03.2017)
Protéase	Les protéases sont des enzymes. Elles interviennent dans la maturation des protéines, dans la digestion, dans la coagulation du sang ou dans la cicatrisation. Certaines protéases sont toxiques comme la toxine botulique. (Wikipedia : fr.wikipedia.org/wiki/Peptidase, consulté le 20.03.2017)
Protéine	La protéine est une macromolécule composée d'une ou de plusieurs chaines d'acides aminés. (Wikipedia : fr.wikipedia.org/wiki/Protéine, consulté le 20.03.2017)
Sédentaire	Les organismes sédentaires sont des organismes dont le mode de vie est caractérisé par une fréquence faible, voire

	nulle, des déplacements. La plupart de ces organismes restent fixés au sol. (Wikipédia : fr.wikipedia.org/wiki/Sédentarité, consulté le 20.03.2017)
Symbiose	La symbiose est une association durable entre deux êtres vivants appartenant à des espèces différentes. Les organismes impliqués dans la symbiose sont appelés symbiotes. (Wikipedia : fr.wikipedia.org/wiki/Symbiose, consulté le 20.03.2017)
Synthèse	La synthèse biologique est la formation de matière organique par un organisme vivant à partir de constituants minéraux ou organiques. La synthèse chimique est la mise en œuvre d'un enchainement de réactions chimiques par le chimiste dans le but d'obtenir un ou plusieurs produits finaux. (Wikipedia : fr.wikipedia.org/wiki/Synthèse et fr.wikipedia.org/wiki/Synthèse_chimique, consulté le 20.03.2017)
Tunicier	Les tuniciers sont des animaux possédant une tunique produite par l'épiderme et recouverte par une cuticule. Les larves nagent librement, quant aux adultes, ils peuvent être libres ou sessiles. (Wikipedia : fr.wikipedia.org/wiki/Tunicata, consulté le 20.03.2017)

ANNEXE 2

Schéma taxinomique

(*Schéma inspiré par Lévêque/Mounolou, 2008, p. 20.*)

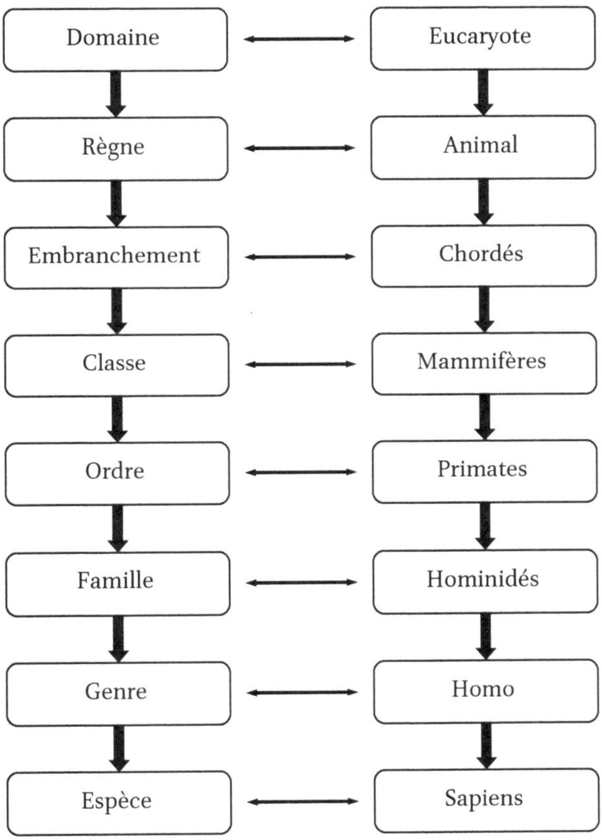

 | DOI 10.1163/9789004352094_022

Bibliographie

L'état de la législation, de la jurisprudence, des documents officiels et de la doctrine ont été pris en compte jusqu'au 15 mars 2017.

Accords, Conventions, Protocoles, Traités Internationaux

Accord sur les aspects des droits de propriété intellectuelle qui touchent au commerce, Annexe 1.C de l'Accord instituant l'Organisation mondiale du commerce, conclu à Marrakech le 15 avril 1994 (Accord ADPIC) (RS 0.632.20).

Accord général sur les tarifs douaniers et le commerce, conclu à Genève le 30 octobre 1947 (GATT) (RS 632.21).

Accord aux fins de l'application des dispositions de la Convention des Nations Unies sur le droit de la mer du 10 décembre 1982 relatives à la conservation et à la gestion des stocks de poissons chevauchants et des stocks de poissons grands migrateurs, conclu à New York le 4 août 1995 (Accord sur les stocks chevauchants et les grands migrateurs).

Accords multilatéraux sur le commerce des marchandises, Annexe 1.A de l'Accord instituant l'Organisation mondiale du commerce, conclu à Marrakech le 15 avril 1994 (RS 0.632.20).

Accord sur les obstacles techniques au commerce, conclu à Genève le 12 avril 1979 (Accord OTC) (RS 0.632.231.41).

Accord instituant l'Organisation mondiale du commerce, conclu à Marrakech le 15 avril 1994 (Accord OMC) (RS 0.632.20).

Accord relatif à l'application de la partie XI de la Convention des Nations Unies sur le droit de la mer du 10 décembre 1982, conclu à New York le 28 juillet 1994 (RS 0.747.305.151).

Accord relatif au programme international pour la conservation des dauphins (AIDCP), entré en force en février 1999.

Accord visant à favoriser le respect par les navires de pêche en haute mer des mesures internationales de conservation et de gestion, conclu à Rome le 29 novembre 1993.

Convention sur le commerce international des espèces de faune et de flore sauvages menacées d'extinction, signée à Washington le 3 mars 1973 (CITES) (RS 0.453).

Convention sur la diversité biologique, conclue à Rio de Janeiro le 5 juin 1992 (CDB) (RS 0.451.43).

Convention sur la haute mer, conclue à Genève le 29 avril 1958 (RS 0.747.305.12).

Convention internationale sur la pêche et la conservation des ressources biologiques de la haute mer, conclue à Genève le 29 avril 1958 (RS 0.923.05).

Convention internationale pour la réglementation de la chasse à la baleine, conclue à Washington le 2 décembre 1946 (RS 0.922.74).

Convention sur la mer territoriale et la zone contiguë, conclue à Genève le 29 avril 1958 (RS 0.747.305.11).

Convention des Nations Unies sur le droit de la mer, conclue à Montego Bay le 10 décembre 1982 (CNUDM) (RS 0.747.305.15) (anglais : UNCLOS).

Convention de Paris pour la protection de la propriété industrielle, adoptée en 1883, révisée en dernier lieu par l'acte de Stockholm (1967) (CUP) (RS 0.232.04).

Convention sur le plateau continental, conclue à Genève le 29 avril 1958 (RS 0.747.305.13).

Convention sur la protection du patrimoine subaquatique, UNESCO, Conférence Générale, 31e session, doc 31 C/64, 2001.

Convention de l'Union Internationale pour la protection des obtentions végétales, conclue à Paris le 2 décembre 1961 (RS 0.232.161).

Convention de Vienne sur le droit des traités, conclue à Vienne le 23 mai 1969 (CVDT) (RS 0.111).

Protocole de Nagoya sur l'accès aux ressources génétiques et le partage juste et équitable des avantages découlant de leur utilisation relatif à la Convention sur la diversité biologique, conclu à Nagoya le 29 octobre 2010 (RS 0.451.432).

Traité sur l'Antarctique, conclu à Washington le 1er décembre 1959 (RS 0.121).

Traité de Budapest sur la reconnaissance internationale du dépôt des micro-organismes aux fins de la procédure en matière de brevets, conclu à Budapest le 28 avril 1977 (RS 0.232.145.1).

Traité de coopération en matière de brevets, conclu à Washington le 19 juin 1970 (PCT) (RS 0.232.141.1).

Traité international sur les ressources phytogénétiques pour l'alimentation et l'agriculture, conclu à Rome le 3 novembre 2001 (TIRPGAA) (RS 0.910.6).

Codes de Conduite, Déclarations, Engagements, Lignes Directrices, Règlements Internationaux

Code de conduite pour une pêche responsable, Organisation des Nations Unies pour l'alimentation et l'agriculture, Rome, 1995.

Déclaration sur l'accord sur les ADPIC et la santé publique, adoptée le 14 novembre 2001 à Doha.

Engagement international sur les ressources phytogénétiques (Résolution 8/83), adoptée le 23 novembre 1983.

Lignes directrices de Bonn sur l'accès aux ressources génétiques et le partage juste et équitable des avantages résultant de leur utilisation, Secrétariat de la Convention sur la diversité biologique, 2002.

Règlement relatif à la prospection et à l'exploration des nodules polymétalliques dans la Zone, adopté le 13 juillet 2000 à Kingston.

Conventions et Directives Européennes

Convention sur le brevet européen, conclue à Munich le 5 octobre 1973, révisée à Munich le 29 novembre 2000 (CBE) (RS 0.232.142.2).
Directives relatives à l'examen pratiqué à l'Office européen des brevets, novembre 2015.

Lois Suisses

Loi fédérale sur les brevets d'invention du 25 juin 1974 (LBI) (RS 232.14).
Loi fédérale sur la protection des marques et des indications de provenance du 28 août 1992 (LPM) (RS 232.11).
Loi fédérale sur la protection de la nature et du paysage du 1er juillet 1966 (LPN) (RS 451).

Messages du Conseil Fédéral

Message portant approbation du Protocole de Nagoya sur l'accès aux ressources génétiques et le partage juste et équitable des avantages découlant de leur utilisation (Protocole de Nagoya) et mise en œuvre dudit Protocole (loi fédérale sur la protection de la nature et du paysage) du 10 avril 2013, FF 2013–2659 (cité : Message Nagoya).
Message concernant la modification de la loi sur les brevets et l'arrêté fédéral portant approbation du Traité sur le droit des brevets et du Règlement d'exécution du 25 novembre 2005, FF 2006–1.

Lois, Directives et Règlements Étrangers

Directive 98/44/CE du Parlement européen et du Conseil du 6 juillet 1998 relative à la protection juridique des inventions biotechnologiques.
États-Unis, Organic Foods Production Act of 1990.
États-Unis, Title 35 of the United State Code — Patent.
États-Unis, U.S. Trademark Law, 15 U.S.C. § 1051 et seq. (Consolidated Trademark Law as of December 2009).
Grande-Bretagne, Trade Marks Act 1994.

Norvège, Patents Act (Act No. 9 of 15 December, 1967, as last amended by Act No. 20 of May 2004).

Règlement UE No 271/2010 de la Commission du 24 mars 2010 modifiant le règlement (CE) no 889/2008 portant modalités d'application du règlement (CE) no 834/2007 du Conseil en ce qui concerne le logo de production biologique de l'Union européenne.

Arrêts, Avis Consultatifs, Sentences Arbitrales

Arrêts C.I.J.

Affaire du Plateau continental de la mer du Nord, arrêt C.I.J., Recueil 1969.

Affaire du Détroit de Corfou, arrêt C.I.J., Recueil 1949.

Affaire de la compétence en matière de pêcheries (*République fédérale d'Allemagne c. Islande*), arrêt C.I.J., Recueil 1973.

Affaire de la compétence en matière de pêcheries (*Royaume-Uni c. Islande*), fond, arrêt C.I.J., Recueil 1974.

Avis Consultatifs C.I.J.

Licéité de la menace ou de l'emploi d'armes nucléaires, avis consultatif, C.I.J. Recueil 1996, p. 226.

Sentences Arbitrales

Texaco-Calasiatic c. Gouvernement libyen, sentence arbitrale au fond du 19 janvier 1977, in : Journal du Droit International, vol. 104, 1977, pp. 350 ss.

Trail smelter case (*United States, Canada*), 16 April 1938 and 11 March 1941, in : ONU, Recueil des sentences arbitrales, Vol. III, pp. 1905–1982.

Arrêts GATT et OMC

Affaire Thons-dauphins I Mexique etc./Etats-Unis, GATT, Rapport États-Unis—Restriction à l'importation de thon, DS21/R — 39S/155, 3 septembre 1991.

Affaire États-Unis-Thon II (*Mexique*), OMC, Règelement des différents, Affaire DS381, États-Unis — Mesures concernant l'importation, la commercialisation et la vente de thon et de produits du thon. (état du différent au 29 juillet 2016).

Arrêts OEB

Affaire T31/03-3.3.08 Animaux transgéniques/ HARVARD, Décision des chambres de recours T315/03-3.3.8, décision du 6 juillet 2004, in : Journal officiel OEB, 1/2006, pp. 15–82.

Affaire T 0272/95 Relaxin/Howard Florey Institute, Chambre de recours de l'Office européen des brevets, décision du 23 octobre 2002.

Affaire Pelargonium, Office Européen des Brevets, décision du 20 avril 2010.

Arrêts Américains

Diamond v. Chakrabarty, Supreme Court of the United States, 447 U.S. 303, June 16, 1980.

Roche Products Inc. v. Bolar Pharmaceutical Co., Inc., U.S. Court of Appeals for the Federal Circuit — 733 F.2d 858, April 23, 1984.

Amgen, Inc., Plaintiff/cross-appellant, v. Chugai Pharmaceutical Co., Ltd., and Genetics Institute,inc., United States Court of Appeal for the Federal Circuit, 927 F.2d 1200, May 20, 1991.

Association for Molecular Pathology et al. V. Myriad Genetics, Inc., et al., Supreme Court of the United States, No. 569 U.S. 12–398, June 13, 2013.

Arrêts Italien

Chierici and Rosa v. Ministry of the Merchant Navy and Harbour Office of Rimini, Council of State, in : International Law Report (ILR) 71, 1986, pp. 258 ss.

Rapports, Résolutions ONU

Doc. ONU A/1858, Report of the International Law Commission covering the work of its third session, 16 May-27 July 1951.

Doc. ONU A/2456, Report of the International Law Commission covering the work of its fifth session, 1 June-14 August 1953.

Doc. ONU A/59/62, Assemblée générale de l'ONU, Les océans et le droit de la mer, Rapport du Secrétaire général, 4 mars 2004.

Doc. ONU A/59/62/Add.1, Assemblée générale de l'ONU, Les océans et le droit de la mer, Rapport du Secrétaire général, Additif, 18 août 2004.

Doc. ONU A/59/122, Assemblée générale de l'ONU, Rapport sur les travaux du Processus consultatif officieux des Nations Unies ouvert à tous sur les océans et le droit de la mer, Lettre datée du 29 juin 2004, adressée au Président de l'Assemblée générale par les Coprésidents du Processus consultatif, 1er juillet 2004.

Doc. ONU A/60/63/Add.1, Assemblée générale de l'ONU, Les océans et le droit de la mer, Rapport du Secrétaire général, 15 juillet 2005.

Doc. ONU A/61/65, Assemblée générale de l'ONU, Rapport du Groupe de travail spécial officieux à composition non limitée chargé d'étudier les questions relatives à la conservation et à l'exploitation durable de la biodiversité marine dans les zones situées au-delà de la juridiction nationale, Lettre d'envoi datée du 9 mars 2006, adressée au Président de l'Assemblée générale par les coprésidents du Groupe de travail, 20 mars 2006.

Doc. ONU A/62/66, Assemblée générale de l'ONU, Les océans et le droit de la mer, Rapport du Secrétaire général, 12 mars 2007.

Doc. ONU A/62/66/Add.2, Assemblée générale de l'ONU, Les océans et le droit de la mer, Rapport du Secrétaire général, 10 septembre 2007.

Doc. ONU A/62/169, Assemblée générale de l'ONU, Rapport sur les travaux du Processus consultatif officieux ouvert à tous sur les océans et le droit de la mer à sa huitième réunion, Lettre datée du 30 juillet 2007, adressée au Président de l'Assemblée générale par les coprésidents du Processus consultatif, 30 juillet 2007.

Doc. ONU A/64/66/Add.2, Assemblée générale de l'ONU, Les océans et le droit de la mer, Rapport du Secrétaire général, 19 octobre 2009.

Doc. ONU A/65/68, Assemblée générale de l'ONU, Lettre datée du 16 mars 2010, adressée au Président de l'Assemblée générale par les Coprésidents du Groupe de travail spécial informel à composition non limitée, 17 mars 2010.

Doc. ONU A/66/70, Assemblée générale de l'ONU, Les océans et le droit de la mer, Rapport du Secrétaire général, 22 avril 2011.

Doc. ONU A/66/70/Add.2, Assemblée générale de l'ONU, Les océans et le droit de la mer, Rapport du Secrétaire général, 29 août 2011.

Doc. ONU A/68/399, Assemblée générale de l'ONU, Lettre datée du 23 septembre 2013, adressée au Président de l'Assemblée générale par les Coprésidents du Groupe de travail spécial officieux à composition non limitée, 23 septembre 2013.

Doc. ONU A/69/177, Assemblée générale de l'ONU, Lettre datée du 25 juillet 2014, adressée au Président de l'Assemblée générale par les coprésidents du Groupe de travail spécial officieux à composition non limitée, 23 juillet 2014.

Doc. ONU A/69/780, Assemblée générale de l'ONU, Lettre datée du 13 février 2015, adressée au Président de l'Assemblée générale par les Coprésidents du Groupe de travail spécial officieux à composition non limitée, 13 février 2015.

Doc. ONU A/69/L.65, Assemblée générale de l'ONU, Élaboration, dans le cadre de la Convention des Nations Unies sur le droit de la mer, d'un instrument international juridiquement contraignant sur la conservation et l'exploitation durable de la biodiversité marine dans les zones situées au-delà des limites de la juridiction nationale, 11 mai 2015.

Doc. ONU A/70/74, Assemblée générale de l'ONU, Les océans et le droit de la mer, Rapport du Secrétaire général, 30 mars 2015.

Doc. ONU A/71/74, Assemblée générale de l'ONU, Les océans et le droit de la mer, Rapport du Secrétaire général, 22 mars 2016.

Doc. ONU A/71/204, Report on the work of the United Nations Open-ended Informal Consultative Process on Oceans and the Law of the Sea at its seventeenth meeting, Letter dated 20 July 2016 from the Co-Chairs of the informal Consultative Process addressed to the President of the General Assembly, 25 July 2016.

Doc. ONU A/Conf.62/C.3/L.17, Third United Nations Conference on the Law of the Sea, Texts on Items 13 and 14 (Marine Scientific Research and Development and Transfer of Technology) reproduced in Official Records of the Third United Nations Conference on the Law of the Sea, Second Session, Caracas, 20 June-29 August 1974.

Doc. ONU A/PV.1833, Assemblée générale de l'ONU, Agenda Item 32, 15 décembre 1969.

Doc ONU A/RES/59/24, Assemblée générale de l'ONU, Résolution adoptée par l'Assemblée générale, 59/24 Les océans et le droit de la mer, 4 février 2005.

Doc. ONU A/RES/34/68, Assemblée générale de l'ONU, Accord régissant les activités des États sur la Lune et les autres corps célestes, 5 décembre 1979 (cité : Accord sur la Lune).

Doc. ONU A/RES/48/263, Assemblée générale de l'ONU, Résolution adoptée par l'Assemblée générale, 48/263, Accord relatif à l'application de la partie XI de la Convention des Nations Unies sur le droit de la mer du 10 décembre 1982, 17 août 1994.

Doc. ONU A/RES/47/192, Assemblée générale de l'ONU, Résolution adoptée par l'Assemblée générale, 47/192 Conférence des Nations Unies sur les stocks de poissons dont les déplacements s'effectuent tant à l'intérieur qu'au-delà de zones économiques exclusives et les stocks de poissons grands migrateurs, 29 janvier 1993.

Doc. ONU A/RES/68/70, Les océans et le droit de la mer, Résolution adoptée par l'Assemblée générale le 9 décembre 2013, 27 février 2014.

Doc. ONU A/RES/69/292, Élaboration d'un instrument international juridiquement contraignant se rapportant à la Convention des Nations Unies sur le droit de la mer et portant sur la conservation et l'utilisation durable de la biodiversité marine des zones ne relevant pas de la juridiction nationale, Résolution adoptée par l'Assemblée générale le 19 juin 2015, 06 juillet 2015.

Doc. ONU Preparatory Committee established by General Assembly resolution 69/292: Development of an international legally binding instrument under the United Nations Convention on the Law of the Sea on the conservation and sustainable use of marine biological diversity of areas beyond national jurisdiction, Chair's overview of the first session of the Preparatory Committee, avril 2016 (cité : Doc. ONU, Chair's overview of the first session, 2016).

Doc. ONU Résolution 1803 (XVII), Assemblée générale de l'ONU, Souveraineté permanente sur les ressources naturelles, 14 décembre 1962.

Doc. ONU Résolution 2340 (XXII), Examen de la question de l'affectation à des fins exclusivement pacifiques du lit des mers et des océans ainsi que de leur sous-sol, en haute mer, au-delà des limites de la juridiction nationale actuelle, et de l'exploitation de leurs ressources dans l'intérêt de l'humanité, 18 décembre 1967.

Doc. ONU Résolution 2574 (XXIV), Question de l'affectation à des fins exclusivement pacifiques du fond des mers et des océans ainsi que de leur sous-sol, en haute mer, au-delà des limites de la juridiction nationale actuelle, et de l'exploitation de leurs ressources dans l'intérêt de l'humanité. (Cette résolution est soutenue principalement par les pays en développement. Sur les questions centrales, les pays industrialisés se sont soit opposés, soit abstenus), 15 décembre 1969.

Doc. ONU Résolution 2749 (XXV), Déclaration des principes régissant le fond des mers et des océans, ainsi que le sous-sol, au-delà des limites de la juridiction nationale, 17 décembre 1970.

Doc. ONU Résolution 3067 (XXVIII), Affectation à des fins exclusivement pacifiques du fond des mers et des océans ainsi que de leur sous-sol, en haute-mer, au delà des limites de la juridiction nationale actuelle et exploitation de leurs ressources dans l'intérêt de l'humanité, et convocation de la troisième conférence des Nations Unies sur le droit de la mer, 16 novembre 1973.

Doc. ONU Résolution 3281 (XXIX), Charte des droits et devoirs économiques des États, 12 décembre 1974.

Travaux Préparatoires et Révision ADPIC

Doc. OMPI MTN.GNG/NG11/W/12/Rev.1, Negotiating Group on Trade-Related Aspects of Intellectual Property Rights, including Trade in Counterfeit Goods, Compilation of Written Submissions and Oral Statements, Prepared by the Secretariat, 16 February 1988.

Doc. OMPI MTN.GNG/NG11/W/24/Rev.1, Negotiating Group on Trade-Related Aspects of Intellectual Property Rights, including Trade in Counterfeit Goods, Existence, Scope and Form of Generally Internationally Accepted and Applied Standards/Norms for the Protection of Intellectual Property, 15 September 1988.

Doc. OMPI MTN.GNG/NG11/7, Negotiating Group on Trade-Related Aspects of Intellectual Property Rights, including Trade in Counterfeit Goods, Meeting of Negociating Group of 16–19 May 1988, 21 June 1988.

Doc. OMPI MTN.GNG/NG11/8, Negotiating Group on Trade-Related Aspects of Intellectual Property Rights, including Trade in Counterfeit Goods, Meeting of Negociating Group of 5–8 July 1988, 29 August 1988.

Doc. OMPI MTN.GNG/NG11/9, Negotiating Group on Trade-Related Aspects of Intellectual Property Rights, including Trade in Counterfeit Goods, Meeting of Negociating Group of 12–14 September 1988, 13 October 1988.

Doc. OMPI MTN.GNG/NG11/14, Negotiating Group on Trade-Related Aspects of Intellectual Property Rights, including Trade in Counterfeit Goods, Meeting of Negociating Group of 12–14 July 1989, 12 September 1989.

Doc. OMPI MTN.GNG/NG11/16, Negotiating Group on Trade-Related Aspects of Intellectual Property Rights, including Trade in Counterfeit Goods, Meeting of Negociating Group of 30 October-2 Novembrer 1989, 4 December 1989.

Doc. OMPI MTN.GNG/NG11/17, Negotiating Group on Trade-Related Aspects of Intellectual Property Rights, including Trade in Counterfeit Goods, Meeting of Negociating Group of 11, 12 and 14 December 1989, 23 January 1990.

Doc. OMPI MTN.GNG/NG11/20, Negotiating Group on Trade-Related Aspects of Intellectual Property Rights, including Trade in Counterfeit Goods, Meeting of Negociating Group of 2, 4 and 5 April 1990, 24 April 1990.

Doc. OMPI MTN.GNG/NG11/21, Negotiating Group on Trade-Related Aspects of Intellectual Property Rights, including Trade in Counterfeit Goods, Meeting of Negociating Group of 14–16 May 1990, 22 June 1990.

Rapports OMC

Doc. OMC WT/GC/W/302 : Review of TRIPS article 27.3(b) : proposals submitted in the WTO « www.geneva.quno.info/pdf/27.3b%2520proposals.pdf » (consulté le 28.06.2016).

Résolution Institut de Droit International

Résolution adoptée par l'Institut de Droit international, *Textes internationaux ayant une portée juridique dans les relations mutuelles entre leurs auteurs et textes qui en sont dépourvus*, Septième commission, Rapporteur, M. Virally, 29 août 1983.

Déclarations par les États

EU Presidency Statement — Working Group on Marine Biodiversity, Agenda Item 5c, 15 February 2006, « eu-un.europa.eu/eu-presidency-statement-%C2%96-working-group-on-marine-biodiversity-agenda-item-5c/ » (consulté le 20.03.2017), (cité : EU Presidency Statement, 15 February 2006).

EU Presidency Statement — United Nations 6th Committee: Agenda item 5(d) Genetic resources beyond areas of national jurisdiction, 30 May 2008, « eu-un.europa.eu/eu-presidency-statement-united-nations-6th-committee-agenda-item-5d-%C2%96-genetic-resources-beyond-areas-of-national-jurisdiction/ » (consulté le 20.03.2017), (cité : EU Presidency Statement, 30 May 2008).

EU Statement — United Nations General Assembly: Working Group on marine biological diversity beyond national jurisdiction, item 5, 9 May 2012, « eu-un.europa.eu/eu-statement-%C2%96-united-nations-general-assembly-working-group-on-marine-biological-diversity-beyond-national-jurisdiction-item-5/ » (consulté le 20.03.2017), (cité : EU Statement, item 5, 9 May 2012).

EU Statement — United Nations General Assembly: Working Group on marine biological diversity beyond national jurisdiction, item 6, 9 May 2012, « eu-un.europa.eu/eu-statement-%C2%96-united-nations-general-assembly-working-group-on-marine-biological-diversity-beyond-national-jurisdiction-item-6/ » (consulté le 20.03.2017), (cité : EU Statement, item 6, 9 May 2012).

EU Statement — United Nations Preparatory Committee on Biological Diversity beyond National Jurisdiction (BBNJ) : Marine Genetic Resources, 30 March 2016, « eu-un.europa.eu/eu-statement-united-nations-preparatory-committee-on-biological-diversity-beyond-national-jurisdiction-bbnj-marine-genetic-resources/ » (consulté le 20.03.2017), (cité : EU Statement, 30 March 2016).

Statement by the United States, Biodiversity Beyond National Jurisdiction — Consideration of Marine Genetic Resources, including Questions on the Sharing of Benefits Statement of the United States, 30 March 2016, « statements.unmeetings.org/media2/7656957/73-usa.pdf » (consulté le 20.03.2017), (cité : Statement by the United States, 30 March 2016).

Statement on behalf of the Group of 77 and China by Mr. Farid Dahmane, Permanent Mission of Algeria to the United Nations, at the Ad hoc Open-ended Informal Working Group to study issues relating to the conservation and sustainable use of marine biological diversity beyond areas of national jurisdiction, New York, 7 May 2012, « www.g77.org/statement/getstatement.php?id=120507a » (consulté le 20.03.2017) (cité : Statement on behalf of the Group of 77 and China, 7 May 2012).

Statement on behalf of the G77 and China by His Excellency, Ambassador Kingsley J.N. Mamabolo, Permanent Representative of the Republic of South Africa to the United Nations, at the meeting of the Ad hoc Open-ended Informal Working Group to Study Issues Relating to the Conservation and Sustainable Use of Marine Biological Diversity of Areas Beyond National Jurisdiction, New York, 20 January 2015, « www.g77.org/statement/getstatement.php?id = 150120b » (consulté le 20.03.2017), (cité : Statement on behalf of the G77 and China, 20 January 2015).

Statement by Thailand on behalf of the G77 and China, Consideration of marine genetic resources including questions on the sharing of benefits, 30 March 2016, « statements.unmeetings.org/media2/7656941/73-thailand-g77.pdf » (consulté le 20.03.2017), (cité : Statement by Thailand on behalf of the G77 and China, 30 March 2016).

Statement by Thailand on behalf of G77 and China, Intervention of the Kingdom of Thailand on behalf of the Group of 77 and China — Information Working Group on MGRs including the questions on the sharing of benefits, 1 April 2016, « statements.unmeetings.org/media2/7657086/1-april-10am-mgrs-including-the-sharing-of-benefits.pdf » (consulté de 20.03.2017), (cité : Statement by Thailand on behalf of G77 and China, 1 April 2016).

Intervention on behalf of the Group of 77 and China by Ms. Prim Masrinuan, Counsellor, on Cross Cutting Issues at the 2nd Prepcom Meeting on Conservation and Sustainable Use of Marine Biological Diversity of Areas Beyond National Jurisdiction (BBNJ), New York, 8 September 2016, « www.g77.org/statement/getstatement.php?id=160908b » (consulté le 20.03.2017), (cité : Intervention on behalf of the Group of 77 and China, 8 September 2016).

Documents IISD

Doc. IISD, « Summary of the third meeting of the working group on marine biodiversity in areas beyond national jurisdiction : 1–5 February 2010 », *in : Briefing Note on the WG on Marine Biodiversity*, International Institute for Sustainable Development (IISD), 08.02.2010 « www.iisd.ca/oceans/marinebiodiv3/brief/brief_marinebiodiv3.pdf » (consulté le 20.03.2017), (cité : Doc. IISD, 08.02.2010).

Doc. IISD, Résumé de la conférence des Nations Unies pour le développement durable : 13–22 juin, *in : Bulletin des Négociations de la Terre*, Vol 27, n° 51, Institut International du Développement Durable (IISD), 25.06.2012, « www.iisd.ca/download/pdf/enb2751f.pdf » (consulté le 20.03.2017), (cité : Doc IISD, 25.06.2012).

Doc. IISD, « Summary of the seventh meeting of the working group on marine biodiversity beyond areas of national jurisdiction : 20–23 January 2015 », *in : Briefing Note on the WG on Marine Biodiversity*, Institut International du Développement Durable (IISD), 07. 04. 2014, « www.iisd.ca/oceans/marinebiodiv7/brief/brief_marinebiodiv7e.pdf » (consulté le 20.03.2017), (cité : Doc. IISD, 07.04.2014).

Doc. IISD, « Summary of the ninth meeting of the working group on marine biodiversity beyond areas of national jurisdiction : 20–23 January 2015 », *in : Earth Negotiations Bulletin*, Vol 25, n° 94, Institut International du Développement Durable (IISD), 26.01.2015, « www.iisd.ca/download/pdf/enb2594e.pdf » (consulté le 20.03.2017), (cité : Doc. IISD, 26.01.2015).

Doc. IISD, « Faits marquants de la conférence de Paris: Mercredi 9 décembre 2015 », *in : Bulletin des Négociations de la Terre*, Vol 12, n° 661, Institut International du Développement Durable (IISD), 10.12.2015, « www.iisd.ca/download/pdf/enb12661f.pdf » (consulté le 20.03.2017), (cité: Doc. IISD, 10.12.2015).

Doc. IISD, « Compte-rendu de la première session du comité préparatoire sur la biodiversité marine dans les zones situées au-delà des limites de la juridiction nationale : 28 mars-8 avril 2016 », *in : Bulletin des Négociations de la Terre*, Vol 25, n° 106, Institut International du Développement Durable (IISD), 11.04.2016, « www.iisd.ca/download/pdf/enb25106f.pdf » (consulté le 20.03.2017), (cité : Doc. IISD, 11.04.2016).

Doc. IISD, « Résumé de la dix-septième réunion du processus consultatif non officiel des Nations Unies à composition non limitée sur les océans et le droit de la mer : 13–17 juin 2016 », 20.06.2016, « www.iisd.ca/download/pdf/enb25107f.pdf » (consulté le 20.03.2017), (cite: Doc. IISD, 20.06.2016).

Doc. IISD, « Faits marquants de la PrepCom 2 : vendredi 26 août 2016 », *in : Bulletin des Négociations de la Terre*, Vol 25, n° 109, Institut International du Développement Durable (IISD), 29.08.2016, « www.iisd.ca/download/pdf/enb25109f.pdf » (consulté le 20.03.2017), (cité : Doc. IISD, 29.08.2016).

Doc. IISD, « Faits marquants de la PrepCom 2 : lundi 29 août 2016 », *in : Bulletin des Négociations de la Terre*, Vol 25, nº 110, Institut International du Développement Durable (IISD), 30.08.2016, « www.iisd.ca/download/pdf/enb25110f.pdf » (consulté le 20.03.2017), (cité : Doc. IISD, 30.08.2016).

Doc. IISD, « Compte-rendu de la deuxième session du comité préparatoire sur la biodiversité marine dans les zones situées au-delà des limites de la juridiction nationale : 26 août-9 septembre 2016 », *in : Bulletin des Négociations de la Terre*, Vol 25, nº 118, Institut International du Développement Durable (IISD), 12.09.2016, « www.iisd.ca/download/pdf/enb25118f.pdf » (consulté le 20.03.2017), (cité : Doc. IISD, 12.09.2016).

Bibliographie Générale

Abbott, Frederick M./Cottier, Thomas/Gurry, Francis : *The international intellectual property system : commentary and materials*, Kluwer Law International, The Hague 1999.

Abi-Saab, Georges : « Éloge du « droit assourdi » : quelques réflexions sur le rôle de la « soft law » en droit international contemporain », *in :* Abi-Saab, Georges: *Le développement du droit international : réflexions d'un demi-siècle*, PUF, Paris 2013, pp. 137–144.

Allem, Antonio : « The Terms Genetic Resource, Biological Resource, and Biodiversity Examined » *in : The Environmentalist*, Vol. 20, 2000, pp. 335–341.

Allen, Craig H. : « Protecting the Oceanic Gardens of Eden : International Law Issues in Deep-Sea Vent Resource Conservation and Management », *in : Georgetown International Environmental Law Review*, 2001, pp. 563–660.

Ardault, Karine/Dormoy, Daniel : « Article 40 » *in :* Corten, Olivier/Klein, Pierre: *Les Conventions de Vienne sur le droit des traités : commentaire article par article*, Bruylant, Bruxelles 2006, pp. 1547–1557.

Ardron, Jeff A./Rayfuse, Rosemary/Gjerde, Kristina, et al : « The sustainable use and conservation of biodiversity in ABNJ : What can be achieved using existing international agreements? », *in : Marine Policy*, nº 49, 2014, pp. 98–108.

Arico, Salvatore/Salpin, Charlotte: *Bioprospecting of Genetic Ressources in the Deep Seabed: Scientific, Legal and Policy Aspects*, UNU-IAS, 2005.

Armas-Pfirter, Frida M. : « The Management of Seabed Living Resources in « the Area » under UNCLOS » *in: Revista Electronica de Estudios Internacionales*, nº 11, 2006.

Armas-Pfirter, Frida M. : « How Can Life in the Deep Sea Be Protected? », *in: The International Journal of Marine and Coastal Law*, nº 24, 2009, pp. 281–307.

Arnaud-Haond, Sophie/Arrieta, Jesus M./Duarte, Carlos M. : « Marine Biodiversity and Gene Patents. » *in: Sciencemag,* Vol. 331, 25.03.2011, pp. 1521–1522.

Arrieta, Jesus M./Arnaud-Haond, Sophie/Duarte, Carlos : « What Lies Underneath: Conserving the Oceans Genetic Resources », *in : Proceedings of the National Academy of Sciences of the United States of America (PNAS)*, Vol. 107, n° 43, 2010, pp. 18318–18324.

Attard, David Josef/Mallia, Patricia : « The High Seas », *in :* Attard, David Josef/Fitzmaurice, Malgosia : *The IMLI manual on international maritime law*, Vol. 1, Oxford University Press, Oxford 2014, pp. 239–242.

Aubertin, Catherine/Filoche, Geoffroy : « Le Protocole de Nagoya sur l'utilisation des ressources génétiques : un jeu à somme nulle entre Nord et Sud? », 2011, « mouvements.info/le-protocole-de-nagoya-sur-lutilisation-des-ressources-genetiques-un-jeu-a-somme-nulle-entre-nord-et-sud/ » (consulté le 20.03.2017).

Aubertin, Catherine/Pinton, Florence/Boisvert, Valérie : *Les marchés de la biodiversité*, Institut de recherche pour le développement (IRD), Paris 2007.

Aust, Anthony : *Modern treaty law and practice*, Cambridge University Press, 3rd edition, Cambridge 2013.

Australian government, Department of the environment and heritage : *The benefits of Marine Protected Areas,* Commonwealth of Australia 2003.

Baker, Maria C./Bett, Brian J./Billett, David S.M., et al : *The status of natural resources on the high-seas*, WWF/IUCN, Gland, Switzerland 2001.

Banaigs, Bernard : « Organismes marins et métabolites dits secondaires : de l'écologie chimique à la pharmacologie », *in : Océanis*, Vol. 27, n° 3–4, 2001, pp. 423–448.

Banaigs, Bernard/Kornprobst, Jean-Michel : « La biodiversité marine et le médicament : espoirs, réalités et contraintes », *in : L'actualité chimique*, n° 306, 2007, pp. 1–7.

Bardonnet, Daniel : « Le projet de Convention de 1912 sur le Spitsberg et le concept de patrimoine commun de l'humanité », *in : Humanité et droit international, Mélange René-Jean Dupuy*, Pedone, Paris 1991, pp. 13–34.

Barkin, J. Samuel/Desombre, Elizabeth R. : *Saving global fisheries : reducing fishing capacity to promote sustainability*, The MIT Press, Cambridge, Massachusetts 2013.

Bartenstein, Kristin/Lavallée, Sophie : « L'écolabel est-il un outil du protectionnisme « vert »? », *in : Les cahiers de Droit*, Vol. 44, n° 3, 2003, pp. 361–393.

Barthélemy, Joseph/Nézard, Henri/Rolland, Louis, et al : Les fondateurs du droit international : François de Vitoria, Albericus Gentilis, François Suarez, Hugo Grotius, Richard Zouch, Pufendorf, Cornélius Van Bynkershoek, Christian-Frédéric de Wolff, Emer De Vattel, Georges-Frédéric De Martens. Éditions Panthéon-Assas. Paris 2014.

Base de données sur la prospection biologique en Antarctique : XXXII Antarctic Treaty, Consultative Meeting, Baltimore USA, 6–17 Avril 2009, « www.ats.aq/

documents/ATCM32/wp/ATCM32_wp001_f.doc », (consulté le 20.03.2017) (cité : Base de données Antarctique, 2009).

Baslar, Kemal : *The concept of the common heritage of mankind in international law*, Kluwer Law International, The Hague etc. 1998.

Beer-Gabel, Josette/Lestang, Véronique : *Les commissions de pêche et leur droit : la conservation et la gestion des ressources marines vivantes*, Bruylant, Éditions de l'Université de Bruxelles, Bruxelles 2003.

Belson, Jeffrey : « Ecolabels: Ownership, Use, and the Public Interest » *in : Journal of Intellectual Property Law & Practice*, Vol. 7, nº 2, 2012, pp. 96–106.

Bennouna, Mohammed : « Le caractère pluridimensionnel du Nouveau Droit de la Mer », *in :* Dupuy, René-Jean/Vignes, Daniel/Bennouna, Mohamed : *Traité du nouveau droit de la mer*, Economica Bruylant, Paris Bruxelles 1985, pp. 3–25.

Beslier, Serge : « The Protection and Sustainable Exploitation of Genetic Resources of the High Seas from the European Union's Perspective », *in : The International Journal of Marine and Coastal Law*, nº 24, 2009, pp. 333–341.

Beurier, Jean-Pierre : « La protection juridique de la biodiversité marine », *in : Initiative Corail pour le Pacifique* (*CRISP*), 2008, « www.spc.int/DigitalLibrary/Doc/FAME/Reports/CRISP/FR_2008_Protection_juridique_biodiversite_marine.pdf » (consulté le 20.03.2017).

Bierzanek, Remigius : « La nature juridique de la haute mer », *in : Recueil des cours de l'Académie de droit international de La Haye* (*RGDIP*), nº 65, 1961, pp. 233–259.

Birnie, Patricia/Boyle, Alan/Redgwell, Catherine : *International Law & the Environment*, Oxford New York 2009.

Bled, Amandine : « Accès et partage des avantages : rétrospective et principaux enjeux d'ici 2010 », *in : Ressources Naturelles*, 2008.

Bonfanti, Angelica/Trevisanut, Seline : *Intellectual Property Rights Beyond National Jurisdiction: Outlining a Regime for Patenting Products Based on Marine Genetic Resources of the Deep-Sea Bed and High Seas; Draft paper presented at the Third Annual Meeting of the Society for Environmental Law and Economics*, SSRN Working Paper Series, 2011. (cité : Bonfanti/Trevisanut, 2011, IP Rights).

Bonfanti, Angelica/Trevisanut, Seline : « TRIPS on the High Seas : Intellectual Property Rights on Marine Genetic Resources », *in: Brooklyn Journal of International Law*, nº 31/1, 2011, pp. 187–232. (cité : Bonfanti/Trevisanut, 2011, TRIPS).

Bonneuil, Christophe/Fenzi, Marianna : « Des ressources génétiques à la biodiversité cultivée », *in : Revue d'anthropologie des connaissances*, Vol. 5, nº 2, 2/2011, pp. 206–233.

Bourguet-Kandracki, Marie-Lise/Banaigs, Bernard : « Des métabolites pas si secondaires … », *in : Biofutur*, nº 301, 2009, pp. 34–38.

Boutros-Ghali, Boutros : « Le droit international à la recherche de ses valeurs: paix développement, démocratisation (conférence inaugurale) », *in : Recueil des cours de l'Académie de droit international de La Haye* (*RCADI*), Vol. 286, 2000, pp. 9–38.

Boyle, Alan E. : « Some Reflections on the Relationship of Treaties and Soft Law », *in : International and Comparative Law Quarterly* (*ICLQ*), Vol. 48, n° 4, 1999,pp. 901–913.

Boyle, Alan E. : « Further Development of the 1982 Convention on the Law of the Sea : Mechanisms for Change », *in :* Freestone, David/Barnes, Richard/Mong, David : *The Law of the Sea, Progress and Prospects*, Oxford University Press, New York 2006 (réimpression 2009), pp. 40–62.

Boyle, Alan E./Chinkin, Christine Mary : *The Making of International Law*, Oxford University Press, Oxford 2007.

Broggiato, Arianna : « Marine Genetic Resources beyond National Jurisdiction « Coordination and Harmonisation of Governance Regimes », *in : Environmental Policy and Law*, Vol. 41, n° 1, 2011, pp. 35–42.

Broggiato, Arianna/Arnaud-Haond, Sophie/Chiarolla, Claudio, et al : « Fair and Equitable Sharing of Benefits from the Utilization of Marine Genetic Resources in Areas beyond National Jurisdiction : Bridging the Gaps between Science and Policy », *in : Marine Policy*, Vol. 49, 2014, pp. 176–185.

Brookes, Charlotte : « Mine d'or aquatique pour la « biotech » *in : Research'eu, politique maritime, l'océan dans tous ses états, numéro spécial*, Décembre 2007, pp. 22–24.

Buck, Matthias/Hamilton, Clare: « The Nagoya Protocol on Access to Genetic Resources and the Fair and Equitable Sharing of Benefits Arising from their Utilization to the Convention on Biological Diversity », *in : Review of European Community and International Environmental Law* (*RECIEL*), n° 20, 2011, pp. 47–61.

Cadoret, Jean-Paul : "Microalgues et biotechnologies." *In : Biofutur*, n° 301, 2009, p. 42.

Caflisch, Lucius/Piccard, Jacques : « The Legal Regime of Marine Scientific Research and the Third United Nations Conference on the Law of the Sea », *in : Heidelberg Journal of International Law/Zeitschrift für ausländisches öffentliches Recht und Völkerrecht*, Stuttgart Berlin etc., 1978, pp. 848–901.

Caminos, Hugo : « Les sources du Droit de la Mer », *in :* Dupuy, René-Jean/Vignes, Daniel/Bennouna, Mohamed : *Traité du nouveau droit de la mer*, Economica Bruylant, Paris Bruxelles 1985, pp. 27–121.

Campbell, Neil A./Reece, Jane B./Lachaîne, René, et al : *Biologie*, Pearson Education France, Paris 2007.

Canal-Forgues, Eric : « Les ressources génétiques des grands fonds marins ne relevant d'aucune juridiction nationale », *in : Annuaire du droit de la mer*, 2003, pp. 99–110.

Canal-Forgues, Eric/Rambaud, Patrick : *Droit international public*, Flammarion, 3e édition, Paris 2016.

Canio, Alejandro S. : « Towards an ITLOS Advisory Opinion on the Genetic Resources of the Outer Continental Shelf », *in : Law of the Sea Reports*, Vol. II, 2011.

Cavaré, Louis/Quéneudec, Jean-Pierre : *Le droit international public positif*, T. II, 3e édition, Pedone. Paris 1969.

Chauvet, Michel/Olivier, Louis : *La biodiversité : enjeu planétaire : préserver notre patrimoine génétique*, Éditions Sang de la terre. Paris 1993.

Chawla, H.S. : « Patenting of Biological Material and Biotechnology », *in : Journal of Intellectual Property Rights*, Vol. 10, January 2005, pp. 44–51.

Chiarolla, Claudio : « Intellectual Property Rights and Benefit Sharing from Marine Genetic Resources in Areas Beyond National Jurisdiction : Current Discussions and Regulatory Options », *in : Queen Mary Journal of Intellectual Property*, Vol. 4, nº 3, 2014, pp. 171–194.

Chinkin, Christine Mary : « The Challenge of Soft Law: development and change in international law », *in : International and Comparative Law Quarterly (ICLQ)*, Vol. 38, 1989, pp. 850–866.

Chinkin, Christine Mary : « Normative Development in the International Legal System », *in:* Shelton, Dinah L. : *Commitment and compliance : the role of non-binding norms in the international legal system*, Oxford University Press, Oxford etc. 2000 (réimpression 2007), pp. 21–43.

Churchill, Robin Rolf : « The Impact of State Practice on Jurisdictional Framework contained in the LOS Convention », *in :* Oude Elferink, Alex G. : *Stability and change in the law of the sea : the role of the LOS convention*, Martinus Nijhoff Publishers, Leiden Boston 2005, pp. 91–143.

Churchill, Robin Rolf/Lowe, Alan Vaughan : *The law of the sea*, Manchester University Press etc., Manchester etc., 1999 (réimpression 2008).

Colliec-Jouault, Sylvia/Zanchetta, Philippe/Helley, Dominique et al : « Les polysaccharides microbiens d'origine marine et leur potentiel en thérapeutique humaine », *in : Pathologie Biologie*, Vol. 52, nº 3, 2004, pp. 127–137.

Conférence des parties de la convention sur la diversité biologique : *Progress Report on the Implementation of the Programmes of Work on the Biological Diversity of Inland Water Ecosystems, Marine and Coastal Biologiacal Diversity, and Forest Biological Diversity (Decisions IV/4, IV/5, IV/7), Information on marine and coastal genetic resources, including bioprospecting*, 20 April 2000, UNEP/CBD/COP/5/INF/7, « www.cbd.int/doc/meetings/cop/cop-05/information/cop-05-inf-07-en.pdf » (consulté le 20.03.2017) (cité : Doc. CDB UNEP/CBD/COP/5/INF/7).

Conférence des parties de la convention sur la diversité biologique : *Accès aux ressources génétiques et partage des avantages (article 15)*, COP 7 Décision VII/19, « www.cbd.int/decision/cop/?id=7756 » (consulté le 20.03.2017) (cité : COP 7 Décision VII/19).

Convention on International Trade in Endangered Species of Wild Fauna and Flora (CITES), *CITES Trade : recent trends in international trade in Appendix II listed species (1996–2010)*, UNEP WCMC, Cambridge 2012, « cites.org/common/docs/Recent-trends-in-international-trade-in-Appendix-II-listed-species.pdf » (consulté le 20.03.2017) (cité : CITES, 2012).

Correa, Carlos María: *Trade related aspects of intellectual property rights : a commentary on the TRIPS Agreement*, Oxford University Press, Oxford 2007 (réimpression 2008).

Coutansais, Cyrille P. : « L'Eldorado maritime: entre prédation et gestion concertée », *in: Études*, nº 415, 9/2011, pp. 161–172.

Cózar, Andrés/Echevarría, Fidel/González-Gordillo, Ignacio J. et al : « Plastic debris in the open ocean », in : *PNAS*, Vol. 111, nº 28, 2014, pp. 10239–10244.

Cummins, Alexia : « The Marine Stewardship Council : A Multi-Stakeholder Approach to Sustainable Fishing », *in : Corporate Social Responsibiity and Environmental Management*, nº 11, 2004, pp. 85–94.

Czarnezki, Jason J. : « The Future of Food Eco-Labeling: Organic, Carbon Footprint, and Environmental Life-Cycle Analysis », *in : Stanford Envirinmental Law Journal*, Vol. 30, nº 3, 2011, pp. 1–49.

Damanaki, Maria : *A European vision for the sustainable management of the oceans*, April 2013, « europa.eu/rapid/press-release_SPEECH-13-307_en.htm » (consulté le 20.03.2017).

Danson, Michael J./Hough, David W. : « Les enzymes de l'extrême », *in : Biofutur*, nº 179, 1998, pp. 43–46.

de Fontaubert, Charlotte : *The Status of Natural Resources on the High-Seas, Legal and Political Considerations*, Gland Switzerland 2001.

de la Calle, Fernando : « Marine Genetic Resources. A Source of New Drugs. The Experience of the Biotechnology Sector », *in : The International Journal of Marine and Coastal Law*, nº 24, 2009, pp. 209–220.

de la Fayette, Louise Angélique : « A New Regime for the Conservation and Sustainable Use of Marine Biodiversity and Genetic Resources Beyond the Limits of National Jurisdiction », *in : The International Journal of Marine and Coastal Law*, nº 24, 2009, pp. 221–280.

de la Fayette, Lousie A. : « Institutional Arrangements for the Legal Regime Governing Areas Beyond National, Jurisdiction-Commentary on Tullio Scovazzi », *in :* Molenaar, Erik J./Oude Elferink, Alex G. : *The International Legal Regime of Areas beyond National Jurisdiction: Current and Future Developments*, Marinus Nijhoff Publishers, Leiden Boston 2010, pp. 77–79.

de Marffy, Annick : « La déclaration Pardo et le Comité des Fonds marins » *in :* Dupuy, René-Jean/Vignes, Daniel/Bennouna, Mohamed : *Traité du nouveau droit de la mer*, Economica Bruylant, Paris Bruxelles 1985, pp. 123–142.

de Marffy, Annick : « Les espaces marins au-delà des juridictions nationales entre droit applicable et modernité » *in : Annuaire du droit de la mer*, 2005, pp. 25–74.

de Vattel, Emer : *Le droit des gens ou principes de la loi naturelle, Appliqués à la conduite & aux affaires des Nations & des Souverains*, Londres [Neuchâtel] 1758.

Dekhili, Sihem/Achabou, Mohamed Akli : « Eco-Labelling Brand Strategy », *in : European Business Review*, Vol. 26, nº 4, 2014, pp. 305–329.

Deming, Jody W : « Deep Ocean Environmental Biotechnology. » *in : Current Opinion in Biotechnology*, 1998, pp. 283–287.

Dessemontet, François : *Intellectual Property Law in Switzerland*, 3rd Edition, Stämpfli Publishers, Kluwer Law International, The Netherlands, 1996.

Drankier, Petra/Oude Elferink, Alex G. : « Introduction », *in : The International Journal of Marine and Coastal Law (IJMCL)*, Vol. 27, 2012, pp. 187–189.

Drankier, Petra/Oude Elferink, Alex G./Visser, Bert, et al : « Marine Genetic Resources in Areas beyond National Jurisdiction: Access and Benefit-Sharing », *in : The International Journal of Marine and Coastal Law (IJMCL)*, Vol. 27, 2012, pp. 375–433.

Druel, Elisabeth/Gjerde Kristina : « Sustaining Marine Life Beyond Boundaries: Options for an Implementing Agreement for Marine Biodiversity Beyond National Jurisdiction under the United Nations Convention on the Law of the Sea », *in: Marine Policy*, n° 49, 2014, pp. 90–97.

Druel Elisabeth/Rochette, Julien/Billé, Raphaël et al : *De la possibilité d'un accord international sur la gouvernance de la biodiversité marine dans les zones au-delà de la juridiction nationale*, IDDRI, Paris France 2013.

Dubuis, Étienne : *Interview F. Perrez : J'observe plus de peurs que d'ambitions*, Le Temps, 2012.

Dupuy, Pierre-Marie/Kerbrat, Yann : *Droit international public*, Dalloz, 12e édition, Paris 2014.

Dupuy, René-Jean : « La notion de patrimoine commun de l'humanité appliquée aux fonds marins », *in: Droit et libertés à la fin du XXe siècle : influence des données économiques et technologiques : études offertes à Claude-Albert Colliard*, Pedone, Paris 1984, pp. 197–205.

Dupuy, René-Jean : « La mer sous compétence nationale », *in:* Dupuy, René-Jean/Vignes, Daniel/Bennouna, Mohamed : *Traité du nouveau droit de la mer*, Economica Bruylant, Paris Bruxelles 1985, pp. 219–273. (cité : Dupuy, 1985, La mer).

Dupuy, René-Jean : « La Zone, patrimoine commun de l'humanité », *in :* Dupuy, René-Jean/Vignes, Daniel/Bennouna, Mohamed: *Traité du nouveau droit de la mer*, Economica Bruylant, Paris Bruxelles 1985, pp. 499–505. (cité : Dupuy, 1985, La Zone).

Dupuy, René-Jean/Vignes, Daniel : « Introduction », *in :* Dupuy, René-Jean/Vignes, Daniel/Bennouna, Mohamed: *Traité du nouveau droit de la mer*, Economica Bruylant, Paris Bruxelles 1985, pp. XIII–XXI.

Ellis, Jaye : « Constitutionalization of Nongovernmental Certification Programs », *in : Indiana Journal of Global Legal Studies*, Vol. 20, n° 2, 2013, pp. 1035–1059.

Engler, Maylinn/Parry-Jones, Rob : *Opportunity or threat: The role of the European Union in global wildlife trade*, Traffic Europe, Brussels Belgium 2007.

Escher, Gérald/Oreste, Ghisalba/Sacra, Tomisawa : *Les biotechnologies en Suisse: plan d'action, Rapport du Conseil fédéral aux Chambres fédérales en réponse au postulat 04.3627 du groupe radical-libéral, Programme d'impulsion dans les biotechnologies. Exploitons une niche de croissance*, 2007.

Fauchille, Paul : *Traité de droit international public*, Rousseau, Paris 1925.

Fitzmaurice, Malgosia : « International Protection of the environment », *in : Recueil des cours de l'Académie de droit international de La Haye (RCADI)*, nº 293, 2001, pp. 150–161.

Fitzmaurice, Malgosia : "The Identification and Character of Treaties and Treaty Obligations Between States in International Law." *in : British Yearbook of International Law*, Vol. 73, issue 1, 2003, pp. 141–185.

Fitzmaurice, Malgosia : « Natural Resources Management: Protecting Fisheries in the 21st Century », *in :* Merino Blanco, Elena/Razzaque, Jona: *Natural resources and the green economy : redefining the challenges for people, states and corporations*, Queen Mary studies in international law, Martinus Nijhoff Publishers, Leiden Boston 2012, pp. 191–244.

Fleischer, Carl August : « La pêche », *in :* Dupuy, René-Jean/Vignes, Daniel/Bennouna, Mohamed : *Traité du nouveau droit de la mer*, Economica Bruylant, Paris Bruxelles 1985, pp. 819–956.

Flückiger, Alexandre : « Pourquoi respectons-nous la soft law? Le rôle des émotions et des techniques de manipulation », *in : Revue européenne des sciences sociales*, Tome XLVII, nº 144, 2009, pp. 73–103.

Fouchereau-Peron, Martine : « Le double jeu de la cathepsine », *in : Biofutur*, nº 179, 1998, pp. 47–48.

Francois, Jean Pierre Adrien : *Report on the regime of the High Seas*, Document A/CN4/17, Extract from the Yearbook of the International Law Commission, Vol. 2, 1950, pp. 36–46.

Freestone, David/Oude Elferink, Alex G. : « Flexibility and Innovation in the Law of the Sea — will the LOS Convention Amendment Procedures ever be used? », *in :* Oude Elferink, Alex G.: *Stability and change in the law of the sea : the role of the LOS convention*, Martinus Nijhoff Publishers, Leiden Boston 2005, pp. 169–223.

Fridlansky, Françoise/Monoulou, Jean Claude : « Nouvelle alliance avec le hasard? », *in : Les Ressources génétiques à l'orée de temps nouveaux, Des clés pour la gestion des ressources génétiques*, Juin 2006, pp. 5–16.

Garric, Audrey : « Le 7e continent de plastique : ces tourbillons de déchets dans les océans », *in : Le Monde*, 09.05.2012.

Gaumont-Prat, Hélène : « La souplesse du brevet face aux effets de monopole », *in :* Bellivier, Florence/Noiville, Christine: *La bioéquité, Bataille autour du partage du vivant*, autrement frontières, Paris 2009, pp. 12–23.

Gervais, Daniel/Schmitz, Isabelle : *L'accord sur les ADPIC*, Larcier, Bruxelles 2010.

Ghassemi, Leila/Kraus, Daniel E. : « Étendue et limites de la protection par brevet des inventions biotechnologiques », *in : Jusletter*, 2009.

Gidel, Gilbert : *Le droit international public de la mer : le temps de paix*, Topos Verlag, E. Duchemin, Vaduz Paris 1932 (réimpression 1981).

Gjerde, Kristina M.: *Ecosystems and Biodiversity in Deep Waters and High Seas*, UNEP/IUCN, Switzerland 2006. (cité : Gjerde, 2006, Ecosystems).

Gjerde, Kristina M. : « High Seas Fisheries Management under the Convention on the Law of the Sea », *in:* Freestone, David/Barnes, Richard/Mong, David : *The Law of the Sea, Progress and Prospects*, Oxford University Press, New York 2006 (réimpression 2009), pp. 281–307. (cité : Gjerde, 2006, Fisheries Management).

Glowka, Lyle : « The Deepest of Ironies: Genetic Resources, Marine Scientific Research, and the Area », *in : Ocean Yearbook*, nº 12, 1996, pp. 154–178.

Glowka, Lyle : *A Guide to Designing Legal Frameworks to Determine Access on Genetic Resources*, 1998.

Glowka, Lyle : « Evolving Perspectives on the International Seabed Area's Genetic Resources: Fifteen Years after the 'Deepest of Ironies' », *in : DAVOR, Vidas : Law, Technology and Science for Oceans in Globalisation*, Nijhoff Publishers/Brill, Leiden Boston 2010, pp. 397–419.

Glowka, Lyle/Burhenne-Guilmin, Françoise/Synge Hugh, et al : *Guide de la Convention sur la diversité biologique*, UICN — Union mondiale pour la nature, Gland/Cambridge 1996.

Glowka, Lyle/Normand, Valérie : « The Nagoya Protocol on Access and Benefit-sharing : Innovations in International Environmental Law », *in :* Morgera, Elisa/Buck, Matthias/Tsioumani, Elsa : *The 2010 Nagoya Protocol on Access and Benefit-sharing in Perspective, Implications for International Law and implementation Challenges*, Martinus Nijhoff, Leiden 2013, pp. 21–51.

Gorina-Ysern, Montserrat/Jones, Joseph H. : « International Law of the Sea, Access and Benefit Sharing Agreements, and the Use of Biotechnology in the Development, Patenting and Commercialization of Marine Natural Products as Therapeutic Agents », *in : Ocean Yearbook*, nº 20, 2006, pp. 221–281.

Gravalos, Dolores Gracia : « Secret des profondeurs — De nouveaux médicaments venus de la mer » *in : Magazine de l'OMPI*, 2009, « www.wipo.int/wipo_magazine/fr/2009/01/article_0008.html » (consulté le 20.03.2017).

Greiber, Thomas : *Access and Benefit Sharing in Relation to Marine Genetic Resources from Areas Beyond National Jurisdiction, A Possible Way Forward*, Bundesamt für Naturschutz (BfN), Bonn Germany 2011.

Grnchalla-Wesierski, Tadeusz : « A Framework for Understanding "Soft Law" » ; *in : McGill Law Journal*, Vol. 30, 1984, pp. 37–88.

Grolleau, Gilles/Ibanez, Lisette/Mzoughi, Naoufel : « Industrialists hand in hand with environmentalists : how eco-labeling schemes can help firms to raise rivals' costs », *in : European Journal Law of Economy*, Vol. 24, 2007, pp. 215–236.

Grotius, Hugo/Guichon de Grandpont, Alfred/Leben, Charles : *La liberté des mers = Mare liberum, Les introuvables*, Édition Panthéon-Assas, Paris 2013.

Groupe spécial de l'Accord général sur les tarifs douaniers et le commerce (GATT) : *Rapport États-Unis—Restriction à l'importation de thon, DS21/R — 39S/155*, 3 septembre 1991.

Grubb, Philip W./Thomsen, Peter R. : *Patents for chemicals, pharmaceuticals and biotechnology : fundamentals of global law, practice and strategy*, Oxford University Press, Oxford 2010.

Guézennec, Jean : *Bactéries marines et biotechnologies*, Collections Carnets de sciences, Éditions Quae, Versailles France 2014.

Guézennec, Jean/Moppert, Xavier/Raguénès, Gérard, et al : « Microbial Mats in French Polynesia and their Biotechnological Applications », *in : Process Biochemistry*, Vol. 46, Issue 1, 2011, pp. 16–22.

Guillot, Dominique : « Les océans, sources des biotechnologies bleues » *in : Le marin, IFREMER, Les rendez-vous de la biodiversité marine*, Mai 2010.

Guilloux, Bleuenn/Zakovska, Karolina : « Développements récents du droit international relatif à la biodiversité marine » *in : VertigO — La revue en science de l'environnement*, Vol. 5, n° 3, 2004.

Guntrip, Edward : « The Common Heritage of Mankind: An Adequate Regime for Managing the Deep Seabed? », *in : Melbourne Journal of International Law*, n° 4, 2003, pp. 376–405.

Gutierrez, Nicolas/Defeo, Omar/Bush, Simon R. et al : « The current situation and prospects of fisheries certification and ecolabelling », *in : Fisheries Research*, Elsevier, Vol. 182, 2016, pp. 1–6.

Guyot, Michèle : « Intricate Aspects of Sponge Chemistry », *in : Zoosystema*, n° 22 (2), 2000, pp. 419–431.

Guzman, Andrew T.L./Meyer Timothy : « International Soft Law », *in : Journal of Legal Analysis*, Vol. 2, n° 1, Spring 2010, pp. 171–225.

Hadjimichael, Maria/Hegland, Troels J. : « Really sustainable? Inherent risks of ecolabeling in fisheries », *in : Fisheries Research*, Vol. 174, Elsevier, 2016, pp. 129–135.

Harden-Davies, Harriet : « Deep-sea genetic resources: New frontiers for science and stewardship in areas beyond national jurisdiction », *in : Deep-Sea Research II*, Elsevier, 13 May 2016 (in press).

Harrison, James: *Making the law of the sea : a study in the development of international law*, Cambridge University Press, New York 2011 (réimpression 2012).

Hawkes, Jack G. : « Qu'est ce que les ressources génétiques et pourquoi faut-il les conserver? », *in : La conservation et la gestion de nos ressources génétiques, Impact science et société*, n° 158, 1990, pp. 107–209.

Hayes, Margaret : « Charismatic Microfauna: Marine Genetic Resources and the Law of the Sea » *in :* Nordquist, Myron H./Long, Ronan/Heidar, Tomas H. et al : *Law, science & ocean management*, Martinus Nijhoff Publishers, Leiden 2007, pp. 683–700.

He, Huaiwen : « Limitations on Patenting Inventions Based on Marine Genetic Resources of Areas beyond National Jurisdiction », *in : The International Journal of Marine and Coastal Law*, n° 29, Issue 4, 2014, pp. 521–545.

Heafey, Eve : « Access and Benefit Sharing of Marine Genetic Resources from Areas beyond National Jurisdiction », *in : Chicago Journal of International Law*, Vol. 14, n° 2, 2014, pp. 493–523.

Heip, Carlo : « Un océan de diversité » *in: Biofutur*, n° 179, 1998, pp. 12–17.

Helfer, Laurence R./Austin, Graeme W. : *Human rights and intellectual property : mapping the global interface*, Cambridge University Press, Cambridge New York 2011.

Hellio, Hugues : « Le Protocole de Nagoya: Reconnaissance internationale du droit des communautés autochtones et locales aux ressources génétiques de leur environnement ou pis-aller à l'impossible application équitable? », *in:* Cournil, Christel, Colard-Fabregoule, Catherine : *Changements environnementaux globaux et Droit de l'Homme*, Bruylant, Bruxelles Belgique 2012, pp. 577–599.

Henry, Guillaume/Quatravaux, Catherine : *Technologies vertes et propriété intellectuelle : brevets, marques et écolabels = Green tech and IP rights*, LexisNexis, Paris 2013.

Hermitte, Marie-Angèle (coord.)/Doussan, Isabelle/Mabile, Sébastien, et al : "La convention sur la diversité biologique a quinze ans." *in : Annuaire français de droit international*, n° LII, 2006, pp. 351–390.

Higgins, Rosalyn : « International Law and the Avoidance, Containment and Resolution of Disputes ; General Course on Public International Law », *in : Recueil des cours de l'Académie de droit international de La Haye* (*RCADI*), Vol. 5, n° 230, 1991, pp. 176–179.

Hill, Russell T./Murphy, Peter : « L'océan pharmacien », *in : Biofutur*, n° 179, 1998, pp. 34–37.

Honig, Shira/Dillon, Kate : *The Convention on Biological Diversity : Understanding and Influencing the Process*, UNU-IAS, 2008.

Hulot, Henri : *Les cinquante livres du digeste ou des pandectes de l'Empreur Justinien*, livre IX, Metz 1803.

Hurst, Cecil : « Rapport », *in : Annuaire de l'Institut de droit international*, Vol. 32, 1925, pp. 159–162.

Institute for European Environmental Policy (IEEP), Ecologic and GHK : *Study to analyse legal and economic aspects of implementing the Nagoya Protocol on ABS in the European Union. Final report for the European Commission, DG Environment.*, Institute for European Environmental Policy, Bruxelles et Londres 2012. (cité : IEEP, Ecologic and GHK, 2012).

Imhoff, Johannes F./Hügler, Michael : « Life at Deep Sea Hydrothennal Vents- Oases Under Water » *in : The International Journal of Marine and Coastal Law*, n° 24, 2009, pp. 201–208.

Jabour-Green, Julia/Nicol, Dianne : « Bioprospecting in Areas Outside National Juridiction: Antarctica and the Southern Ocean. », *in : Melbourne Journal of International Law*, n° 4, 2003, pp. 76–111.

Jain, Dipika : « Gene-Patenting and Access to Healthcare : Archieving Precision », *in : Houston Journal of international law*, Vol. 36, pp. 101–146.

Jeffery, Michael : « Bioprospecting: Access to Genetic Resources and Benefit- Sharing under the Convention on Biodiversity and the Bonn Guidelines », *in : Singapore Journal of International et Comparative Law*, n° 6, 2002, pp. 747–808.

Jorem, Ane/Tvedt, Morten Walløe : « Bioprospecting in the High Seas: Existing Rights and Obligations in View of a New Legal Regime for Marine Areas beyond National Jurisdiction », *in : The International Journal of Marine and Coastal Law*, Vol. 29, Issue 2, 2014, pp. 321–343.

Jospeh, Reji K. : « International Regime on Access and Benefit Sharing: Where Are We Now? », *in : Asian Biotechnology and Development Review*, Vol. 12, n° 3, 2010, pp. 77–94.

Kamau, Evanson C/Fedder, Bevis/Winter, Gerd : « The Nagoya Protocol on Access to Genetic Resources and Benefit Sharing: What is New and what are the Implications for Provider and User Countries and the Scientific Community? », *in : LEAD-Journal, Law, Environment and Development Journal*, n° 6/3, 2010, p. 248–262.

Katsnelson, Alla : « News Feature: Microplastics present pollution puzzle, Tiny particles of plastic are awash in the oceans — but how are they affecting marine life? », *in : PNAS*, Vol. 112, n° 24, pp. 5547–5549.

Keller, Claudia/Bosshard, Delia : « Garantie- und Kollektivmarken: Vor- und Nachteile gegenüber Individualmarken », *in : SIC!*, n° 6, 2011, pp. 361–368.

Kirby, David S./Visser Candice/Hanich Quentin : « Assessment of eco-labelling schemes for Pacific tuna fisheries » *in : Marine Policy*, Vol. 43, Elsevier, 2014, pp. 132–142.

Kirchner, Andree : « Bioprospecting, marine scientific research and the patentability of genetic resource », *in:* Gutiérrez, Norman A. Martinez: *Serving the Rule of International Maritime Law*, Routledge, Londres New York 2010, pp. 119–128.

Kirchner-Freis, Iris/Kirchner, Andree : « The IMLI manual on international maritime law », *in :*Attard, David Josef/Fitzmaurice, Malgosia : *The IMLI manual on international maritime law*, Vol. 1, Oxford University Press, Oxford 2014, pp. 239–275.

Kiss, Alexandre Charles : « La notion de patrimoine commun de l'humanité », *in : Recueil des cours de l'Académie de droit international de La Haye (RCADI)*, Vol. 2, n° 175, 1982, pp. 99–256.

Kiss, Alexandre Charles/Beurier, Jean-Pierre : *Droit international de l'environnement*, Pedone, 4e édition, Paris 2010.

Koos, Sebastian : « Varieties of Environmental Labelling, Market Structures, and Sustainable Consumption Across Europe: A Comparative Analysis of Organizational and Market Supply Determinants of Environmental-Labelled Goods », *in : Journal of Consumer Policy*, Vol. 34, 2011, pp. 127–151.

Korkea-Aho, Emilia : « EU Soft Law in Domestic Legal Systems: Flexibility and Diversity Guaranteed? », *in :* Wahlgren, Peter: *Soft Law*, Scandinavian Studies in Law, Stockholm 2013, pp. 155–175.

Korn, Horst/Friedrich, Susanne/Feit, Ute : *Deep Sea Genetic Resources in the Context of the Convention on Biological Diversity and the United Nations Convention on the Law of the Sea*, Bundesamt für Naturschutz (BfN), Bonn 2003.

Kornprobst, Jean-Michel : *Substances naturelles d'origine marine, Chimiodiversité — Pharmacodiversité — Biotechnologie*, Éditions Tec&Doc, Londres 2005.

Kornprobst, Jean-Michel/Lahaye, Marc : « Les algues, pas seulement dans nos assiettes », *in : Biofutur*, nº 179, 1998, pp. 53–54.

Kraus, Daniel E. : *Les importations parallèles de produits brevetés : droit de l'OMC dans la perspective du droit communautaire et du droit suisse de la propriété intellectuelle et de la concurrence*, Publications du Centre d'études juridiques européennes, Genève, Schulthess Bruylant, Zurich, Bâle, Genève et Bruxelles 2004.

Kraus, Daniel E./Wyssbrod, Valérie : « Les effets de la mise en œuvre du protocole de Nagoya dans la législation suisse », *in : Zeitschrift für Vergleichende Rechtwissenschaft*, nº 112 (2/3), 2013, pp. 325–335.

Laperche, Dorothée : « Les fonds marins à nodules seraient très sensible à une exploitation minière, interview de Lénaïck Menot », *in : Actu-Environnement*, 2012, « www.actu-environnement.com/ae/news/fonds-marins-nodules-polymetalliques-minerais-exploitation-miniere-impacts-15441.php4 » (consulté le 04.10.2016).

Le Gal, Yves : « Biodiversité marine et exploitation biotechnologique des océans » *in: VertigO — La revue en science de l'environnement*, Vol. 5, nº 3, 2004, « vertigo.revues.org/3356 » (consulté le 04.10.2016).

Le Hardy, Magali : *Que reste-t-il de la liberté de la pêche en haute mer? : de l'exploitation individuelle à la gestion collective : essai sur le régime juridique de l'exploitation des ressources biologiques de la haute mer*, Pedone. Paris 2002.

Leary, David Kenneth : *International law and the genetic resources of the deep sea*, Publications on Ocean Development, Vol. 56, 2007.

Leary, David Kenneth : « Moving the Marine Genetic Resources Debate Forward: Some Reflections », *in : The International Journal of Marine and Coastal Law* (*IJMCL*), Vol. 27, 2012, pp. 435–448.

Leary, David Kenneth/Vierros, Marjo/Hamon, Gwenaëlle, et al : « Marine Genetic Resources: A Review of Scientific and Commercial Interest », *in : Marine Policy*, Vol. 33, 2009, pp. 183–194.

Lehmann, Friederike : « The Legal Status of Genetic Resources of the Deep Seabed », *in : New Zealand Journal of Environmental Law*, nº 11, 2007, pp. 33–66.

Lévêque, Christian/Mounolou, Jean-Claude : *Biodiversité, Dynamique biologique et conservation*. Paris 2008.

Lévy, Jean-Pierre : « Le cadre de l'exploitation », *in :* Dupuy, René-Jean/Vignes, Daniel/Bennouna, Mohamed : *Traité du nouveau droit de la mer*, Economica/Bruylant, Paris/Bruxelles 1985, pp. 507–550.

Lévy, Jean-Pierre : « La première décennie de l'Autorité internationale des fonds marins », *in : Recueil des cours de l'Académie de droit international de La Haye (RGDIP)*, Vol. CIX, n° 3, 2005, pp. 101–122.

Lohan, Dagmar/Johnston, Sam : *The International Regime for Bioprospecting : Existing Policies and Emerging Issues for Antarctica*. UNU-IAS, 2003.

Long, Ronan/Rodriguez Chaves, Mariamalia : « Anatomy of a new international instrument for conservation and biodiversity beyond national jurisdiction », *in : Environmental Liability — Law, Policy and Practice*, Vol. 23, no 6, 2015, pp. 213–229.

Lucchini, Laurent/Voelckel, Michel : *Droit de la mer / T. 1, La mer et son droit ; Les espaces maritimes*, Pedone, Paris 1990.

Lucchini, Laurent/Voelckel, Michel : *Droit de la mer / T. 2, vol. 2, Navigation et pêche*, Pedone, Paris 1996.

Macfadyen, Graeme/Huntington, Tim : *Potential Costs and Benefits of Fisheries Certification for Countries in the Asia-Pacific Region 3*, Rap Publication, 2007.

Mahiou, Ahmed : « Le droit international ou la dialectique de la rigueur et de la flexibilité. Cours général de droit international public », *in : Recueil des cours de l'Académie de droit international de La Haye (RCADI)*, n° 337, 2009, pp. 489–504.

Maradan, Claudia : « La marque de garantie au secours des indications de provenance suisses : fausse bonne idée? », *in: SIC!*, n° 1, 2005, pp. 4–13.

Maradan, Claudia : « Chapitre 2: Marque de garantie et marque collective », *in : Commentaire Romand, Propriété Intellectuelle*, Helbing Lichtenhahn Verlag, Basel 2013, pp. 937–966.

Maskus, Keith Eugene : *Private rights and public problems : the global economics of intellectual property in the 21st century*. Peterson Institute for International Economics. Washington DC 2012.

Matsunaga, Tadashi/Takeyama, Haruko : « Microalgues : petites mais prodigues », *in : Biofutur*, n° 179, 1998, pp. 40–42.

Matz, Nele : « Marine Biological Resources : Some Reflections on Concepts for the Protection and Sustainable Use of Biological Resources in the Deep Sea », *in : Non-State Actors and International Law*, n° 2, 2002, pp. 279–300.

Matz-Lück, Nele : « The Concept of the Common Heritage of Mankind : Its Viability as a Management Tool for Deep-Sea Genetic Resources », *in :* Molenaar, Erik J./Oude Elferink, Alex G. : *The International Legal Regime of Areas beyond National Jurisdiction : Current and Future Developments*, Martinus Nijhoff Publishers, Leiden Boston 2010, pp. 61–75.

Mclaughlin, Richard J. : « Exploiting Marine Genetic Resources beyond National Jurisdiction and the International Protection of Intellectual Property Rights: Can They Coexist? », *in :* Vidas, Davor: *Law, technology and science for oceans in globalisation*

IUU fishing, oil pollution, bioprospecting, outer continental shelf, Martinus Nijhoff, Leiden Boston 2010, pp. 371–382.

Millicay, Fernanda : « A Legal Regime for the Biodiversity of the Area » *in:* Nordquist, Myron H./Long, Ronan/Heidar, Tomas H. et al : *Law, Science & Ocean Management*, Martinus Nijhoff Publishers, Leiden 2007, pp. 739–850.

Momtaz, Djamchid : « La haute mer », *in :* Dupuy, René-Jean/Vignes, Daniel/Bennouna, Mohamed : *Traité du nouveau droit de la mer*, Economica Bruylant, Paris Bruxelles 1985, pp. 337–374.

Morgera, Elisa : « All about Compliance », *in : Environmental Policy and Law*, Vol. 41, n° 4–5, 2011, pp. 189–191.

Morgera, Elisa/Buck, Matthias/Tsioumani, Elsa : « Introduction », *in :* Morgera, Elisa/ Buck, Matthias/Tsioumani, Elsa : *The 2010 Nagoya Protocol on Access and Benefit-sharing in Perspective, Implications for International Law and Implementation Challenges*, Martinus Nijhoff Publishers, Leiden Boston 2013, pp. 1–17.

Moye, Patricia A. : « Private Certification Versus Public Certification in the International Environmental Arena: The Marine Stewardship Council and Marine Eco-Label Japan Fisheries Certification Schemes as Case Studies », *in : Vanderbilt Journal of Transnational Law*, Vol. 43, 2010, pp. 533–564.

Nelson, L.D.M. : « The New Deep Sea-Bed Mining Regime », *in : International Journal of Marine and Coastal Law*, Vol.10, Issue 2, 1995, pp. 189–203.

Noiville, Christine : *Ressources génétiques et droit : essai sur les régimes juridiques des ressources génétiques marines*, Pedone, Paris 1997.

Noiville, Christine : « À qui profite la mer? », *in : Biofutur*, n° 179, 1998, pp. 66–68.

Noiville, Christine : « Aspect juridique: droit d'accès aux ressources biologiques et partage des avantages », *in : Substances naturelles en Polynésie française*, 2005, pp. 178–209.

Nordquist, Myron H. : *United Nations Convention on the law of the sea 1982 : a commentary*, M. Nijhoff, Dordrecht Boston etc. 1985/1989.

Novier, Mercedes : *La propriété intellectuelle en droit international privé suisse*, Chabloz S.A., Tolochenaz, 1996.

Nuffield Council on Bioethics : *The Ethics of Patenting DNA, a Discussion Paper*, Nuffield Council on Bioethics, London 2002.

Olsson, Ilhami Alkan : « Four Competing Approaches to International Soft Law », *in:* Wahlgren, Peter : *Soft Law*, Scandinavian Studies in Law, Stockholm 2013, pp. 155–175.

Organisation des Nations Unies (ONU) : Glossary of Environment Statistics, série F, n° 67, New York 1997, ST/ESA/STAT/SER.F/67. (cité : ONU, 1997, Glossary).

Organisation des Nations Unies (ONU) : *Le droit de la mer, Recherche scientifique marine, Guide révisé pour l'application des dispositions pertinentes de la Convention des Nations Unies sur le droit de la mer*, New York, 2011. (cité : Doc ONU, 2011).

Organisation for Economic Co-operation and Development (OECD) : *Marine Biotechnology : Enabling Solutions for Ocean Productivity and Sustainability*, OECD Publishing, 2013, (cité : Doc. OECD, 2013).

Organisation Mondiale de la Propriété Intellectuelle (OMPI) : *Guide du dépôt des micro-organismes selon le Traité de Budapest*, « www.wipo.int/treaties/fr/registration/budapest/guide/ », (consulté le 20.03.2017) (cité : OMPI, Guide Traité de Budapest, 2015).

Organisation Mondiale de la Propriété Intellectuelle (OMPI) : « Bioethics and Patent Law : The Case of the Oncomouse », *in : WIPO Magazine*, n° 3, 2006, « www.wipo.int/wipo_magazine/en/2006/03/article_0006.html » (consulté le 20.03.2017), (cité : OMPI, Bioethics, 2006).

Organisation Mondiale de la Propriété intellectuelle (OMPI) : *Glossaire des principaux termes relatifs à la propriété intellectuelle et aux ressources génétiques*, 10 janvier 2011, WIPO/GRTKF/IWG/3/13 (cité : Doc. OMPI WIPO/GRTKF/IWG/3/13).

Orrego Vicuña, Francisco : « Le régime d'exploration et de l'exploitation », *in:* Dupuy, René-Jean/Vignes, Daniel/Bennouna, Mohamed : *Traité du nouveau droit de la mer*, Economica/Bruylant, Paris/Bruxelles 1985, pp. 507–550.

Oude Elferink, Alex G. : "Introduction." *in:* Oude Elferink, Alex G. : *Stability and change in the law of the sea : the role of the LOS convention*, Martinus Nijhoff Publishers, Leiden Boston 2005, pp. 1–5.

Oude Elferink, Alex G. : « The Regime of the Area: Delineating the Scope of Application of the Common Heritage Principle and Freedom of the High Seas », *in : The International Journal of Marine and Coastal Law*, n° 22, 2007, pp. 143–176.

Oxman, Bernard H. : « La troisième Conférence des Nations Unies sur le Droit de la Mer », *in :* Dupuy, René-Jean/Vignes, Daniel/Bennouna, Mohamed: *Traité du nouveau droit de la mer*, Economica Bruylant, Paris Bruxelles 1985, pp. 143–216.

Pancracio, Jean-Paul : *Droit de la mer*, Dalloz, Paris 2010.

Paquerot, Sylvie : *Le statut des ressources vitales en droit international, Essai sur le concept de patrimoine commun de l'humanité*, Bruylant, Bruxelles 2002.

Pastor Ridruejo, José Antonio : "Le droit international à la veille du vingt et unième siècle: normes, faits et valeurs. Cours général de droit international public." *in : Recueil des cours de l'Académie de droit international de La Haye (RCADI)*, n° 274, 1998.

Pinot, Jean-Pierre : *Océan Austral*, in : Encyclopédie Universalis « www.universalis-edu.com/encyclopedie/austral-ocean-glacial-antarctique/ » (consulté le 20.03.2017).

Pires de Carvalho, Nuno : *The TRIPS Regime of Patent Rights*, 3rd Edition, Kluwer Law International, Alphen aan den Rijn 2010.

Pires de Carvalho, Nuno : *The TRIPS regime of patents and test data*. 4th Edition, Kluwer Law International. Alphen aan den Rijn 2014.

Pooley, James : « Le secret d'affaires : un droit de propriété intellectuelle méconnu », *in : OMPI Magazine*, juin 2013, « www.wipo.int/wipo_magazine/fr/2013/03/article_0001.html » (consulté le 20.03.2017).

Potts, Tavis/Haward, Marcus : « International Trade, Eco-Labelling, and sustainable Fisheries — Recent Issues, Concepts and Practices », *in : Environment, Development and Sustainability*, n° 9, 2007, pp. 91–106.

Prieur, Daniel : « Un enfer très fécond. » *in : Biofutur*, n° 179, 1998, pp. 25–27.

Proelss, Alexander : « Marine Genetic Resources under UNCLOS and the CBD », *in : German Yearbook of international law*, Vol. 51, 2008, pp. 417–446.

Proutière-Maulion, Gwenaelle/Beurier, Jean-Pierre : « Quelle gouvernance pour la biodiversité marine au-delà des zones de juridiction? », *in : IDDRI — Idées pour le débat, gouvernance mondiale*, Vol. 7, 2007.

Pufendorf, Samuel/Barbeyrac, Jean : *Le droit de la nature et des gens : ou système général des principes les plus importants de la morale, de la jurisprudence et de la politique*, 2e édition, chez Pierre De Coup. Amsterdam 1712.

Pulvenis, Jean-François : « Le plateau continental, définition et régime », *in :* Dupuy, René-Jean/Vignes, Daniel/Bennouna, Mohamed : *Traité du nouveau droit de la mer*, Economica Bruylant, Paris Bruxelles 1985, pp. 275–336.

Rademaekers, Koen/Widerberg, Oscar/Svatikova, Katarina, et al : *Technology options for deep-seabed exploitation, Tackling economic, environmental and societal challenges*, Science and Technology Options Assessment (STOA), March 2015.

Reincke, H. Wolfgang/Witte, Jan Martin : « Challenges to the International Legal System Interdependence, Globalization, and Sovereignty : The Role of Non-binding International Legal Accords », *in :* Shelton, Dinah L. : *Commitment and compliance : the role of non-binding norms in the international legal system*, Oxford University Press, Oxford etc. 2000 (réimpression 2007), pp. 75–115.

Remiche, Bernard/Cassiers, Vincent : *Droit des brevets d'invention et du savoir-faire : créer, protéger et partager les inventions au XXIe siècle*, Larcier, Bruxelles 2010.

Réunion des États parties à la convention des nations Unies sur le droit de la mer : Règlement intérieur des réunions des États Parties, Quinzième réunion, New York, 16–24 juin 2005, SPLOS/2/Rev.4 « documents-dds-ny.un.org/doc/UNDOC/GEN/N05/217/78/PDF/N0521778.pdf?OpenElement » (consulté le 20.03.2017) (cité : Doc. SPLOS/2/Rev.4).

Reuter, Paul/Cahier, Philippe : *Introduction au droit des traités*, Presses universitaires de France, Paris 1995.

Revéret, Jean-Pierre/Dancette, Raphaëlle : « Biodiversité marine et accès aux ressources, Pêche et autres biens et services écologiques sous pression extrême », *in : Revue Tiers Monde*, Vol. 202, 2/2010, pp. 75–92.

Rigaldies, Francis : « L'entrée en vigueur de la Convention de 1982 sur le droit de la mer : enfin le consensus », *in : La Revue juridique Thémis*, Vol. 29, n° 1, 1995, pp. 223–283.

Robaye, René : *Le droit romain*, 4e édition, Academia L'Harmattan, Louvain-la-Neuve 2014.

Ros, Nathalie : « La pêche … hier, aujourd'hui, demain » *in : Annuaire du droit de la mer*, Vol. V, 2000, pp. 359–369.

Rochette, Julien/Wright, Glen/Gjerde, Kristina M. et al : *A new chapter for the high seas?*, IDDRI Issue Brief, n° 2, Paris France February 2015.

Rothwell, Donald Robert/Stephens, Tim : *The International Law of the Sea*, Hart Publishing, 2nd edition, Oxford and Portland Oregon 2016.

Rutot, Delphine/Dubois, Philippe : Les (bio)polymères biodégradables : l'enjeu de demain?, *in : Chimie nouvelle*, n° 86, Juin 2004, pp. 66–75.

Salmon, Jean/Cahier, Philippe/Caflisch, Lucius, et al : *Dictionnaire de droit international public*, Universités francophones, Bruylant, Bruxelles 2001.

Salpin, Charlotte : « The Law of the Sea: A before and an after Nagoya? », *in :* Morgera, Elisa/Buck, Matthias/Tsioumani, Elsa : *The 2010 Nagoya Protocol on Access and Benefit-sharing in Perspective. Implications for International Law and implementation Challenges*, Martinus Nijhoff, Leiden 2013, pp. 149–183.

Salpin, Charlotte/Germani, Valentina : « Patenting of Research Results Related to Genetic Resources from Areas beyond National Jurisdiction : The Crossroads of the Law of the Sea and Intellectual Property Law », *in : Review of European Community and International Environmental Law* (*RECIEL*), Vol. 16(1), 2007, pp. 12–23.

Sands, Philippe : « Article 39 », *in :* Corten, Olivier/Klein, Pierre: *Les Conventions de Vienne sur le droit des traités : commentaire article par article*, Bruylant, Bruxelles 2006, pp. 1523–1546.

Schei, Peter Johan/Tvedt, Morten Walløe : *The Concept of "Genetic Resources" in the Convention on the Biological Diversity and how it Relates to a Functional International Regime on Access and Benefit-Sharing*, Fridtjof Nansen Institute (FNI), Oslo 2010, UNEP/CBD/WG-ABS/9/INF/1.

Schoenberg, Pamela : « Symposium: Process and Procedure in WTO Dispute Settlement: Note : A Polarizing Dilemma: Assessing Potential Regulatory Gap-Filling Measures for Arctic and Antarctic Marine Genetic Resource Access and Benefit Sharing », *in : Cornell International Law Journal*, 2009, pp. 271–299.

Scienceindustries : *L'industrie chimique et pharmaceutique suisse*, 2012, « fr.science industries.ch/industrie/portrait-de-l-industrie/_action-943/toPdf/_svwid-call-943/943 » (consulté le 20.03.2017).

Scott, Shirley V. : « The Inclusion of Sedentary Fisheries Within the Continental Shelf Doctrine », *in : International Comparative Lay Quarterly* (*ICLQ*), Vol. 41, 1992, pp. 788–807.

Scovazzi, Tullio : « The Evolution of International Law of the Sea : New Issues, New Challenges », *in : Recueil des cours de l'Académie de droit international de La Haye* (*RCADI*), n° 286, 2000, pp. 109–233.

Scovazzi, Tullio : « Bioprospecting on the deep seabed: a legal gap requiring to be filled », *in :* Francioni, Francesco/Scovazzi, Tullio : *Biotechnology and international law*, Hart Publishing, Oxford etc. 2006, pp. 81–97. (cité : Scovazzi, 2006, Bioprospecting).

Scovazzi, Tullio : « The Protection of Underwater Cultural Heritage : Article 303 and the UNESCO Convention », *in :* Freestone, David/Barnes, Richard/Mong, David, The Law of the Sea, Progress and Prospects, Oxford University Press, New York 2006 (réimpression 2009), pp. 120–136. (cité : Scovazzi, 2006, Protection).

Scovazzi, Tullio : *The Conservation and Sustainable Use of Marine Biodiversity, Including Genetic Ressources, in Areas Beyond National Jurisdiction : a Legal Perspective*, ONU, 2011.

Scovazzi, Tullio : « The negotiations for a binding instrument on the conservation and sustainable use of marine biological diversity beyond national jurisdiction », *in : Marine Policy*, Elsevier, 2016, pp. 188–191.

Senden, Linda A.J. : *Soft law in European Community law*, Hart Publishing, Oxford etc., 2004.

Shaffer, Gregory C./Pollack, Mark A. : « Hard vs. Soft Law: Alternatives, Complements, and Antagonists in International Governance », *in : Minnesota Law Review*, 2010, pp. 706–799.

Shelton, Dinah L. : *Commitment and compliance : the role of non-binding norms in the international legal system*, Oxford University Press, Oxford etc. 2000 (réimpression 2007).

Sinclair, Ian McTaggart : *The Vienna Convention on the law of treaties*, Manchester University Press, Manchester Dover 1984.

Smouts, Marie-Claude : « Du patrimoine commun de l'humanité aux biens publics globaux », *in :* Cormier-Salem, Marie-Christine/Juhé-Beaulaton, Dominique/Boutrais Jean et al : *Patrimoines naturels au sud*, IRD Éditons, 2005, pp. 53–70.

Sönnichsen, Frank : « Les protéines antigel », *in : Biofutur*, n° 179, 1998, pp. 52–53.

Soons, Alfred Henry Adriaan : *Marine scientific research and the law of the sea*, T.M.C. Asser Instituut, The Hague, 1982.

Sprankling, John, G. : *The International Law of Property*, Oxford University Press, Oxford 2014.

Stone, Christopher D. : « La Convention de Rio de 1992 sur la diversité biologique », *in :* Rens, Ivo/Jakubec, Joel: *Le droit international face à l'éthique et à la politique de l'environnement*, Georg, Genève 1996, pp. 119–133.

Straus, Joseph : « Biotechnologie et brevet », *in :* Gros, François : *Les sciences du vivant, Éthique et société*, Odile Jacob, Paris 2001, pp. 233–249.

Subsidiary Body on Scientific, Technical and Technological Advice (SBSTTA), Marine and Coastal Biodiversity : Review, Further Elaboration and Refinement of the Programme of Work, 22 February 2003, UNEP/CDB/SBSTTA/8/INF/3/Rev.1 « www .cbd.int/doc/meetings/sbstta/sbstta-08/information/sbstta-08-inf-03-rev1-en

.pdf » (consulté le 20.03.2017) (cité : Doc. OSASTT UNEP/CBD/ SBSTTA/8/INF/3/ Rev.1).

Subsidiary Body on Scientific, Technical and Technological Advice (SBSTTA) : *Marine and Coastal Biodiversity : Status and trends of, and threats to, deep seabed genetic resources beyond national jurisdiction, and identification of technical options for their conservation and sustainable use,* 22 July 2005, UNEP/CBD/SBSTTA/11/11 « www.cbd.int/doc/meetings/sbstta/sbstta-11/official/sbstta-11-11-fr.pdf » (consulté le 20.03.2017) (cité : Doc. OSASTT UNEP/CBD/SBSTTA/11/ 11).

Symonides, Janusz : « Geographically Disadvantaged States under the 1982 Convention on the Law of the Sea », *in : Recueil des cours de l'Académie de droit international de La Haye (RCADI)*, Vol. 1, n° 208, 1988, pp. 293–405.

Takei, Yoshinobu : *Filling regulatory gaps in high seas fisheries : discrete high seas fish stocks, deep-sea fisheries, and vulnerable marine ecosystems,* Martinus Nijhoff, Leiden 2013.

Tambourin, Pierre : *Biotechnologie,* in : Encyclopédie Universalis, « www.universalis-edu.com/encyclopedie/biotechnologies/ » (consulté le 20.03.2017).

Tanaka, Yoshifumi : « Reflections on the conservation and sustainable use of genetic resources in the deep seabed beyond the limits of national juridiction », *in : Ocean Development & International Law*, n° 39, 2008, pp. 129–149.

Tanaka, Yoshifumi : *The International Law of the Sea*, Cambridge University Press, 2nd edition, Cambridge 2015.

Taubman, Antony/Wager, Hannu/Watal, Jayashree : *A Handbook on the WTO TRIPS Agreement*, Cambridge University Press, Cambridge New York 2012.

Temmerman, Michelangelo R.P. : *Intellectual property and biodiversity : rights to animal genetic resources*, Wolters Kluwer, Alphen aan den Rijn 2012.

Thomas, Daniel/Le Gal, Yves : « Pourquoi des biotechnologies marines? », *in : Biofutur*, n° 301, 2009, pp. 26–27.

Tixier-Boichard, Michèle : « Évolution du concept des ressources génétiques animales », *in : Les Ressources génétiques à l'orée de temps nouveaux, Des clés pour la gestion des ressources génétiques*, 2006, pp. 20–21, « www.fondationbiodiversite.fr/images/stories/telechargement/lesrgaloreedestempsnouveau.pdf » (consulté le 20.03.2017).

Tladi, Dire : « The Common Heritage of Mankind and the Proposed Treaty on Biodiversity in Areas beyond National Jurisdiction : The Choice between Pragmatism and Sustainability », *in : Yearbook of international Environmental Law,* Vol. 25, n° 1, 2015, pp. 113–132.

Töpfer, Klaus/Tubiana, Laurence/Unger, Sebastian et al : « Charting pragmatic courses for global ocean governance », *in : Marine Policy*, n° 49, 2014, pp. 85–86.

Treves, Tullio : « Principles and Objectives of the Legal Regime Governing Areas Beyond National Jurisdiction », *in :* Oude Elferink, Alex G./Molenaar, Erik J. : *The*

International Legal Regime of Areas beyond National Jurisdiction : Current and Future Developments, Martinus Nijhoff Publishers, Leiden Boston 2010, pp. 7–26.

Tuerk, Helmut : « The Idea of the Common Heritage of Mankind », *in :* Gutiérrez, Norman A. Martinez: *Serving the Rule of International Maritime Law*, Routledge, Londres et New York 2010, pp. 156–175.

Tvedt, Morten Walløe/Young, Tomme : *Au-delà de l'accès: l'application du partage juste et équitable des avantages en vertu de la CDB*, Fridtjof Nansen Institute, 2007.

United Nations Environment Programme (UNEP) : *Ecosystems and Biodiversity in Deep Waters and High Seas,* UNEP Regional Seas Reports and Studies, nº 178. UNEP/IUCN, Switzerland 2006. (cité : UNEP Report, 2006).

United Nations University (UNU) : An update on marine genetic resources: scientific research, commercial uses and a database on marine bioprospecting, New York 2007. (cité : Doc. UNU, 2007).

Vaisman, Sylvia : « Pharma Mar sur les starting-blocks », *in : Biofutur*, nº 179, 1998, pp. 82–83.

van der Essen, Alfred : « Les régions arctiques et antarctiques » *in :* Dupuy, René-Jean/Vignes, Daniel/Bennouna, Mohamed : *Traité du nouveau droit de la mer*, Economica Bruylant, Paris/Bruxelles 1985, pp. 463–496.

van Dyke, Jon M. : « Modifying the 1982 Law of the Sea Convention : New Initiatives on Governance of High Seas Fisheries Resources : The Straddling Stocks Negotiations », *in : International Journal of Marine and Coastal Law*, Vol. 10, 1995, pp. 219–227.

Verbist, Jean Francois : « La mer contre le cancer », *in : Biofutur*, nº 179, 1998, pp. 38–39.

Vierros, Marjo/Salpin, Charlotte/Chiarolla, Claudio et al : « Emerging and unresolved issues : the example of marine genetic resources of areas beyond national jurisdiction » *in : ARICO, Salvatore : Ocean Sustainability in the 21st Century*, Cambridge University Press, Cambridge 2015, pp. 198–231.

Vivant, Michel/Bruguière, Jean-Michel : *Protéger les inventions de demain : biotechnologies, logiciels et méthodes d'affaires*, La Documentation française, Paris 2003.

Wegelein, Florian H. Th : *Marine scientific research : the operation and status of research vessels and other platforms in international law*, M. Nijhoff, Leiden etc. 2005.

Westwood, Douglas : *Marine industries global market analysis*, Marine Foresight Series nº 1, March 2005.

Winter, Gerd : « Towards Regional Common Pools of GRs — Improving the Effectiveness and Justice of ABS » *in :* Kamau, Evanson C./Winter Gerd : *Genetic Resources, Traditional Knowledge and the Law, Solution for Access and Benefit Sharing*, Londres 2009 (réimpression 2013).

World Intellectual Property Organization (WIPO) : *WIPO Intellectual Property Handbook*, 2nd edition, 2004 (2008) (cité : WIPO Handbook).

Wright, Glen/Rochette, Julien/Druel Elisabeth et al : *The long and winding road continues : Towards a new agreement on high seas governance*, IDDRI Study, nº 1, Paris France, March 2016.

Wyssbrod, Valérie : « Droits sur les ressources génétiques et difficultés économiques », *in :* Heckendorn Urscheler, Lukas/Topaz Druckman, Karen : *Les difficultés économiques en droit*, Schulthess, Zurich 2015, pp. 113–125.

Yamamoto, Hiroyuki : « Les colles: de la moule au tube », *in : Biofutur*, n° 179, 1998, p. 51.

Zanchetta, Philippe/Lagarde, N./Guézennec, Jean : « A New Bone-Healing Material : A Hyaluronic Acid-Like Bacterial Exopolysaccharide », *in : Calcified Tissue International*, 2003, pp. 74–79.

Zewers, Kirsten E. : « Bright future for marine genetic resources, bleak future for settlement of ownership rights: Reflections on the United Nations law of the sea consultative process on marine genetic resources », *in : Loyola University Chicago International Law Review*, Vol. 5, Issue 2, 2008, pp. 151–176. (cité: Zewers, 2008, Bright future).

Zewers, Kirsten E. : « Héros controversés des grandes profondeurs », *in : Magazine de l'OMPI*, 2008, « www.wipo.int/wipo_magazine/fr/2008/02/article_0008.html » (consulté le 20.03.2017) (cité: Zewers, 2008, Héros).

Index

www.ingramcontent.com/pod-product-compliance
Lightning Source LLC
LaVergne TN
LVHW020634300926
849161LV00004B/698